建筑行业实用技术丛书

测量工程实用技术与案例

李继业　董　洁　主　编
魏庆亮　　副主编

中国建材工业出版社

图书在版编目(CIP)数据

测量工程实用技术与案例/李继业,董洁主编. ——
北京:中国建材工业出版社,2012.11
(建筑行业实用技术丛书)
ISBN 978-7-5160-0119-6

I. ①测… II. ①李… ②董… III. ①建筑测量
IV. ①TU198

中国版本图书馆 CIP 数据核字(2012)第 025471 号

内 容 简 介

本书根据国家现行的《工程测量规范》(GB 50026—2007)、《卫星定位城市测量技术规范》(CJJ/T 73—2010)、《国家基本比例尺地图图式》(GB/T 20257.1 ~ GB/T 20257.4)、《城市测量规范》(CJJ 8—2011)、《混凝土结构工程施工质量验收规范》(GB 50204—2010)、《建筑工程施工质量验收统一标准》(GB 50300—2001)和其他有关最新标准、规程等编写而成,对建筑工程测量的基本知识、基本方法,各种工程的测量手段等,进行详细的介绍;同时也对测量中的角度、距离、沉降等,进行了具体的介绍。

本书非常注重通俗性、先进性、针对性和实用性,突出理论与实践相结合,具有应用性突出、可操作性强、通俗易懂等显著特点。本书既可作为建筑(公路)工程测量技术人员和技术工人的工具书,也可作为高职高专建筑(公路)工程监理和建筑(公路)工程管理专业的辅助教材和参考书。

测量工程实用技术与案例

李继业 董洁 主 编

魏庆亮 副主编

出版发行:中国建材工业出版社
地　　址:北京市西城区车公庄大街 6 号
邮　　编:100044
经　　销:全国各地新华书店
印　　刷:北京雁林吉兆印刷有限公司
开　　本:787mm×1092mm　1/16
印　　张:16.25
字　　数:413 千字
版　　次:2012 年 11 月第 1 版
印　　次:2012 年 11 月第 1 次
定　　价:46.00 元

本社网址:www.jccbs.com.cn
本书如出现印装质量问题,由我社发行部负责调换。联系电话:(010)88386906

前　言

在各种工程的设计、勘察、施工、验收及管理中,测量是不可缺少的重要工作。自改革开放以来,我国各项基本建设和城市建设飞速发展,国民经济进入高速发展时期,有力地促进了测绘科学技术的发展。特别是全球定位系统和航天遥感技术的应用,成为测量发展史上的新里程碑。目前,地理信息系统已被广泛应用于土地利用、资源管理、环境监测、城市规划、工程建设、交通运输及政府各职能部门。

本书根据国家现行的《工程测量规范》(GB 50026—2007)、《卫星定位城市测量技术规范》(CJJ/T 73—2010)、《国家基本比例尺地图图式》(GB/T 20257.1~GB/T 20257.4)、《城市测量规范》(CJJ 8—2011)、《混凝土结构工程施工质量验收规范》(GB 50204—2010)、《建筑工程施工质量验收统一标准》(GB 50300—2001)和其他有关最新标准、规程等编写而成,对建筑工程测量的基本知识、基本方法,各种工程的测量手段等,进行详细的介绍;同时也对测量中的角度、距离、沉降等,进行了具体的介绍。

本书以图表与文字相结合的编写形式,参考有关施工企业的施工经验,突出理论与实践结合、实用与实效并重、文字与图表并茂,内容先进、全面、简洁、实用,完全满足中高级测量工的实际需要,是一本实用性很强的工具书。

在本书的编写过程中,中国对外建设海南有限公司工程技术人员积极参加编写和提供资料,给予很大的支持和帮助,在此表示衷心的感谢!

本书由李继业、董洁担任主编,魏庆亮担任副主编。李继业负责全书的统稿,董洁负责全书的资料收集和校对。武振国、周丽丽、陈宪明、陈国栋参加了编写。具体分工:李继业撰写第一章;董洁撰写第二章、第四章;魏庆亮撰写第七章、第八章;武振国撰写第六章、第十章;陈宪明撰写第三章、第九章;周丽丽撰写第十二章;陈国栋撰写第五章、第十一章。

由于编者水平有限,加之编写时间比较仓促,错误和遗漏在所难免,恳请广大读者批评指正。

编　者

2012 年 4 月于泰山

发展出版传媒　服务经济建设

传播科技进步　满足社会需求

我们提供

图书出版、图书广告宣传、企业定制出版、团体用书、会议培训、其他深度合作等优质、高效服务。

编辑部　**图书广告**　**出版咨询**　**图书销售**
010-88364778　010-68361706　010-68343948　010-68001605

jccbs@hotmail.com　　　www.jccbs.com.cn

中国建材工业出版社
China Building Materials Press

目　　录

第一章　测量工程施工图识读 …………………………………… 1
　　第一节　建筑工程施工图的识读 …………………………… 1
　　第二节　结构工程施工图的识读 …………………………… 9
　　第三节　地形图的识读 …………………………………… 11
第二章　建筑施工测量的基本知识 …………………………… 23
　　第一节　建筑施工测量概述 ……………………………… 23
　　第二节　建筑施工测量的基本知识 ……………………… 27
　　第三节　用水平面代替水准面的限度 …………………… 33
　　第四节　建筑施工测量控制网的测设 …………………… 35
第三章　建筑施工测量中所用仪器 …………………………… 46
　　第一节　水准测量所用的仪器 …………………………… 46
　　第二节　角度测量所用的仪器 …………………………… 73
　　第三节　距离测量所用的仪器 …………………………… 90
第四章　民用建筑施工的测量 ………………………………… 105
　　第一节　民用建筑施工测量概述 ………………………… 105
　　第二节　建筑物的定位和放线 …………………………… 108
　　第三节　建筑物基础施工测量 …………………………… 112
　　第四节　建筑墙体的施工测量 …………………………… 114
第五章　工业建筑施工的测量 ………………………………… 117
　　第一节　工业建筑施工测量概述 ………………………… 117
　　第二节　厂房矩形控制网的测设 ………………………… 118
　　第三节　厂房柱体与柱基的测设 ………………………… 120
　　第四节　厂房预制构件安装测量 ………………………… 129
第六章　高层建筑的施工测量 ………………………………… 132
　　第一节　高层建筑的定位测量 …………………………… 132
　　第二节　高层建筑的基础施工测量 ……………………… 134
　　第三节　高层建筑的轴线投测 …………………………… 135
　　第四节　高层建筑的高程传递 …………………………… 140
第七章　建筑物的变形观测 …………………………………… 142
　　第一节　建筑物变形观测概述 …………………………… 142
　　第二节　变形观测控制网的建立 ………………………… 145
　　第三节　建筑物的沉降观测 ……………………………… 155
　　第四节　建筑物倾斜与位移观测 ………………………… 159
　　第五节　建筑物挠度与裂缝观测 ………………………… 165

第八章　测量在公路工程中的应用…………………………………………… 171

　　第一节　公路工程测量概述 ………………………………………………… 171

　　第二节　公路工程中线测量 ………………………………………………… 173

　　第三节　公路圆曲线的测设 ………………………………………………… 177

　　第四节　纵横断面图的测绘 ………………………………………………… 182

　　第五节　公路工程施工测量 ………………………………………………… 190

第九章　工程竣工总平面图的绘制 …………………………………………… 195

　　第一节　建筑工程的竣工测量 …………………………………………… 195

　　第二节　竣工总平面图的绘制 …………………………………………… 207

第十章　施工测量的新技术 …………………………………………………… 214

　　第一节　GPS 全球定位系统的建立 …………………………………… 214

　　第二节　GPS 定位的基本原理 ………………………………………… 217

　　第三节　GPS 定位测量的设计 ………………………………………… 221

　　第四节　GPS 测量的外业工作 ………………………………………… 224

　　第五节　GPS 测量的内业工作 ………………………………………… 227

　　第六节　实时动态定位技术 …………………………………………… 228

第十一章　测量误差与标准要求 ……………………………………………… 231

　　第一节　测量误差的分类 ………………………………………………… 231

　　第二节　偶然误差的特征 ………………………………………………… 233

　　第三节　衡量精度的标准 ………………………………………………… 234

　　第四节　测量误差的计算 ………………………………………………… 236

第十二章　测量施工方案实例 ………………………………………………… 240

　　第一节　某建筑工程施工测量方案 …………………………………… 240

　　第二节　某大厦施工测量专项方案 …………………………………… 247

参考文献 ………………………………………………………………………… 253

第一章　测量工程施工图识读

在任何工程的施工中,作业人员首先必须弄懂施工图中的要求,才能按照设计要求进行施工。因此,工程图被喻为"工程界的技术语言",它不仅是进行工程规划设计和表达工程设计意图不可缺少的重要手段,而且是施工人员进行作业的主要标准,同时还是工程质量验收的基本依据。

建筑工程施工图是使用正投影的方法,把所设计的建筑物的大小、外部形状、内部布置、室内外装修及各结构、构造、设备等的具体做法,按照《房屋建筑制图统一标准》(GB/T 50001—2010)和《建筑制图标准》(GB/T 50104—2010)中的规定,用建筑专业的习惯画法详尽、准确地表达出来,并标注尺寸和文字说明。

在建筑工程施工图中,结构施工图是其主要组成部分。它是在建筑设计的基础上,对建筑工程中各承重构件的布置、形状、大小、材料、构造等方面进行具体设计和绘制。结构配筋图是结构施工图中不可缺少的图样,在施工开始之前,施工人员必须掌握钢筋配置的位置、数量、规格、相互关系等知识,才能正确地进行钢筋混凝土结构的施工。

在各项工程正式施工之前,都必须首先进行工程测量和施工放线,因此测量是工程施工的重要准备工作,懂得测量有关图纸的有关知识,才能正确地运用测量控制网点,将拟建工程布设在设计的位置,才能在施工中有效地控制工程质量。

第一节　建筑工程施工图的识读

在建筑工程的设计和施工过程中,为做到建筑工程图制图统一、简单清晰,提高制图效率,满足设计、施工、验收和存档等要求,以适应工程建筑的需要,国家制定了全国统一的建筑工程制图标准,其中《房屋建筑制图统一标准》(GB/T 50001—2010)是建筑工程制图的基本规定,是各专业制图的通用部分。此外,还有总图、建筑、结构、给排水和采暖等专业的制图标准。在应用《房屋建筑制图统一标准》(GB/T 50001—2010)的同时,还必须与专业制图标准配合使用。

一、建筑工程图纸的幅面标准

建筑工程图纸的幅面,在现行规范《房屋建筑制图统一标准》(GB/T 50001—2010)中有明确的规定。

(一)图纸幅面

(1)建筑工程图纸幅面的基本尺寸有五种,其代号分别为 A0、A1、A2、A3、A4。各号图纸的幅面尺寸、图框形式和图框尺寸都有明确的规定,具体规定见表 1-1、图 1-1、图 1-2、图 1-3 和图 1-4。

(2)需要微缩复制的图纸,其一个边上应附有一段准确米制尺度,四个边上均附有对中标志,米制尺寸的总长度应为 100mm,分格应为 10mm。对中标志应画在图纸内框各边长的中点处,线宽为 0.35mm,并伸入内框边,在框外为 5mm。对中标志的线段,于 l_1 和 b_1 范围内取中。

表1-1　建筑工程图幅面尺寸和图框尺寸　　　　　　　　　　　　mm

尺寸代号	幅面代号				
	A0	A1	A2	A3	A4
$b \times l$	842×1189	594×841	420×594	297×420	210×297
图幅面积(m^2)	1.000	0.500	0.250	0.125	0.0625
c	10			5	
a	25				

注:表中 b 为幅面短边尺寸; l 为幅面长边尺寸; c 为图框线与幅面线间的宽度; a 为图框线与装订边间的宽度。

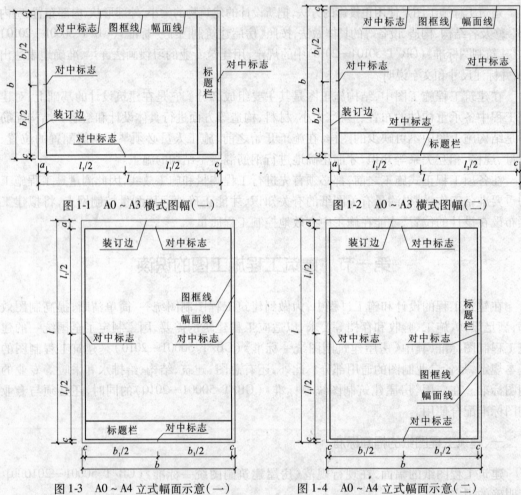

图1-1　A0～A3 横式图幅(一)　　　　　　　图1-2　A0～A3 横式图幅(二)

图1-3　A0～A4 立式幅面示意(一)　　　　　图1-4　A0～A4 立式幅面示意(二)

（3）图纸中的短边尺寸不应加长,A0～A3 幅面长边尺寸可加长,但应符合表1-2 中的规定。

表1-2　图纸长边加长尺寸　　　　　　　　　　　　　　　　　mm

幅面代号	长边尺寸	长边加长后的尺寸				
A0	1189	1486(A0+1/4l)　1635(A0+3/8l)　1783(A0+1/2l)　1932(A0+5/8l)　2080(A0+3/4l)　2230(A0+7/8l)　2378(A0+1.0l)				
A1	841	1051(A1+1/4l)　1261(A1+1/2l)　1471(A1+3/4l)　1682(A1+1.0l)　1892(A1+5/4l)　2102(A1+3/2l)				

续表

幅面代号	长边尺寸	长边加长后的尺寸
A2	594	743(A2+1/4*l*) 891(A2+1/2*l*) 1041(A2+3/4*l*) 1189(A2+1.0*l*) 1338(A2+5/4*l*) 1486(A2+3/2*l*) 1635(A2+7/4*l*) 1783(A2+2.0*l*) 1932(A2+9/4*l*) 2080(A2+5/2*l*)
A3	420	630(A3+1/2*l*) 841(A3+1.0*l*) 1051(A3+3/2*l*) 1261(A3+2.0*l*) 1471(A3+5/2*l*) 1682(A3+3.0*l*) 1892(A3+7/2*l*)

(4)图纸以短边作为垂直边应为横式,以短边作为水平边应为立式。A0~A3图纸宜横式使用;在有必要时,也可立式使用。

(5)在一个工程设计中,每个专业所使用的图纸,不宜多于两种幅面,不含目录及表格所采用的A4幅面。

(二)标题栏

(1)图纸中应有标题栏、图框线、幅面线、装订边线和对中标志。图纸的标题栏及装订边的位置,应符合下列规定:

① 横式使用的图纸,应按图1-1和图1-2的形式进行布置;

② 立式使用的图纸,应按图1-3和图1-4的形式进行布置。

(2)标题栏应符合图1-5和图1-6的规定,根据工程的需要选择确定其尺寸、格式及分区。签名栏应包括实名列和签名列,并应符合下列规定:

① 涉外工程的标题栏内,各项主要内容的中文下方应附有译文,设计单位的上方或左方,应加上"中华人民共和国"字样;

② 在计算机制图文件中,当使用电子签名与认证时,应符合国家有关电子签名法的规定。

图1-5 标题栏(一)

图1-6 标题栏(二)

(三)图纸编排顺序

(1)工程图纸应按专业顺序进行编排,一般应为图纸目录、总图、建筑图、结构图、给水排水图、暖通空调图、电气图等。

(2)各专业的图纸,应按图纸内容的主次关系、逻辑关系进行分类排序。

二、建筑工程图纸的图线标准

在绘制建筑工程图样时,为了表示图中不同的内容,使图中线条主次分明,必须采用不同的线型、线宽表示。

（1）在绘制图纸时图线的宽度 b，宜从 1.4mm、1.0mm、0.7mm、0.5mm、0.35mm、0.25mm、0.18mm、0.13mm 线宽系列中选取。图线的宽度不应小于 0.1mm。每个图样，应根据复杂程度与比例大小，先选定基本线宽 b，再选用表 1-3 中相应的线宽组。

表 1-3　线宽组　　　　　　　　　　　　　mm

线宽比	线宽组			
b	1.40	1.00	0.70	0.50
$0.70b$	1.00	0.70	0.50	0.35
$0.50b$	0.70	0.50	0.35	0.25
$0.25b$	0.35	0.25	0.18	0.13

（2）建筑工程图中的线型有实线、虚线、单点长画线、双点长画线、折断线和波浪线等，其中有些线型还分为粗、中粗、中、细四种，各种线型的规格及其一般用途，如表 1-4 所示。

表 1-4　建筑工程图线型和线宽

名称		线型	线宽	用途
实线	粗		b	主要可见轮廓线
	中粗		$0.70b$	可见轮廓线
	中		$0.50b$	可见轮廓线、尺寸线、变更云线
	细		$0.25b$	图例填充线、家具线
虚线	粗		b	见各有关专业制图标准
	中粗		$0.70b$	不可见轮廓线
	中		$0.50b$	不可见轮廓线、图例线
	细		$0.25b$	图例填充线、家具线
单点长画线	粗		b	见各有关专业制图标准
	中		$0.50b$	见各有关专业制图标准
	细		$0.25b$	中心线、对称线、轴线等
双点长画线	粗		b	见各有关专业制图标准
	中		$0.50b$	见各有关专业制图标准
	细		$0.25b$	假想轮廓线、成型前原始轮廓线
折断线	细		$0.25b$	断开界线
波浪线	细		$0.25b$	断开界线

（3）同一张图纸内，相同比例的各图样，应选用相同的线宽组。

（4）图纸的图框和标题栏线可采用表 1-5 中的线宽。

表 1-5　图框线、标题栏线的宽度　　　　　　mm

幅面代号	图框线	标题栏外框线	标题栏分格线
A0、A1	b	$0.50b$	$0.25b$
A2、A3、A4	b	$0.70b$	$0.35b$

（5）相互平行的图例线，其净间隙或线中间隙不宜小于 0.2mm。

（6）虚线、单点长画线或双点长画线的线段长度和间隔，宜各自相等。

（7）单点长画线或双点长画线，当在较小图形中绘制有困难时，也可用实线代替。

(8)单点长画线或双点长画线的两端,不应当是点。点画线与点画线交接点或点画线与其他图线交接时,应当是线段交接。

(9)虚线与虚线交接或虚线与其他图线交接时,应当是线段交接。虚线为实线的延长线时,不得与实线相接。

(10)图线不得与文字、数字或符号重叠、混淆,不可避免时,应首先保证文字的清晰。

三、建筑工程图纸的字体标准

建筑工程图中的字体,根据需要有汉字、拉丁字母、阿拉伯数字和罗马数字等,这些字体必须做到字体端正、笔画清楚、排列整齐、间隔均匀。

(1)图中字体的大小应根据图样的大小、比例等具体情况确定。按字体的高度(mm)不同,其大小可分为20、14、10、7、5、3.5和2.5七种号数(汉字不采用2.5号)。长仿宋字体的高宽关系应符合表1-6中的规定,黑体字的宽度与高度应相同。大标题、图册封面、地形图等的汉字,也可书写成其他字体,但应当易于辨认。

表1-6 长仿宋字体的高宽关系 mm

字高	20	14	10	7	5	3.5
字宽	14	10	7	5	3.5	2.5

(2)图纸中的汉字应采用国家公布实施的简化汉字,并宜写成长仿宋字。长仿宋字的示例如图1-7所示。

图1-7 长仿宋字的示例

(3)图样及说明中的拉丁字母、阿拉伯数字与罗马数字,宜采用单线简体或 ROMAN 字体。拉丁字母、阿拉伯数字与罗马数字的书写规则,应符合表1-7中的规定。

表1-7 拉丁字母、阿拉伯数字与罗马数字的书写规则

书写格式	字体	窄字体	书写格式	字体	窄字体
大写字母高度	h	h	笔画宽度	$1/10h$	$7/10h$
小写字母高度(上下均无延伸)	$7/10h$	$10/14h$	字母间距	$7/10h$	$1/14h$
			上下行基准线的最小间距	$15/10h$	$21/14h$
小写字母伸出的头部或尾部	$3/10h$	$4/14h$	词间距	$6/10h$	$6/14h$

(4)数字和字母有直体和斜体两种,建筑工程图纸中宜采用斜体字体。斜体字体的字头

向右倾斜,与水平线约成75°。数字和字母的写法如图1-8所示。

（5）拉丁字母、阿拉伯数字与罗马数字的字高,不应小于2.5mm。

（6）数量的数值注写,应采用正体阿拉伯数字。各种计量单位凡前面有量值的,均应采用国家颁布的单位符号注写。单位符号应采用正体字母。

(a)

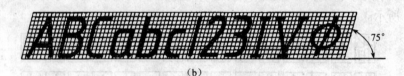

(b)

图1-8　数字和字母的写法
（a）一般字体（笔画宽度为字高的1/10）；（b）窄体字（笔画宽度为字高的1/14）

（7）分数、百分数和比例数的注写,应采用阿拉伯数字和数字符号。

（8）当注写的数字小于1时,应写出各位的"0",小数点应采用圆点,齐基线书写。

（9）长仿宋汉字、拉丁字母、阿拉伯数字与罗马数字示例应符合现行国家标准《技术制图——字体》（GB/T 14691—1993）的有关规定。

四、建筑工程图纸的比例标准

（1）图样中的图形与实物相对应的线性尺寸之比,称为图样的比例。这个比例是指线段之比,而不是面积之比。

（2）比例的符号应为"：",比例应以阿拉伯数字表示。比例宜注写在图名的右侧,字的基准线应取平;比例的字高比图名的字高小一号或二号（如图1-9所示）。

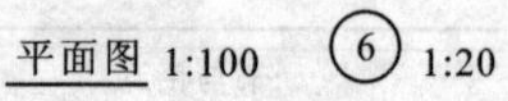

平面图 1:100　⑥ 1:20
图1-9　比例的注写方法

（3）在工程图样中所使用的各种比例,应根据图样的用途与所绘制物体的复杂程度进行选择。绘图所用的比例有常用比例和可用比例,并应优先采用常用比例。工程图样的比例可分为缩小和放大两种,建筑工程图常用缩小比例,如表1-8所示。

表1-8　建筑工程图选用比例

常用比例	1：1	1：2	1：5	1：10	1：20	1：30	1：50
	1：100	1：150	1：200	1：500	1：1000	1：2000	—
可用比例	1：3	1：4	1：6	1：15	1：25	1：40	1：60
	1：80	1：250	1：300	1：4000	1：600	1：5000	1：10000
	1：20000	1：100000	1：200000	—	—	—	—

（4）在一般情况下，一个图样应选用同一种比例。根据专业制图需要，同一图样可选用两种比例。

（5）在特殊情况下，也可自选比例，这时除了应注出绘图比例外，还应在适当位置绘制出相应的比例尺。

五、建筑工程图纸的尺寸标注

在建筑工程图上除了画出建筑物及其各部分的形状外，还必须准确、详尽、清晰地标出尺寸，作为施工和验收时的依据。建筑物的真实大小应以图样上标注的尺寸数值为准，与图形的大小及绘图的准确度无关。

建筑工程图中所标注的尺寸单位为 mm 时，不需注明单位的代号或名称。其尺寸组成及基本规定见表1-9，尺寸的排列布置与半径、直径、角度、坡度标注见表1-10。

表1-9　尺寸组成及基本规定

项目	图　形　示　例	说　　明
尺寸组成	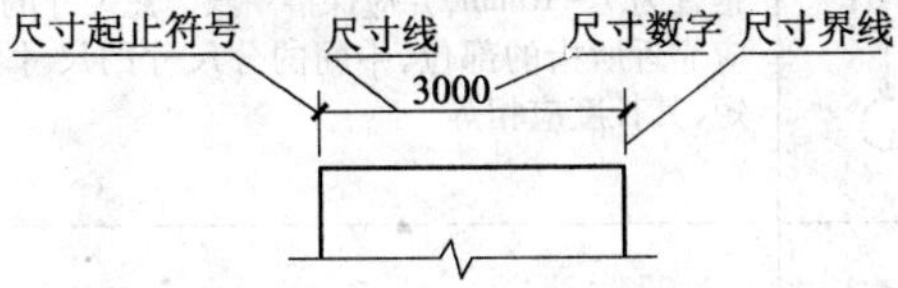 尺寸起止符号　尺寸线　尺寸数字　尺寸界线　3000	图样上的尺寸由尺寸界线、尺寸线、尺寸起止符号、尺寸数字四要素组成
尺寸界线	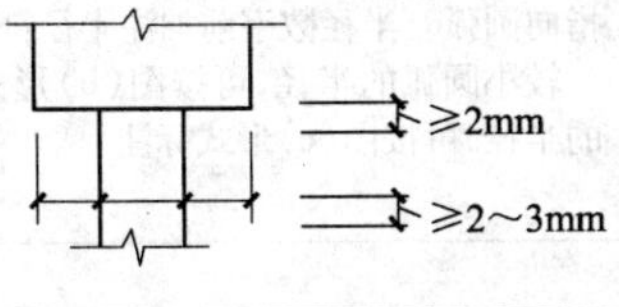 ≥2mm　≥2～3mm	尺寸界线用细实线绘制，一般应与被注长度垂直，其一端应离开图样轮廓线不小于2mm，另一端宜超出尺寸线2～3mm。必要时，图样轮廓线可作为尺寸的界线
尺寸线	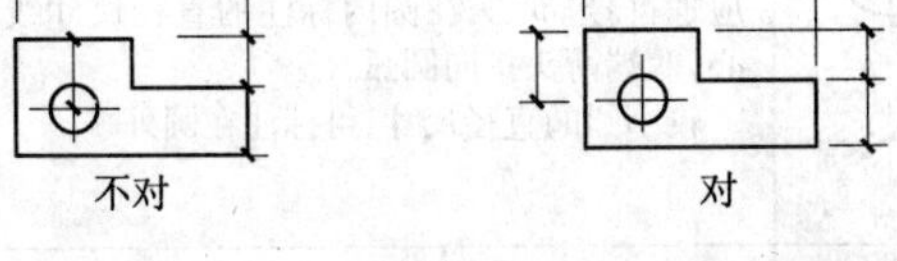 不对　对	尺寸线用细实线绘制，应与被注长度平行，且不宜超出尺寸界线；任何图线均不得用作尺寸线
尺寸起止符号	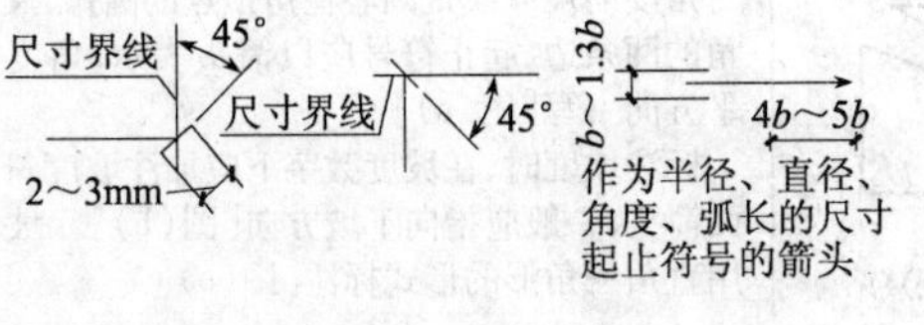 尺寸界线　45°　尺寸界线　45°　2～3mm　1.3b　b　4b～5b　作为半径、直径、角度、弧长的尺寸起止符号的箭头	尺寸起止符号一般应用中粗斜短线绘制，其倾斜方向应与尺寸界线成顺时针45°角，长度为2～3mm

项目	图 形 示 例	说 明
尺寸数字	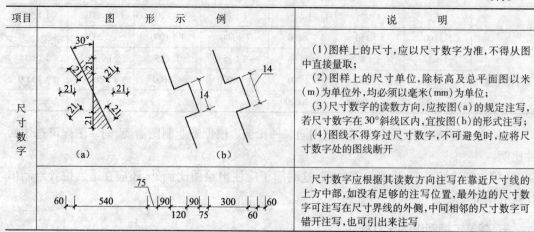	（1）图样上的尺寸，应以尺寸数字为准，不得从图中直接量取； （2）图样上的尺寸单位，除标高及总平面图以米（m）为单位外，均必须以毫米（mm）为单位； （3）尺寸数字的读数方向，应按图（a）的规定注写，若尺寸数字在30°斜线区内，宜按图（b）的形式注写； （4）图线不得穿过尺寸数字，不可避免时，应将尺寸数字处的图线断开
	60｜540｜75｜90｜90｜300｜60 120｜75｜60	尺寸数字应根据其读数方向注写在靠近尺寸线的上方中部，如没有足够的注写位置，最外边的尺寸数字可注写在尺寸界线的外侧，中间相邻的尺寸数字可错开注写，也可引出来注写

表 1-10　尺寸的排列布置与半径、直径、角度、坡度标注

项目	标 注 示 例	说 明
尺寸的排列与布置	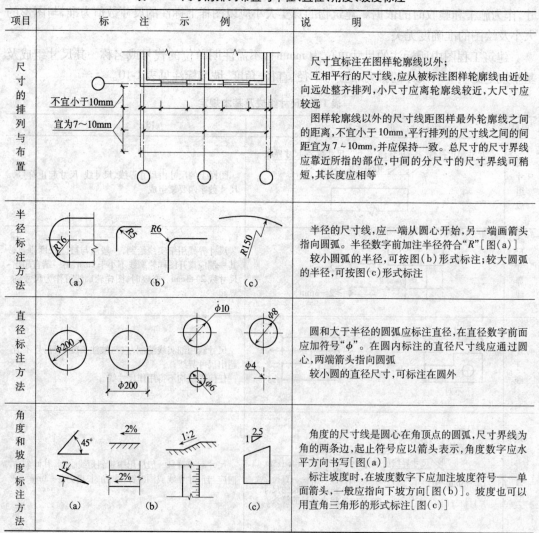	尺寸宜标注在图样轮廓线以外； 互相平行的尺寸线，应从被标注图样轮廓线由近处向远处整齐排列，小尺寸应离轮廓线较近，大尺寸应较远 图样轮廓线以外的尺寸线距图样最外轮廓线之间的距离，不宜小于10mm，平行排列的尺寸线之间的间距宜为7~10mm，并应保持一致。总尺寸的尺寸界线应靠近所指的部位，中间的分尺寸的尺寸界线可稍短，其长度应相等
半径标注方法		半径的尺寸线，应一端从圆心开始，另一端画箭头指向圆弧。半径数字前加注半径符号"R"[图（a）] 较小圆弧的半径，可按图（b）形式标注；较大圆弧的半径，可按图（c）形式标注
直径标注方法		圆和大于半径的圆弧应标注直径，在直径数字前面应加符号"φ"。在圆内标注的直径尺寸线应通过圆心，两端箭头指向圆弧 较小圆的直径尺寸，可标注在圆外
角度和坡度标注方法		角度的尺寸线是圆心在角顶点的圆弧，尺寸界线为角的两条边，起止符号应以箭头表示，角度数字应水平方向书写[图（a）] 标注坡度时，在坡度数字下应加注坡度符号——单面箭头，一般应指向下坡方向[图（b）]。坡度也可以用直角三角形的形式标注[图（c）]

第二节　结构工程施工图的识读

建筑物的外部造型千姿百态,但任何形状的造型,都必须靠承重部件组成的骨架体系将其支撑起来,这种承重的骨架体系称为建筑结构,组成建筑结构的各个部件称为结构构件。结构施工图是将各承重构件进行设计而画出来的图样,主要用来作为施工放线、开挖基槽、安装模板、绑扎钢筋、浇筑混凝土、编制预算等的依据。

一、结构施工图的分类及内容

建筑工程的结构施工图,主要包括结构设计说明和结构施工图纸两大部分。

（一）结构设计说明

结构设计说明以文字叙述为主,主要说明结构设计的依据,如地基情况、风雪荷载、抗震烈度,选用材料的种类、规格、强度等级,施工要求,选用标准图集,其他需要说明的事项等。

（二）结构施工图纸

结构施工图纸,主要包括结构布置图、结构配筋图和构件详图。

1. 结构布置图

结构布置图是建筑工程承重结构的整体布置图,主要表示结构构件的位置、数量、型号及相互关系。常用的结构平面布置图有:基础平面图、楼层结构布置平面图、屋面结构布置平面图等。

2. 结构配筋图

为加强对混凝土结构设计的管理,2000 年建设部批准《混凝土结构施工图平面整体表示方法制图规则和构造详图》为国家建筑标准设计图集。该设计图集的表达形式是把结构构件的尺寸和配筋等,按照施工顺序和平面整体表示法制图规则,整体地直接表达在各类构件的结构平面布置图上,再与标准构造详图相配合,即构成一套新型完整的结构施工图,也就是对一般房屋建筑工程,常将结构布置图和配筋图合二为一,分为柱子配筋图、楼面板配筋图、屋面板配筋图、楼面梁配筋图、屋面梁配筋图等。

这种新型的结构配筋图,改变了传统的将构件从结构平面图中索引出来,再逐个绘制配筋详图的繁琐方法,从而使结构设计方便,表达全面、准确,易于随机修正,大大地简化了绘图过程。

山东省建筑设计院编制的《混凝土结构施工图平面整体表示方法制图规则和构造详图》,主要包括两大部分内容:平面整体表示方法制图规则和标准构造详图。

3. 构件详图

构件详图是表示单个钢筋混凝土构件的形状、尺寸、材料、构造及施工工艺的图样,主要包括梁、柱、板及基础结构详图、楼梯结构详图、屋架结构详图和其他结构（如天沟、雨篷）详图等。

二、结构施工图的有关规定

由于建筑房屋结构中的构件繁多,布置形式比较复杂,为了图示简明、方便识图,《建筑结构制图标准》（GB/T 50105—2010）对结构施工图的绘制有十分明确的规定。

（1）常用构件的代号一般常用各构件名称的汉语拼音第一个字母表示,具体表示方法见表1-11。

表 1-11　结构施工图中常用构件的代号

序号	构件名称	代号	序号	构件名称	代号	序号	构件名称	代号
1	板	B	19	圈梁	QL	37	承台	CT
2	屋面板	WB	20	过梁	GL	38	设备基础	SJ
3	空心板	KB	21	连系梁	LL	39	桩	ZH
4	槽形板	CB	22	基础梁	JL	40	挡土墙	DQ
5	折板	ZB	23	楼梯梁	TL	41	地沟	DG
6	密肋板	MB	24	框架梁	KL	42	柱间支撑	ZC
7	楼梯板	TB	25	框支梁	KZL	43	垂直支撑	CC
8	盖板或沟盖板	GB	26	屋面框架梁	WKL	44	水平支撑	SC
9	挡雨板或檐口板	YB	27	檩条	LT	45	梯	T
10	吊车安全走道板	DB	28	屋架	WJ	46	雨篷	YP
11	墙板	QB	29	托架	TJ	47	阳台	YT
12	天沟板	TGB	30	天窗架	CJ	48	梁垫	LD
13	梁	L	31	框架	KJ	49	预埋件	M
14	屋面梁	WL	32	刚架	GJ	50	天窗端壁	TD
15	吊车梁	DL	33	支架	ZJ	51	钢筋网	W
16	单轨吊车梁	DDL	34	柱子	Z	52	钢筋骨架	G
17	轨道连续梁	DGL	35	框架柱	KZ	53	基础	J
18	车挡	CD	36	构造柱	GZ	54	暗柱	AZ

注:(1)预制钢筋混凝土构件、现浇混凝土构件、钢构件和木构件,一般可直接采用本表中的构件代号。在绘图中需要区别上述构件的材料种类时,可在构件代号前加注材料代号,并在图纸中加以说明。

(2)预应力钢筋混凝土构件的代号,应在构件代号前加注"Y",如 Y-DL 表示预应力钢筋混凝土吊车梁。

(2)结构施工图上的轴线和编号,必须与建筑施工图上的轴线和编号一致。

(3)结构施工图上的尺寸标注应与建筑施工图相符合,但结构施工图中所标注尺寸是结构的实际尺寸,即不包括表层粉刷或面层的厚度。

(4)结构施工图应用正投影法进行绘制。

(5)结构施工图的图线、线型和线宽,应符合表 1-12 中的规定。

表 1-12　结构施工图的图线、线型和线宽

名　　称	线　　　　型	线宽	一　般　用　途
粗实线		b	螺栓、钢筋线,结构平面布置图中单线结构构件线、钢、木支撑及系杆线、图名下横线、剖切线
中粗实线	——————	$0.70b$	结构平面图中及构件详图中剖到或可见墙身轮廓线、基础轮廓线、钢木结构轮廓线、钢筋线
中实线	——————	$0.50b$	结构平面图中及构件详图中剖到或可见墙身轮廓线、基础轮廓线、可见的钢筋混凝土构件轮廓线、钢筋线
细实线	——————	$0.25b$	标注引出线、标高符号线、索引符号线、尺寸线
粗虚线	– – – – – –	b	不可见的钢筋、螺栓线,结构平面布置图中不可见的钢、木支撑及单线结构构件线

续表

名　称	线　型	线宽	一　般　用　途
中粗虚线	- - - - - -	0.70b	结构平面图中的不可见构件、墙身轮廓线及不可见钢、木结构构件线、不可见的钢筋线
中虚线	- - - - - -	0.50b	结构平面图中的不可见构件、墙身轮廓线及不可见钢、木结构构件线、不可见的钢筋线
细虚线	- - - - - -	0.25b	基础平面图中管、沟的轮廓线,不可见的钢筋混凝土构件轮廓线
粗单点长画线	—·—·—	b	柱间支撑、垂直支撑、设备基础轴线图中的中心线
细单点长画线	—·—·—	0.25b	中心线、对称线、定位轴线、重心线
粗双点长画线	—··—··—	b	预应力钢筋线
细双点长画线	—··—··—	0.25b	原有结构轮廓线
折断线	——/\——	0.25b	断开界线
波浪线	～～～～	0.25b	断开界线

三、结构施工图的图示方法

钢筋混凝土结构构件只能看见其外形,内部的钢筋是不可见的。为了清楚地表明构件内部的钢筋分布,可假设混凝土构件为一个透明体,使包括在混凝土中的钢筋成为可见物,则成为建筑工程结构的配筋图。

钢筋混凝土结构构件的配筋图,主要包括平面图、立面图和断面图等,它们主要表示构件内部的钢筋配置、形状、数量、规格及相互连接关系,是钢筋混凝土构件图中的主要详图。必要时,还可以把构件中的各种钢筋抽出来绘制钢筋详图并列出钢筋表。

对于形状比较复杂的钢筋混凝土构件,或设有预埋件的构件,还需要绘制模板图(表达构件形状、尺寸及预埋件位置的投影图)和预埋件的详图,以便于模板的制作和安装及预埋件的布置。

第三节　地形图的识读

地形图是包含丰富的自然地理、人文地理和社会经济信息的载体,是进行建筑工程规划、设计和施工的重要依据。正确地应用地形图,是建筑工程技术人员必须具备的基本技能。

一、地形图识读的主要内容

(一)地形图图外注记识读

根据地形图图廓外的注记,可全面了解地形的基本情况。例如,由地形图的比例尺可以知道该地形图反映地物、地貌的详略;根据测图日期的注记可以知道地形图的新旧,从而判断地物、地貌的变化程度;从图廓坐标可以掌握图幅的范围;通过结合图表可以了解与相邻图幅的关系。

工程测量实践证明:了解地形图所使用的《国家基本比例尺地图图式》(GB/T 20257.1 ~ GB/T 20257.4),对地物、地貌的识读非常重要。了解地形图的坐标系统、高程系统、等高距、测图方法等,对正确利用地形图有很重要的作用。

（二）地物识读

地物识读前，要熟悉一些常用地物符号，了解地物符号和注记的确切含义。根据地物符号，了解图内主要地物的分布情况，如村庄名称、公路及铁路走向、河流分布、池塘、地面植被、农田、森林、重要建筑等。

（三）地貌识读

地貌识读前，要正确理解等高线的特性，根据等高线了解图内的地貌情况。首先要知道等高距是多少，然后根据等高线的疏密判断地面坡度及地势走向。

在识读地形图时，还应注意地面上的地物和地貌不是一成不变的。由于城乡建设事业的迅速发展，地面上的地物、地貌也随之发生变化，因此，在应用地形图进行规划以及解决工程设计和施工中的各种问题时，除了细致地识读地形图外，还需进行实地勘察，以便对建设用地作全面正确的了解。

二、地物、地貌的表示方法

各个时期出版的《国家基本比例尺地图图式》是测绘和出版地形图的基本依据，也是识读和使用地形图的重要工具。国家标准《国家基本比例尺地图图式　第1部分：1∶500　1∶1000　1∶2000 地形图图式》主要概括了地物、地貌在地形图上表示的符号和方法，部分地物、地貌符号与注记见表1-13。

表1-13　地形图图式符号与注记

编号	符号名称	1∶500	1∶1000	1∶2000	编号	符号名称	1∶500	1∶1000	1∶2000
1	一般房屋 混——房屋结构 3——房屋层数				8	台阶			
2	简单房屋				9	无看台的露天体育场			
3	建筑中的房屋				10	游泳池			
4	破坏房屋				11	过街天桥			
5	棚房				12	高速公路 a——收费站 0——技术等级代码			
6	架空房屋				13	等级公路 2——技术等级代码 （G325）——国道路线编码			
7	廊房				14	乡村路 a. 依比例尺的 b. 不依比例尺的			

编号	符号名称	1:500	1:1000	1:2000	编号	符号名称	1:500	1:1000	1:2000
15	小路				26	常年河 a.水涯线 b.高水界 c.流向 d.潮流向 ⟵﹏ 涨潮 ⟶ 落潮			
16	内部道路				27	喷水池			
17	阶梯路				28	GPS控制点			
18	打谷场、球场				29	三角点 凤凰山——点名 394.468——高程			
19	旱地				30	导线点 116——等级,点号 84.46——高程			
20	花圃				31	埋石图根点 16——点号 84.46——高程			
21	有林地				32	不埋石图根点 25——点号 62.74——高程			
22	人工草地				33	水准点 北京有 5——等级、点名、点号 32.804——高程			
23	稻田				34	加油站			
24	常年湖				35	路灯			
25	池塘				36	独立树 a.阔叶 b.针叶 c.果树 d.棕榈、椰子、槟榔			

续表

编号	符号名称	1:500	1:1000	1:2000	编号	符号名称	1:500	1:1000	1:2000
37	独立树 棕榈、椰子、槟榔		2.0 3.0 1.0		50	活树篱笆		6.0 1.0 0.6	
38	上水检修井		⊖2.0		51	铁丝网		10.0 1.0	
39	下水(污水)、雨水检修井		⊕2.0		52	通信线地面上的		4.0	
40	下水暗井		⊘2.0		53	电线架			
41	煤气、天然气检修井		⊡2.0		54	配电线地面上的		4.0	
42	热力检修井		⊖2.0		55	陡坎 a. 加固的 b. 未加固的		2.0 a b	
43	电信检修井 a. 电信人孔 b. 电信手孔	a ⊙2.0 2.0 b ⊠2.0			56	散树、行树 a. 散树 b. 行树	a ⊡1.6 10.0 1.0 b		
44	电力检修井		⊙2.0		57	一般高程点及注记 a. 一般高程点 b. 独立性地物的高程	a b 0.5 •163.2 ▲75.4		
45	地面下的管道	污 4.0 1.0			58	名称说明注记	友谊路 中等线体4.0(18k) 团结路 中等线体3.5(15k) 胜利路 中等线体2.75(12k)		
46	围墙 a. 依比例尺的 b. 不依比例尺的	a 10.0 b 10.0 0.6 0.3			59	等高线 a. 首曲线 b. 计曲线 c. 间曲线	a 0.15 b 1.0 0.13 c 6.0 0.15		
47	挡土墙	1.0 0.3 6.0			60	等高线注记	25		
48	栅栏、栏杆	10.0 1.0			61	示坡线	0.8		
49	篱笆	10.0 1.0			62	梯田坎	56.4 1.2		

（一）地物在地形图上的表示方法

在地形图上表示各种地物的形状、大小和它们的位置的符号称为地物符号,如测量控制点、各种道路、各类建(构)筑物、水系及植被等。根据地物的形状、大小和描绘方法的不同,地物符号可分为比例符号、非比例符号、半比例符号和注记符号四种。

1. 比例符号

将地物按照地形图比例尺缩小绘制到图上的符号称为比例符号,如房屋、农田、湖泊、草地、林场等。很显然,比例符号不仅能反映出地物的平面位置,而且能反映出地物的形状与大小。这是地形图上最常用的一种符号。

2. 非比例符号

有些重要的地物,由于其尺寸比较小,无法按照地形图的比例尺缩小并表示到地形图上,所以只能用规定的符号来表示,这种符号称为非比例符号,如测量控制点、电线杆、水塔、水井、烟囱等。非比例符号只能表示地物的实地位置,而不能反映出地物的形状与大小。

非比例符号的中心位置与实际地物中心位置的关系随地物而不同,如测量控制点、电线杆等,其中心位置以符号的几何图形中心来表示;如里程碑、烟囱、水塔等,其中心位置以符号底线的中点表示;如加油站、独立树等,地物中心在该符号底部直角顶点;如路灯、气象站等,地物中心在其下方图形的中心点或交叉点;窑洞、亭等,地物中心在下方两端点间的中心点。

在绘制非比例符号时,除图式中要求按实物方向描绘外,其他非比例符号方向均按直立方向描绘。

3. 半比例符号

对于地面上的某些线条状地物,如围墙、栅栏、小路、电力线、管线等,其长度可以按测图比例尺进行绘制,但其宽度无法按比例尺绘制,这种表示地物的符号称为半比例符号。半比例符号的中心线就是实际地物的中心线。

符号的使用界限是相对的,对于同一地物,在大比例尺地形图上可以采用比例符号,而在中、小比例尺地形图上采用非比例符号或半比例符号。如公路、铁路等地物,在 $1:500 \sim 1:2000$ 的地形图上用比例符号绘出,而在 $1:5000$ 的地形图上用半比例符号绘出。

4. 注记符号

地物注记就是用文字、数字或特定的符号,对地形图上的地物进行补充和说明,如地形图上注明的地名、控制点名称、高程、房屋层数、河流名称、深度、流向等。

（二）地貌在地形图上的表示方法

地貌的形态按其起伏变化情况,可分为以下四种类型:地势起伏小,地面倾斜角在3°以下,比高不超过20m 的,称为平坦地;地势起伏大,地面倾斜角在3°～10°,比高不超过150m的,称为丘陵地;地势起伏变化悬殊,地面倾斜角在10°～25°,比高在150m 以上的,称为山地;绝大多数地面倾斜角超过25°的,称为高山地。

在地形图上表示地貌的方法很多,测量工程中最常用的方法是等高线法。用等高线表示地貌不仅能表示出地面的起伏形态,而且能较好地反映地面的坡度和高程,在各种工程中得到广泛应用。

1. 等高线的定义

等高线是地面上高程相等的各相邻点连成的闭合曲线,如图 1-10 所示。设有一高地被等高间距的水平面所截,则各水平面与高地的相邻的截线就是等高线。将各水平面上的等高线沿铅垂方向投影到一个水平面上,并按规定的比例尺缩小绘制在图纸上,便得到用等高线来表示的地貌图。从图 1-10 中可以看出,等高线的形状是由高地表面形状来决定的。

2. 等高距与等高线平距

地形图上相邻两条等高线之间的高差称为等高距,一般常用 h 表示,如图 1-11 所示,其

等高距 $h=2\mathrm{m}$。等高距的大小根据地形图比例尺和地面起伏情况等确定。但是,在同一幅地形图中只能采用同一种基本等高距。

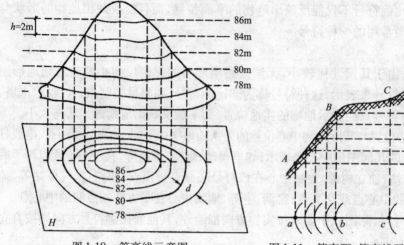

图 1-10　等高线示意图　　　　　图 1-11　等高距、等高线平距与地面坡度的关系

等高线平距是地形图上相邻两条等高线之间的水平距离,一般用 d 表示,它随着地面的起伏情况而改变。相邻等高线之间的地面坡度 i,可根据等高距 h、等高线平距 d 和地形图比例尺计算求得。

由于同一幅地形图中的等高距是相等的,所以等高线平距 d 的大小可直接反映地面坡度情况。等高距、等高线平距与地面坡度之间的关系如图 1-11 所示。显然,等高线平距越大,地面坡度越小;等高线平距越小,地面坡度越大;等高线平距相等,地面坡度相等。各种大比例尺地形图的基本等高距见表 1-14。由此可见,根据地形图上的等高线疏、密,可以判断坡面坡度的缓与陡。

表 1-14　大比例尺地形图的基本等高距

地形类别 比例尺	平　地	丘陵地	山　地	高山地
1∶5000	0.5 或 1.0	1.0 或 2.0	2.0 或 5.0	5.0
1∶2000	0.5 或 1.0	1.0	1.0 或 2.0	2.0
1∶1000	0.5	0.5 或 1.0	1.0	1.0
1∶500	0.5	0.5	0.5 或 1.0	1.0

3. 等高线的分类

为了更好地表示地貌的特征,便于识图和用图,地形图上的等高线,可分为首曲线、计曲线、间曲线和助曲线四种。各种等高线如图 1-12 所示。

(1)首曲线。在地形图上,从高程基准面起算,按照规定的基本等高距描绘的等高线称为首曲线。首曲线一般用 0.15mm 宽的细实线绘制,首曲线也是地形图上最主要的等高线。

(2)计曲线。为了方便用图和计算高程,从高程基准面零米起算,每隔五个基本等高距(即四条首曲线)加粗一条等高线,这条等高线称为计曲线。如等高距为 1m 的等高线中,高程 5m、10m、15m 等 5m 倍数的等高线为计曲线,一般只在计曲线上注记高程,字头指向高处。计曲线一般是用 0.3mm 宽的粗实线绘制。

16

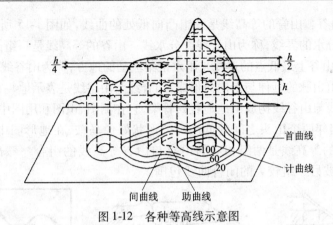

图 1-12　各种等高线示意图

（3）间曲线。当首曲线不足以显示局部地貌特征时，可在相邻两条首曲线之间绘制 1/2 基本等高距的等高线，这种等高线称为间曲线。间曲线一般用 0.15mm 宽的长虚线绘制，描绘时可以不闭合。

（4）助曲线。当首曲线和间曲线仍不足以显示局部地貌特征时，可在相邻两条间曲线之间绘制 1/4 基本等高距的等高线，这种等高线称为助曲线。助曲线一般用 0.15mm 宽的短虚线绘制，描绘时可以不闭合。

4. 几种典型地貌等高线

自然地貌的形态虽然多种多样、千变万化，但经过实践和总结仍能归结为以下几种典型地貌。在工程测量中常见的典型地貌主要有：山头和洼地、山脊与山谷、鞍部、悬崖与峭壁等。了解和熟悉这些典型地貌等高线的特征，有助于识读、应用和测绘地形图。

（1）山头和洼地。地势向中间凸起而高于四周的高地称为山头；地势向中间凹下而低于四周的低地称为洼地。山头和洼地的等高线都是一组闭合的曲线，形状基本相似。内圈等高线较外圈等高线高程增加时，表示为山头，如图 1-13 所示；内圈等高线较外圈等高线高程减小时，表示为洼地，如图 1-14 所示。

在有些地形图上，还可以根据示坡线来区别山头和洼地。示坡线用与等高线垂直正交的小短线表示，其交点表示斜坡的上方，另一端则表示斜坡的下方，如图 1-13 和图 1-14 所示。

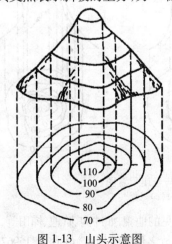

图 1-13　山头示意图

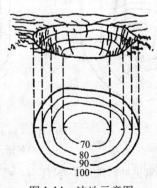

图 1-14　洼地示意图

（2）山脊与山谷。山脊的等高线是一组凸向低处的曲线，如图 1-15 所示。山脊上最高点的连线是雨水分水的界线，称为山脊线或分水线。山谷的等高线是一组凸向高处的曲线，如图 1-16 所示。山谷上最低点的连线是雨水汇集流动的地方，称为山谷线或集水线。

山脊与山谷由山脉的延伸与走向而形成，山脊线与山谷线是表示地貌特征的线，所以又称地性线。山脊线与山谷线构成山地地貌的骨架，它在测图、识图和用图中具有重要意义。

（3）鞍部。相邻两个山头之间的低洼部分形状好像马鞍，在地形图中称为鞍部，如图 1-17 所示。鞍部的等高线是两组相对的山脊与山谷等高线的组合。鞍部等高线的特点是两组闭合曲线被另一组较大的闭合曲线包围。

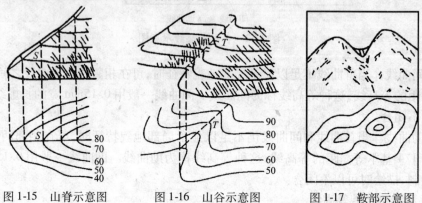

图 1-15　山脊示意图　　　图 1-16　山谷示意图　　　图 1-17　鞍部示意图

（4）峭壁、断崖与悬崖。峭壁是山区的坡度极陡处，一般坡度在 70° 以上，如果用等高线表示，线条非常密集，不便于绘制和识读，因此采用峭壁符号来代表这一部分等高线，如图 1-18（a）所示。

垂直的陡坡称为断崖，这部分的等高线几乎重合在一起，很难用等高线将其表示出来，所以在地形图上通常用锯齿形的符号来表示，如图 1-18（b）所示。

山头的上部部分向外凸出，其腰部凹进的陡坡称为悬崖，它上部的等高线投影在水平面上，与下部的等高线相交，下部凹进的等高线用虚线来表示，如图 1-18（c）所示。

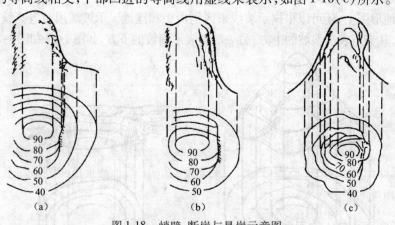

图 1-18　峭壁、断崖与悬崖示意图
（a）峭壁；（b）断崖；（c）悬崖

除上述几种常见的特殊地貌外，还有一些比较常见的地貌，如冲沟、阶地、梯田等，其表示方法可参见《1∶500　1∶1000　1∶2000 地形图航空摄影测量数字化测图规范》（GB/T 15967—2008）。

为便于地形图的识读,图1-19所示是一幅综合性地貌透视图和相应的等高线图,可对照进行识读。

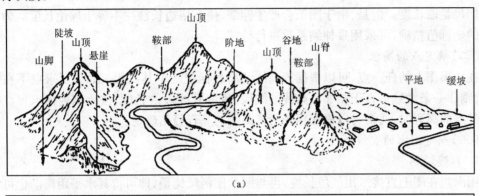

(a)

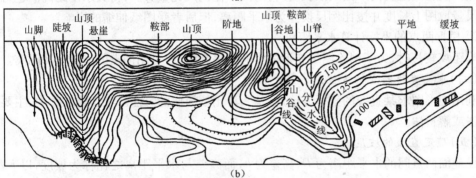

(b)

图1-19 综合性地貌透视图和相应的等高线图
(a)地貌透视图;(b)相应的等高线图

5. 等高线的特征

等高线是地形图中的主要线条,用等高线来表示地貌,可归纳出其以下特性:

(1)在同一条等高线上各点的高程必须相等,而高程相等的地面点却不一定在同一条等高线上。

(2)等高线是一种闭合的曲线,如果不在本幅地形图内闭合,则在相邻的其他图幅内闭合。但间曲线和助曲线作为辅助线,可以在图幅内中断。

(3)在地形图中,因为等高线是表示地貌高程的,所以除悬崖和峭壁外,不同高程的等高线不能相交。

(4)山脊与山谷的等高线与山脊线和山谷线成正交关系,即过等高线与山脊线或山谷线的交点作等高线的切线,始终与山脊线或山谷线垂直。

(5)在同一幅地形图中,等高线平距大小与地面坡度成反比。等高线平距越大,地面坡度越缓;等高线平距越小,地面坡度越陡;等高线平距相等,地面坡度相同。倾斜地面上的等高线是间距相等的平行直线。

三、地形图在工程中的主要作用

地形图在工程施工中具有很多作用,其主要作用有:可求得图上某点的坐标和高程,确定图上直线的长度,求得图上直线的坐标方位角及坡度,在图上计算图形的面积、选择工程线路、确定汇水面积、进行土地平整计算等。

（一）确定点的坐标

欲确定图上多点的坐标，首先根据图廓坐标注记和点多的图上位置，绘出坐标方格，再按比例尺量取长度。但是，由于图纸会产生伸缩，使方格边长往往不等于理论长度。为了使求得的坐标值精确，可采用乘伸缩系数进行计算。

（二）确定点的高程

在地形图上的任一点，可以根据等高线及高程标记确定其高程。如果所求点不在等高线上，则作一条大致垂直于相邻等高线的线段，量取其线段的长度，按比例内插求得。在图上求某点的高程时，通常可以根据相邻两等高线的高程目估确定。

（三）确定图上的直线长度

1. 直接量测

用卡规在图上直接卡出线段长度，再与图示比例尺比量，即可得其水平距离。也可以用毫米尺量取图上长度并按比例尺换算为水平距离，但后者受图纸伸缩的影响。

2. 根据两点的坐标计算水平距离

当距离较长时，为了消除图纸变形的影响以提高精度，可用两点的坐标计算距离。

（四）求某直线的坐标方位角

利用地形图求某直线的坐标方位角，是一种比较简便的方法。在实际工作中，主要采用图解法或解析法。

（五）确定直线的坡度

设地面两点间的水平距离为 D，高差为 h，而高差与水平距离之比称为坡度，以 i 表示，常以百分率或千分率表示，则 $i = h/D$。如果两点间的距离较长，中间通过疏密不等的等高线，则上式所求地面坡度为两点间的平均坡度。

（六）图形面积的量算

在规划设计中，常需要在地形图上量算一定轮廓范围内的面积。常用的量算方法有：透明方格纸法、平行线法、解析法和求积仪法。

（七）按一定方向绘制纵断面图

在各种线路工程设计中，为了进行填挖方量的概算，以及合理地确定线路的纵坡，都需要了解沿线路方向的地面起伏情况，为此，常需利用地形图绘制沿指定方向的纵断面图。

（八）在图上选定最短线路

在道路、管线、渠道等工程设计时，都要求线路在不超过某一限制坡度的条件下，选择一条最短路线或等坡度线。利用一定比例尺的地形图，就可以在图上按照限制的坡度选定最短线路。

（九）在地形图上确定汇水面积

修筑道路有时要跨越河流或山谷，这时就必须建桥梁或涵洞，兴修水库必须筑坝拦水。而桥梁、涵洞孔径的大小，水坝的设计位置与坝高，水库的蓄水量等，都要根据汇集于这个地区的水流量来确定，汇集水流量的面积称为汇水面积。

（十）地形图在平整土地中的应用

在各种工程建设中，除对建筑物要做合理的平面布置外，往往还要对原地貌做必要的改造，以便适于布置各类建筑物、排除地面水以及满足交通运输和敷设地下管线等。这种地貌改造称为平整土地。

在平整土地工作中,常需要预算土、石方的工程量,即利用地形图进行填挖土(石)方量的概算。其方法有多种,其中方格法(或设计等高线法)是应用最广泛的一种。

四、地形图的识读方法

地形图中包含着大量的自然地理、人文地理和社会经济信息,借助地形图可以了解很多对工程建设有影响的因素。在工程规划设计阶段,大比例尺地形图是确定工程点位和计算工程量的主要依据;在工程施工阶段,地形图是进行工程放样和进行施工布置必不可少的资料。因此,掌握正确的地形图识读方法,正确地应用地形图是工程技术人员必须具备的基本技能。现以图1-20为例,说明识读地形图的步骤和方法。

地形图中识读的内容十分广泛,根据地形图识读的实践经验,其识读的主要步骤为:识读图廓外有关注记、识读地形图中的地貌、识读地形图中的地物和识读植被分布等。

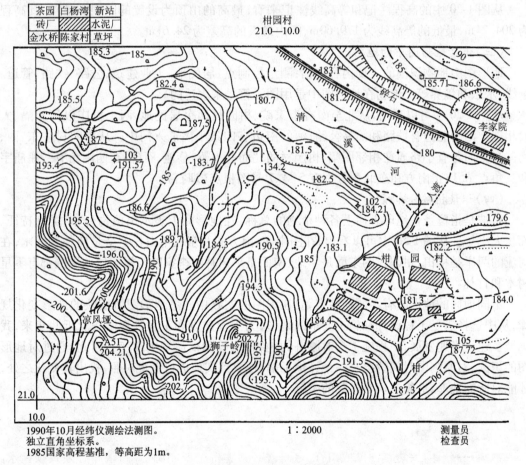

图1-20 地形图识读示例

(一)识读图廓外有关注记

地形图图廓外的注记,是地形图的重要组成部分。通过识读图廓外的注记,可以了解地形的基本概况,掌握图幅所包括的范围,了解与相邻图幅的关系,了解地形图的坐标系统、高程系统和等高距等。

图1-20所示为整幅地形图的一部分。从图廓外的注记中可了解到:(1)测图的时间为1990年10月;(2)成图的方法为经纬仪测绘法;(3)坐标系统为独立直角坐标系;(4)高程基准为1985国家高程基准;(5)图中的等高距为1m;(6)图式版本为1977年版图式;(7)成图比例尺为1:2000;(8)图名为柑园村;(9)图号为21.0—10.0;(10)相邻图幅的名称:正北方为白杨湾、东北为新站、西北为茶园、正西方为砖厂、正东方为水泥厂、正南方为陈家村、东南为草坪、西南为金水桥。

（二）识读地形图中的地貌

地形图中的地貌主要应根据等高线进行识读,由等高线的特征来判定地面的坡度变化。从图1-20中可以看出,西、南两个方向是起伏较大的山地,其中南面的狮子岭往北是一条山脊,其两侧是谷地,西北角小溪的谷源附近有两处冲沟地段;西南角附近有一个地名叫凉风垭的鞍部;东北角是起伏较小的山丘地区;柑园东北清溪河的两岸是比较平坦的地带。

从图1-20中的高程注记和等高线注记来看,最高的山顶为设置的图根点A51,其高程为204.21m,最低的等高线为179.60m,图内最大的高差为24.61m。

（三）识读地形图中的地物

地形图中地物识读的主要内容包括:测量控制点、居民地、工业建筑、公路、铁路、管道、管线、水系和境界等。地物在地形图中是用图示符号来表达的。

从图1-20中可以看出,从北至南有李家院、柑园村两个居民地,两个村庄以河相隔、人渡相连。河的北边有铁路和简易公路;河的南边有四条小溪汇入河中。从柑园村往东、西、南三个方向各有小路通往相邻图幅,柑园村的北面有小桥、墓地、石碑;在西南角有一座庙宇和三角点A51;正南方和东北角分别有5号、7号图根点(埋石)。

（四）识读植被分布情况

植被是指覆盖在地球表面上各种植物的总称,在地形图上表示出植物分布、类别特征、面积大小等。从图1-20中可以看出,在图中西、南方向及东北角山丘上全是树林和灌木,在河流的两岸是稻田,柑园村的东面是旱地、南面是果树林。李家院与柑园村的周围都有零星树木和竹林。

不同地区的地形图有不同的特点,要在识图的实践中熟悉地形图所反映的地形变化规律,从中选择满足工程设计和施工要求的地形,为工程建设和工程管理服务。近些年来,我国城乡建设飞速发展,工程施工会对原有的地物、地貌和植被发生改变。因此,通过对地形图的识读,对原测图时的情况有一个详细了解,还要到实地进行勘察对照,找出其变化之处,才能对所需地形、地貌有切合实际的了解。

第二章 建筑施工测量的基本知识

测量学是一门历史悠久的科学,是研究如何测定地面的点位,将地球表面的各种地物、地貌及其他信息测绘成图以及确定地球形状和大小的一门科学。

测量学在我国有着光辉的历史,为世界测量学作出了巨大的贡献。公元前21世纪,大禹治水时就发明和应用了"准绳、规矩"等测量工具和方法;春秋战国时期发明了指南针,如今在全世界很多领域都得到应用;东汉天文学家张衡发明浑天仪等仪器,并绘制了相当精确的全国地图,为世界测绘史写下了光辉的一页。

第一节 建筑施工测量概述

随着社会经济的发展,科技进入高速发展时期,同时也促进了测绘科学技术的发展,特别是地理信息系统是传统学科与现代科学技术相结合的产物,被广泛应用于土木工程、土地利用、资源管理、环境监测、交通运输、城市规划、经济建设等各个领域。

一、现代测量学的分类方法

随着社会生产和科学技术的不断发展,根据研究对象和应用范围的不同,现代测量学的研究范围也不断拓宽,目前主要分为:大地测量学、普通测量学、摄影测量学和工程测量学等学科。

（一）大地测量学

大地测量学是一门研究地球的形状、大小和地球重力场理论的学科,是在地球表面广大区域内建立国家大地控制网等方面的测量理论、技术和方法的学科,为测量学的其他分支学科提供最基础的测量数据和资料。

（二）普通测量学

普通测量学是研究地球表面较小区域内测绘工作的基本理论、技术和方法的学科,主要是指用地面作业方法,将地球表面局部地区的地物和地貌等测绘成地形图。但必须说明的是,在测绘小区域地形图时,对测绘的局部不顾及地球曲率的影响,把该小区域内的投影球面直接作为平面对待。

（三）摄影测量学

摄影测量学是研究如何利用摄影相片来测定物体的形状、大小、位置,并获取其他信息的学科,是中国测绘国家基本地形图的主要方法,目前多用于测绘城市基本地形图和大规模地形复杂地区的地形图。

（四）工程测量学

工程测量学是研究各种工程建设中测量方法和理论的一门学科。主要研究在各种土木工程、工业和城市建设以及资源开发各个阶段进行地形和有关信息的采集、处理、施工放样、工程验收、变形监测、分析与预报的理论和技术,以及与研究对象有关的信息管理和使用,为工程建设提供测绘方面的保障。

二、建筑工程测量学的任务与内容

建筑工程测量是工程测量学的一个组成部分,主要包括建筑工程在规划设计、施工准备、施工建筑和运营管理阶段所进行的各种测量工作。在不同的领域和工程建设中,测量工作的内容和步骤也是不同的。

施工测量是贯穿于工程建设全过程的一项工作,在工业与民用建筑中,按工程建设的顺序,主要包括以下任务与内容:

(一)规划设计阶段

在建筑工程的规划设计阶段,运用各种测量仪器和工具,通过现场实地测量和计算,把施工范围内地面上的地物、地貌,按照一定的比例尺测绘出工程建设区域的地形图,为规划设计提供各种比例尺的地形图和测绘资料。

在工程设计中,从地形图上获取设计所需要的资料很多,如点的坐标和高程、两点间的水平距离、地面的坡度、地块的面积、地形的断面、现场的地貌等。

(二)施工准备阶段

在施工准备阶段,测量人员要严格地审核设计和施工图纸,掌握工程建设的规模、要求,以及与周边建筑物、构筑物的相互关系;认真察看和复核由设计单位移交的测量控制点点位和数据。在已有控制点的基础上,根据工程设计和施工的要求,结合施工现场的具体情况,制订严密的施工测量方案;确定坐标系统和高程基准,建立施工控制网。

(三)建筑施工阶段

在工程施工阶段,将图纸上设计好的建筑物或构筑物的平面位置和高程,根据施工进度要求进行施工放线,包括建筑物定位、轴线测设、竖向控制和高程测设等,在实地上用桩点或线条标定出来,作为施工的依据,使建筑物严格按设计位置进行建设。

在施工的过程中,对建(构)筑物的施工不同工序之间,要用测量的方法进行检查和验收,还要对建(构)筑物的有关部位进行沉降观测和水平位移观测,以随时掌握其稳定情况和变化规律。

(四)运行管理阶段

工程竣工以后,要进行竣工验收测量,检测工程建筑物的有关部位的实际平面位置、高程、垂直度及相关尺寸,并与设计数据进行比较,检查是否符合设计要求,为评定工程施工质量提供基本资料。

工程全部竣工并经检查合格后,根据设计资料和竣工验收测量资料,绘制工程竣工图,供今后扩建、改建、维修和管理使用。对于重要的建(构)筑物,还要继续定期进行变形观测,监测建(构)筑物的水平位移和沉降,了解其变形规律,以便采取措施,保证建(构)筑物的安全。

三、建筑施工测量的特点和程序

工程测量实践证明,工程勘测设计阶段的测量工作,主要是测绘大比例尺地形图,即将实地上的地物、地貌的位置和高程测绘在图纸上,为工程设计提供可靠的技术资料;施工测量主要是进行施工放样,它与测绘地形图完全相反,是将设计图纸上的建(构)筑物,按设计要求的位置标定在实地上,为工程施工提供依据。在整个建筑工程的施工过程中,施工测量具有如下特点,并按有关的程序进行:

（1）施工测量是直接为工程施工服务的，对工程施工的各方面都起着重要作用。施工测量工作中出现任何微小的差错，都将直接影响工程的质量和进度，甚至会造成不可挽回的损失。因此，对施工测量的基本要求就是正确无误。

（2）施工测量贯穿于工程的整个施工期间，特别是大型建筑工程，建筑物多，结构复杂，为了保证施工测量的精度，避免产生施工干扰和"窝工"，要求施工测量必须按照一定的程序有条不紊地进行。

（3）在进行建筑物设计时，首先做出建筑物的总体布置，确定各建筑物的主轴线位置及其相互关系，然后在主轴线的基础上确定各辅助轴线。根据各轴线再确定建筑物的细部位置、形状和尺寸等，这就是拟建工程建筑物设计具有的由整体到局部的特点。

（4）建筑物施工测量也遵循由整体到局部的特点。通常首先建立场区施工控制网，由场区施工控制网再建立建筑物控制网或建筑物的主轴线，然后根据建筑物的几何关系，放样出辅助轴线，最后放样出建筑物的细部位置和尺寸。

四、建筑施工测量的制度及职责

建筑施工测量直接关系到工程建筑的速度和工程质量。为确保工程施工符合设计要求，对施工测量提出了严格的要求，主要包括建立健全管理制度、明确各自工作职责和明确施工测量要求。

（一）建立健全管理制度

建立健全施工测量管理制度，是搞好施工测量和施工质量的前提，也是确保工程施工进度的保障。需要建立健全施工测量方面的管理制度很多，我国在建筑工程施工测量中积累了丰富的经验，不同的单位可以根据自己的实际，制订相应的管理制度。

根据有关单位的成功经验，建筑施工测量方面的管理制度主要应包括：（1）施工测量管理机构的设置及其职责；（2）施工测量人员各级岗位责任制度及职责分工；（3）人员培训与考核制度；（4）测量成果及资料的管理制度；（5）自检复线及验线制度；（6）交接测量标桩及护桩制度；（7）测量仪器检校及维护保管制度；（8）测量仪器操作及安全作业制度。

（二）明确各自工作职责

建筑施工测量是一项要求严格、技术性强的工作，为确保施工测量符合设计要求，必须对有关人员明确工作职责，使他们职责明确、分工协作，共同完成施工测量。

（1）项目工程师的职责：对工程的测量放线工作负有技术责任，主要包括审核施工测量方案、组织工程各部位的验线工作等。

（2）技术员的工作职责：技术员是施工测量的主体，主要包括领导测量放线工作、组织放线人员学习有关规定、校核施工图纸及有关数据、编制施工测量放线方案等。

（3）质检员的工作职责：质检员是施工测量中的质量监督人员，主要参加工程各部位的测量验线工作，并参与验收签证。

（4）施工员的工作职责：施工员对工程的施工测量放线工作负有直接责任，主要参加各分项工作的交接检查，负责填写工程预检单，并参与验收签证。

（三）明确施工测量要求

对施工测量方面的要求是十分严格的，主要包括对施工测量记录的要求和对施工测量计算的要求两个方面。

1. 对施工测量记录的要求

（1）施工测量是一项严肃的技术工作,测量记录应做到:原始真实、数字正确、内容完整、字体工整,不准随意更改和涂抹。

（2）施工测量记录应填写在规定的表格中,表中的项目要符合规范要求,记录要完整。

（3）施工测量记录应在现场随测随记,不允许事后整理转抄。

（4）施工测量记录的字体要工整、清楚、整齐,对于记错或读错的秒值或厘米以下的数字应重测;对于记错、读错分值以上或厘米以上数字,以及计算错的数字,不得进行涂改,应将错字画一条斜线,将正确的数字写在错字的上方。

（5）在施工测量的记录中,数字的取位应当一致,并应反映观测的精度,如距离测量数字均取小数点以后三位,即精确至毫米。

（6）施工测量中的草图（示意图）,应当在现场进行勾绘,并注记清楚、详细。

2. 对施工测量计算的要求

（1）施工测量中的各项计算,应做到依靠可靠、方法正确、计算有序、步步校核、结果可靠,不可盲目计算、胡乱拼凑。

（2）在施工测量各项计算之前,应对各种外业记录、计算进行认真检核,严格防止测错、记错或超限等出现。

（3）在计算中要认真仔细,做到步步校核。校核的方法可采用复算校核、对算校核、总和校核、几何条件校核和改变计算方法校核。

（4）施工测量计算中的数字取位,应与规定的观测精度要求相适应,并要遵守数字的"四舍、六入、逢五单进双不进"的取舍原则。

五、建筑施工测量的基本原则

地形测图通常是在选定的点位上安置仪器,测绘地面上的地物和地貌。如果只在一个选定的点位上测量整个测区内所有的地物、地貌,则是非常困难甚至是不可能的。如图 2-1 所示,在 A 点安置仪器只能测绘其附近的房屋、道路、地面起伏等地物、地貌,对于山的另一面或较远的地方就观测不到,必须在适当的位置连续地设站进行观测。

图 2-1　控制测量与碎部测量

众多工程施工测量实践证明,测量工作必须按照"先整体后局部"、"先控制后碎部"的原则进行。

在测量的总体布局上应先考虑整体,再考虑局部。其具体工作步骤是:先进行控制测量,再进行碎部测量。如在图 2-1 中,先在整个测区范围内均匀地选定若干数量的控制点,如图中的 A、B、C、D、E、F 点,以便能控制整个测区;将选定的控制点按一定方式连接成网形,称为工程测量控制网。

以比较精密的测量方法测定控制网中各控制点的平面位置和高程,这项工作称为控制测量。然后分别以这些控制点为依据,测绘点位附近的地物、地貌的特征点,并将其勾绘成图,如图 2-2 所示,这项工作称为碎部测量。

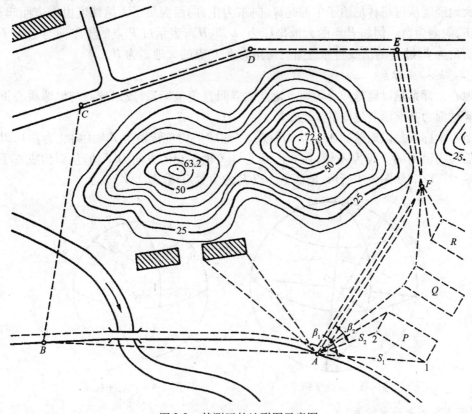

图 2-2 某测区的地形图示意图

"先整体后局部"、"先控制后碎部"的原则,也非常适用于建筑工程的施工测量。为了将图上设计的建(构)筑物放样到地面上,也应当先建立施工测量控制网,然后根据控制点和放样数据来测设建(构)筑物的细部点。

第二节 建筑施工测量的基本知识

建筑施工测量是一项技术要求较高、涉及知识面较广的工作,因此,必须了解和掌握有关测量的基本知识。在建筑施工测量中,需要对坐标系统、高程基准、地图及其比例尺、测量误差等方面有一个比较系统的了解。

一、测量的坐标系统

测量工作的实质就是确定地面点的空间位置,地面点的空间位置一般用坐标和高程来表示。坐标就是在参考系中表示点位的一组有序的数据,这个参考系称为坐标系。测量中常用的坐标系主要有:大地坐标系、地心坐标系、高斯平面坐标系和建筑坐标系。

(一)大地坐标系

由大地纬度、大地经度和大地高所构成的坐标系统为大地坐标系,其基准是椭球面及其法线。如图 2-3 所示,以过格林尼治的子午面与赤道的交点为原点,用大地经度 L、大地纬度 B 和大地高 H 表示椭球面上某点的位置。

大地经度从过格林尼治子午面起算,向东为正,向西为负。大地纬度由赤道面起算,向北为正,向南为负。例如 P 点的大地坐标为 (L,B,H),表示过 P 点的子午面与起始子午面的二面角为 L,过 P 的法线与赤道面的夹角为 B,P 点的大地高为 H。

(二)地心坐标系

地心坐标系是以地球质心为原点建立的空间直角坐标系,或以球心与地球质心重合的地球椭球面为基准面所建立的大地坐标系。

地心坐标系是以地球的质心 O 为原点,以地球平均自转轴为 Z 轴(向北为左),以起始子午面与赤道面的交线为 X 轴,在赤道面上与 X 轴正交的方向为 Y 轴,从而构成右手直角坐标系 $O\text{-}XYZ$。如图 2-4 所示,地面上一点 P 的位置可用 $(X、Y、Z)$ 表示。

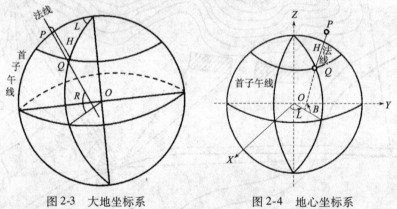

图 2-3 大地坐标系   图 2-4 地心坐标系

(三)高斯平面坐标系

由于大地经纬度表示的大地坐标是一种椭球面上的坐标,不能直接用于测绘图纸和施工放样,必须按一定的数学方法转换成平面直角坐标,即采用地图投影的理论绘制地形图,才能用于工程建设规划、设计和施工。

高斯-克吕格投影为正形投影的一种,中央子午线和赤道投影后为一直线且长度不变,所以高斯-克吕格投影是一种等角横切椭圆柱体投影。根据高斯-克吕格投影方法建立的平面坐标系,称为高斯-克吕格平面直角坐标系,简称为高斯平面坐标系。这种坐标系是根据高斯投影的特点,以赤道和中央子午线的交点为坐标原点,纵坐标 X 以赤道起算,向北为正,向南为负;横坐标 Y 以中央子午线起算,向东为正,向西为负。为避免 Y 值出现负值,Y 坐标加一常数 500km。

高斯平面直角坐标 (Y,X) 和大地坐标 (L,B) 可以互相换算。高斯平面直角坐标的象限按顺时针 Ⅰ、Ⅱ、Ⅲ、Ⅳ排列,如图 2-5 所示。

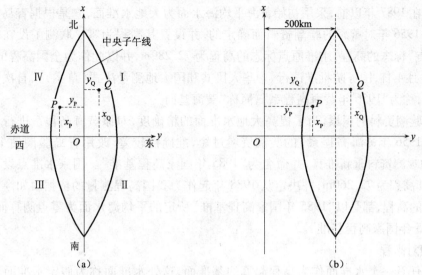

图 2-5　高斯平面坐标系示意图

（四）建筑坐标系

在建筑工程的建设过程中,为了设计和施工的方便,通常采用建筑坐标系,也称施工坐标系或独立坐标系。建筑坐标系的坐标轴,一般与主要建筑物的轴线或主要工艺流程中心线相平行。

在建筑施工的场地上,有时施工坐标系与测图的坐标系不一致,如测图时采用的是高斯平面直角坐标系,而在施工时采用的是建筑坐标系,这时就需要进行坐标换算,或由施工坐标系坐标换算成为高斯平面直角坐标系坐标,或由高斯平面直角坐标系坐标换算成为施工坐标系坐标。

二、测量的高程基准

（一）大地水准面

地球表面水域面积占71%,陆地面积仅占29%。如果我们选择静止的平均海水面,即不考虑潮汐和风浪影响的平均高度海水面,向四处延伸,穿过陆地而形成的完整的闭合曲面作基准面,称这个曲面为大地水准面,由它包围的形体称为大地体。从大地水准面起算的陆地高度,称为绝对高度或海拔。大地水准面和海拔高程等参数和概念在客观世界中无处不在,在国民经济建设中起着重要的作用。

大地水准面是描述地球形状的一个重要物理参考面,也是海拔高程系统的起算面,是大地测量基准之一。确定大地水准面是国家基础测绘中的一项重要工程,它将几何大地测量与物理大地测量科学地结合起来,使人们在确定空间几何位置的同时,还能获得海拔高度和地球引力场关系等重要信息。

大地水准面的形状反映了地球内部物质结构、密度和分布等信息,对海洋学、地震学、地球物理学、地质勘探、石油勘探等相关地球科学领域的研究和应用具有重要作用。

（二）水准高程

1. 绝对高程

地面某点沿铅垂线方向至大地水准面的垂直距离,称该点的绝对高程,简称高程。

我国在 1987 年以前,采用初始黄海平均海水面为大地水准面,它是根据青岛验潮站在 1950 年~1956 年对黄海的验潮资料而确定的,并设置其高程为零。联测了设在基岩上的"水准原点"标志的高程,水准原点标志的高程为 72.289m,并以此作为全国高程的起算点。1956 年 9 月 4 日,国务院批准试行《中华人民共和国大地测量法式(草案)》,首次建立国家高程基准,称为"1956 年黄海高程系",简称"黄海基面"。

随着验潮资料的积累,为了提高大地水准面的精确度,对原黄海高程系进行了认真复查,发现"1956 年黄海高程系"的验潮资料过短,准确性较差,改用青岛验潮站 1950 年~1979 年的观测资料重新推算,并命名为"1985 年国家高程基准"。国家水准点设于青岛市观象山,其高程为 72.260m,并决定从 1988 年起作为我国高程测量的依据。如今我们在工程中所用的高程,都是以"1985 年国家高程基准"所定的平均海水面为零点测算而得,均被称为"1985 年国家高程基准"。

2. 相对高程

选定任意一个水准面作为高程起算的基准面,这处水准面称为假定水准面。地面作一测点与假定水准面的垂直距离称为"相对高程",也称为假定高程。建筑工程中所用的标高就是一种相对高程。比如房屋建筑中一般把室内地坪作为 0 点,以此得到的相对高程为标高。

两点高程的差值称为高差。如图 2-6 中所示,A、B 两点的高差为 $h_{AB} = H_B - H_A = H_B' - H_A'$。

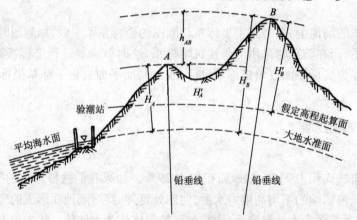

图 2-6　高程和高差之间的相互关系

三、地图及其比例尺

在建筑工程的勘察和设计过程中,我们离不开地图;在建筑工程施工和测量放样中,同样也离不开地图。地图实际上是地球表面自然和社会现象的缩写。

由于地球表面的自然和社会现象多种多样、极其复杂,地图上不可能将它们全部表示出来,因此应当根据用图的目的不同,进行科学地取舍和综合。为了在地图上进行长度、角度、高度、面积和坐标等方面的计算,地图必须按一定的要求进行测绘。

地图实际上是按照一定的数学法则,用特定的图式符号、颜色和文字注记,将地球表面的自然和社会现象,按一定的程序测绘在平面上的图。

地图根据其表示的内容、使用对象、投影方式和测绘方法的不同,可分为不同的地图。

在测量学范围内,工程建设过程中使用较多的地图有:地形图、平面图和地籍图。

（一）地形图

地形图指的是地表起伏形态和地物位置、形状在水平面上的投影图。具体来讲,以高斯直角坐标数据和黄海高程数据表示的各级控制点为依据,将地面上的地物和地貌按水平投影的方法（沿铅垂线方向投影到水平面上）,并按一定的比例尺缩小绘制到图纸上,用规定的符号、注记和等高线表示这些地物、地貌的位置及起伏状态,这种图称为地形图。

（二）平面图

平面图是地图的一种。当测区面积不大,半径小于10km（甚至25km）的面积时,可以水平面代替水准面。在这个前提下,可以把测区内的地面景物沿铅垂线方向投影到平面上,按规定的符号和比例缩小而构成的相似图形,称为平面图。

平面图一般只表示地物,而不表示地貌的起伏状态。它一般属于用普通地图图式表示某类特定地物的专题图。平面图的测绘方法与地形图的测绘方法相同。

（三）地籍图

地籍图是表示土地权属界线、面积和利用状况等地籍要素的地籍管理专业用图,是地籍调查的主要成果。地籍图的内容包括地籍要素和必要的地形要素。地籍要素指土地的编号、利用类别、等级、面积及权属界线,界地点及其编号,各级行政区划界线及房产情况。必要的地形要素指与地籍管理有关的一些房屋、道路、水系、垣栅及地物和地理名称等。

工程建设中所用的地籍图,是表示土地位置、数量、质量、数据和用途等基本状况为主的专题图,一般只表示与土地数据和利用现状有关的地物,而不表示地貌的起伏状态。地籍图的测绘方法与地形图的测绘方法基本相同。

四、测量误差的概念

测量工作实践表明,在工程测量中对一个角度、一段距离或一个高差等,尽管进行了多次观测、选用了比较精密的仪器和采用了合理的观测方法,在观测中工作非常认真和仔细,然而所获得的各次观测结果不可避免地存在着一定差异,这就充分说明观测结果中出现测量误差是很正常的,关键是如何减小测量误差,使其符合现行有关规范的要求。

（一）测量出现的误差

1. 测量误差产生的原因

任何一个观测数据,都是由观测者使用某种仪器或工具,按照一定的操作方法,在一定的外界条件下获得的。由此可见,测量误差产生的原因主要有以下四个方面:

（1）观测者的技术水平高低,这是一个非常重要的原因。任何精密的仪器和工具,都是由人进行操作的,如果操作者的技术水平较差,仪器操作不仅速度慢,而且精确度不符合要求,对测量的结果必然有较大影响。

（2）测量工作所用的仪器和工具,尽管经过了严格的检验和校正,但由于携带、使用过程中的振动等影响,加上仪器和工具本身的残余误差,会不可避免地给观测结果带来影响。

（3）在工程测量的过程中,观测人员无论操作如何认真仔细,但由于人的感觉器官鉴别能力的限制,在进行仪器的安置、瞄准、读数等工作时,都会产生一定的误差。

（4）测量工作是在一定的外界环境中进行的，外界环境中的自然条件，如阳光、温度、湿度、风力等的变化，都会给测量带来误差。

2. 测量误差的分类

测量误差按其性质的不同，可分为系统误差和偶然误差两大类。

（1）测量的系统误差

在相同的观测条件下，对某量进行了一系列观测，如果观测误差的数值大小和符号呈现出一致性，即按一定的规律变化或保持为常数，这种误差称为测量系统误差。例如，用 30m 的钢尺测量距离时，如果钢尺的名义长度比实际长度差 Δl，那么用这把钢尺量得的距离 D，则包含有 $\Delta l \cdot D/30$ 的误差，这种误差在测量成果中具有累积性，并与测量值的大小成正比。又如，在水准测量中，如果水准仪的水准管轴不平行于视准轴，必然会出现误差，这种误差大小与视距长度成正比，在水准测量成果中也具有累积性。

由此可见，测量系统误差具有一定的规律性，只要弄清系统误差产生的原因，掌握系统误差的基本规律，就可以通过计算进行系统误差改正，或采用适当的观测方法在观测成果中抵消或减弱其影响。

（2）测量的偶然误差

在相同的观测条件下，对某量进行了一系列观测，如果观测误差的数值大小和符号都不一致，即在表面上看不出任何规律，这种误差称为测量偶然误差。例如，用钢尺丈量距离时，对于毫米的估读数、水平角观测时的瞄准误差、水准测量标尺上的读数等，都属于测量偶然误差。

测量偶然误差在表面上似乎没有什么规律，但随着观测次数的增加，大量的偶然误差都具有一定的统计规律，特别是观测次数越多，这种规律越明显。测量偶然误差的统计规律有以下方面：

（1）在一定的观测条件下，测量偶然误差的绝对值不会超过一定的限值。

（2）绝对值小的误差比绝对值大的误差出现的可能性大。

（3）绝对值相等的正误差与负误差出现的可能性相同。

（4）同一量的同精度观测，其偶然误差的算术平均值，随着观测次数的无限增加而趋近于零。

除去以上所述的系统误差和偶然误差外，在工程测量工作中，由于观测人员的粗心大意等原因，还可能会发生"错误"（也称"粗差"），例如，在观测时未瞄准目标、读错数、记录错或计算错等。这些是绝对不允许出现的，错误和误差是两个本质不同的概念。

（二）衡量精度的标准

为了说明观测结果的精确程度，必须规定一个衡量观测结果精度的统一标准，在测量工作中常用的精度标准有：中误差、极限误差和相对中误差等。

1. 中误差

中误差是一种最偶然误差，也是最能反映准确度的误差。设在相同的条件下对同一量 X 进行 n 次观测，其观测的结果为 l_1、l_2、$\cdots$、l_n，如果求得每个观测量的真误差 $\Delta_i = X - l_i$，取各个真误差平方和的平均数，再将其开平方所得的数值称为中误差，也称为均方误差，作为衡量观测值精度的标准，并以 m 表示。中误差 m 可用式（2-1）计算：

$$m = \pm \left([\Delta\Delta]/n \right)^{1/2} \tag{2-1}$$

式中　$[\Delta\Delta]$——各个真误差的平方和。

但是,在绝大多数的情况下,被观测量的真值是不知道的,其真误差也无法求得。在实际工作中,通常利用观测值的最或然误差来计算观测值的中误差。经过公式推导,用最或然误差来计算观测值的中误差的公式,可改写为式(2-2):

$$m = \pm \left\{ [vv]/(n-1) \right\}^{1/2} \qquad (2-2)$$

式中　$[vv]$——最或然误差的平方和。

2. 极限误差

由偶然误差的特性可以知道,在一定的观测条件下,偶然误差的绝对值不会超过一定的界限。根据误差理论和大量的实践证明,偶然误差的绝对值超过一倍中误差(m)的概率为32%,超过两倍中误差($2m$)的概率为5%,超过三倍中误差($3m$)的概率为0.3%。

从这些概率值可以看出,大于三倍中误差的偶然误差几乎是不可能出现的。因此,在测量中通常以三倍中误差为偶然误差的极限误差,也称为容许误差,当测量精度要求较高时,也可取两倍中误差为偶然误差的极限误差。

在实际测量工作中,如果某一观测值的误差超过容许误差,就可以认为该观测值出现错误或有某项粗差,应当舍弃该观测值或进行重测。

3. 相对中误差

在某些情况下,仅用中误差还不能准确地反映观测的精度如何,例如在进行距离测量时,误差的大小和所测量的距离长短有关。如果测量的两段距离,其中一段长为300m,另一段长为100m,它们的中误差都是±0.020m。很显然,测量的这两段距离的精度肯定是不同的,这时用相对中误差来衡量测量距离的精度是比较合适的。

相对中误差是中误差的绝对值与相应的观测值之比,并化为分子为1的分数。相对中误差中分母越大,其测量精度越高。

第三节　用水平面代替水准面的限度

当测区的面积比较小时,可以用水平面代替水准面,即以平面代替曲面。在测量中用水平面代替水准面,不仅可使测量的计算和绘图工作大大简化,而且其精度完全符合实际。但是,当测区的面积达到一定范围时,为满足测量精度的要求,必须考虑地球曲率对于测量结果的影响。

一、对于测量距离的影响

地球是一个圆形的球体,其平均半径大约为6731km,地球上两点之间的连线实际上为一弧形。假设地球是半径为 R 的圆球,地面上 A、B 两点投影到大地水准面的距离为弧长 D,投影到水平面上的距离为 D'(如图2-7所示),显然两者之差即为水平面代替水准面所产生的距离误差,设这个误差为 ΔD,则可用式(2-3)表示:

$$\Delta D = D' - D = R\tan\theta - R\theta \qquad (2-3)$$

式中　θ——弧长 D 所对应的圆心角。

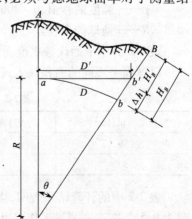

图2-7　水平面代替水准面的影响

将 $\tan \theta$ 用级数展开并略去高次项,可得:

$$\tan \theta = \theta + \theta/3 + \cdots = \theta + \theta/3$$

由于 $\theta = D/R$,将其代入式(2-3)中,可得:

$$\Delta D = D^3/3R^2 \tag{2-4}$$

距离的相对误差,可用式(2-5)表示:

$$\Delta D/D = D^2/3R^2 \tag{2-5}$$

表 2-1 为地球曲率对水平距离的影响。以半径 $R = 6371km$ 和不同的 D 值代入式(2-5)中,求得的距离误差和距离相对误差的结果列于表 2-1 中。

表 2-1　地球曲率对水平距离的影响

距离 D(km)	距离误差 ΔD(m)	距离相对误差 $\Delta D/D$	距离 D(km)	距离误差 ΔD(m)	距离相对误差 $\Delta D/D$
10	0.008	1 : 1220000	50	1.027	1 : 49000
25	0.128	1 : 20000	100	8.212	1 : 12000

由表 2-1 中可以看出,当距离为 10km 时,产生的相对误差为 1 : 1220000,小于目前最精密测距的允许误差 1 : 1000000。由此可以认为:在半径为 10km 的区域,地球曲率对水平距离的影响可以忽略不计。

二、对于测量水平角的影响

从球面三角学可知,球面上三角形内角之和比平面上相应的三角形内角之和多出一个球面角超 ε,如图 2-8 所示。其值可以根据多边形的面积求得,可用式(2-6)进行计算:

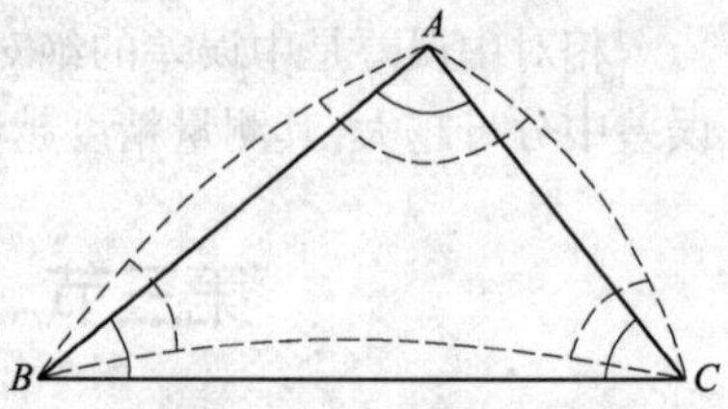

$$\varepsilon = P\rho/R \tag{2-6}$$

图 2-8　球面角超示意图

式中　ε——球面的角超(″);

　　　P——球面多边形的面积;

　　　ρ——弧度的秒值,$\rho = 206265$(″);

　　　R——地球的半径。

表 2-2 为水平面代替水准面对水平角的影响。

以球面上不同的面积代入式(2-6)中,求出球面角超,列入表 2-2 中。

表 2-2　水平面代替水准面对水平角的影响

球面面积(km²)	球面角超(″)	球面面积(km²)	球面角超(″)
10	0.05	100	0.51
50	0.25	500	2.54

表 2-2 中的计算结果表明,当测区范围在 $100km^2$ 时,水平面代替水准面对角度的影响仅为 $0.51''$,在普通测量工作中可以忽略不计。

三、对于测量高程的影响

如图 2-7 所示,地面点 B 的绝对高程为该点沿铅垂线到大地水准面的距离 H_B,当用过 a 点与大地水准面相切的水平面代替大地水准面时,B 点的高程为 H'_B,两者的差值为 bb',此即为用水平面代替大地水准面所产生的高程误差,用 Δh 表示,从图 2-7 中可得:

$$(R + \Delta h)^2 = R^2 + D'^2$$

经变换,可得:
$$\Delta h = D'^2/(2R + \Delta h)$$

由于水平距离 D' 与弧长 D 的长度非常接近,取 $D' = D$;又因为 Δh 远远小于 R,取 $2R + \Delta h = 2R$,代入上式后,可得式(2-7)

$$\Delta h = D^2/2R \tag{2-7}$$

表 2-3 为水平面代替水准面对高程的影响。以 $R - 6731\text{km}$ 和不同的 D 值代入式(2-7)中,算得相应的高差 Δh 值列入表 2-3 中。

表 2-3　水平面代替水准面对高程的影响

距离 $D(\text{km})$	0.1	0.2	0.3	0.4	0.5	0.6	0.7	0.8	0.9
高程误差 $\Delta h(\text{m})$	0.008	0.003	0.007	0.013	0.02	0.08	0.31	1.96	7.85

从表 2-3 中可以看出,用平面代替曲面作为高程的起算点,对于高程的影响是很大的。例如距离为 200m 时,就会出现 3mm 的误差,超过了允许的精度要求。因此,即使是距离很短,也不能忽视地球曲率对高程的影响。

第四节　建筑施工测量控制网的测设

无论是测绘地形图,还是进行建筑物的施工放样,最基本的工作就是测定点的空间位置。在建筑工程施工中,为施工放样而布设的控制点称为施工控制点,由这些施工控制点构成的几何图形称为施工控制网,测定这些施工控制点位置的工作称为施工控制测量。施工控制网是施工测量不可缺少的组成部分,不仅是施工放样的依据,也是工程竣工测量的依据,同时还是建筑物沉降观测及将来建筑物改建、扩建的依据。

施工控制网的建立应遵循"先整体、后局部"的原则,由高精度到低精度进行建立。即首先在施工现场根据建筑设计总平面图和施工现场的实际情况,以原有的测绘控制网点为定向条件,建立起统一的施工平面控制网和高程控制网。然后以此为基础,测设建筑物的主轴线,再根据主轴线测设建筑物的细部。

一、施工控制测量概述

(一)施工控制网的特点

在道路和桥梁工程建设中,施工平面控制网一般布设成三角网、导线网或 GPS 网,其测量方法与测图控制网的测量方法相同。但建筑工程与道路桥梁工程不同,建筑施工网与测图控制网相比,具有以下三个特点:

1. 控制点密度大、控制范围小、精度要求高

在工程勘测设计阶段,建筑物的位置尚未具体确定,要进行多个方案的比较,因而测图的范围较大,要求测图的控制范围也比较大。施工控制网是在工程总体布置已经确定的情况下进行布设的,与测图控制网所控制的范围相比较,施工控制网的范围就比较小。在较小的范围内,各种建筑物分布错综复杂,施工放样的工作量大,这就要求施工控制点要有足够的密度,并且分布合理,以便放样时有机地选择和使用控制点的余地。

建筑工程构造复杂、功能繁多,其质量如何事关人的生命,所以其施工控制网的精度要求很高。精度要求应以建筑限差来确定,而建筑限差又是工程验收的标准。由此可见,施工控制网的精度要比测图控制网的精度高。

2. 使用非常频繁,应用要方便、稳定性要高

在多层和高层建筑工程施工过程中,随着建筑物高度的不断升高,要随时放样不同高度上的特征点,加上施工工艺和混凝土物理化学性质的限制,混凝土也必须分层、分区或分块进行浇筑,因此每浇注一次都要进行放样工作,控制点使用是非常频繁的。

工程施工实践证明:从工程开工到工程竣工,有的控制点要使用很多次,有的甚至在工程管理中还要使用,这就要求控制点布设既要考虑到使用的方便,又要考虑到设置位置比较稳定,在施工期间不受到破坏。为了达到这个目的,在建筑工程施工中,施工控制网点一般都建立混凝土观测墩。

3. 易受施工干扰,位置应恰当、密度要适宜

现代化的建筑施工常采用立体交叉作业的方式,这必然使建筑物不同部位的施工高度有时有很大的差别,常常妨碍控制点之间的相互通视。随着施工技术现代化程度的不断提高,施工机械的频繁活动也往往成为测量视线的严重障碍。有时会因施工干扰或重型机械的运行,造成控制点位移甚至破坏。因此,施工控制点的设置,应做到位置分布恰当、密度满足使用、应用比较方便、易于进行保护。

(二)施工控制网的布设形式

施工控制网的布设形式,应以经济、合理和适用为原则,根据建筑设计总平面图和施工现场的实际地形条件来确定。

(1)对于地形起伏较大的山区建筑场地,可以充分扩展原有的测图控制网,作为施工定位的依据。

(2)对于地形比较平坦而测量比较困难的建筑场地,可以采用导线网的形式,作为施工定位的依据。

(3)对于面积不大、地形不复杂的建筑小区,常常布设一条或几条建筑基线,组成简单的图形作为施工测量的依据。

(4)对于地形平坦、建筑物较多、平面多为矩形、布置比较规则的大中型建筑施工场地,施工控制网多采用建筑方格网的形式。

随着测量仪器精度和功能的发展,施工控制网已广泛应用边角网、测边网、导线网及GPS卫星定位网等先进的测量方法。

二、建筑平面控制测量

建筑平面控制网是工程建筑场区内,各种建(构)筑物放样、定位和质量控制的基本依

据,根据控制网建立的阶段、作用和控制范围的大小不同,平面施工控制网又可分为建筑物场区平面控制网和建筑物平面控制网。

平面控制网的布设形式,主要取决于建筑场地的条件,如建筑场地面积的大小、地形起伏情况、测量通视情况、建筑物的分布情况等。建筑工程场区平面控制网,一般常布设成三角网、边角网、导线网、方格网、矩形网等形式。

1. 三角网

三角网是平面控制网中常用的形式之一,实际上就是将场区内各控制点(包括已知控制点)连接成由一系列三角形构成的图形。根据构成图的形状不同,又可分为三角锁(如图 2-9)、线形锁(如图 2-10)和三角网(如图 2-11)。

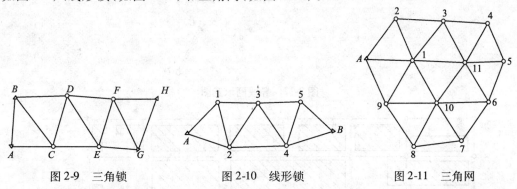

图 2-9　三角锁　　　　图 2-10　线形锁　　　　图 2-11　三角网

如果测出了三角网中各三角形的内角和必要的边长(即基线),就可以由起始点计算出各未知控制点的坐标。三角网的优点是控制面积较大、几何条件多、图形结构强,其缺点是测角工作量大、测量通视条件要求高。这种控制网适用于测区面积较大、地形比较平坦、测量视线开阔的地区。

2. 边角网

在施工控制网中,不仅测量了部分或全部角度,而且测量了部分或全部边长,这种控制网称为边角网。根据所测得的角度和边长,按几何关系就可由起始点推算各未知控制点的坐标。边角形对图形结构的要求比较灵活,图形的强度也比较好。这种控制网适用于测量精度要求比较高、测量通视条件比较好的测区。

3. 导线网

由相邻控制点间的边长(导线边)所构成的折线段,称为导线;由各条导线而构成的控制网,称为导线网,如图 2-12 所示。如果测出了导线的长度和折线的各转折角,就可以由起始点推算各控制点的坐标。

导线网布设比较灵活,它只要求相邻导线点之间通视,这种控制网特别适用于通视比较困难的建成区和树林隐蔽地区。

4. 方格网

方格网亦称建筑方格网,是在建筑场地上布置成矩形的控制网,如图 2-13 所示。如果测得建筑方格网的各边长和各内角,就可根据几何关系由起算点计算各方格网点的坐标。

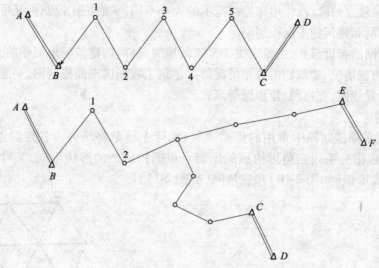

图 2-12　导线网示意图

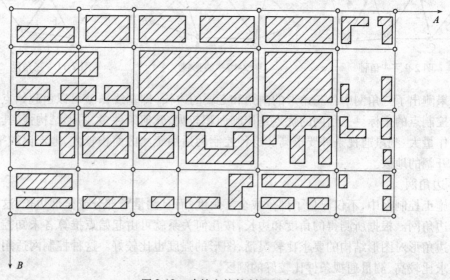

图 2-13　建筑方格控制网示意图

　　由于很多建筑物(如工业厂房、民用楼房等)都设计成矩形,而且在每一个建筑系统中,其轴线基本上都是互相平行或垂直,建筑方格控制网的轴线也习惯布设成与建筑物轴线相平行或垂直。因此,根据建筑方格网进行建筑物的施工放样时,不仅操作非常方便,而且计算也比较简单,是建筑工程中最常用的一种控制网。这种控制网适用于建筑场地平坦、建筑物密集、布置整齐的场地。

　　5. 矩形网

　　对于工业厂房或具有连续生产线的工程,为了控制厂房的位置,一般沿厂房轮廓线布设一个矩形网,称为厂房控制网或矩形网,如图 2-14 所示。

图 2-14　矩形网示意图

矩形网的轴线应与建筑物的轴线相互平行或垂直,矩形网主要用于测定建筑轴线、设备基础及工程竣工后测绘竣工图。这种控制网建立比较简单、使用非常方便。

三、建筑工程导线测量

导线是平面控制测量中最常用的形式,它可以代替相应等级的三角形,既可以布设成首级控制,也可以作为加密控制。由于导线布设比较灵活、测量比较方便,特别是电磁波测距仪的出现,使导线在测量中得到广泛应用。

(一)测量导线的布设

建筑工程测量中的导线布设,应根据施工现场和建筑物的实际,选择比较适宜的布设形式。导线布设主要有附合导线、闭合导线和支导线三种形式。

(1)附合导线。即从一个已知点和已知方向出发,经过一系列的点,附合到另一个已知点和已知方向上,如图 2-15(a)所示。

(2)闭合导线。即从一个已知点和已知方向出发,经过一系列的点,最后又回到原来已知点和已知方向上,如图 2-15(b)所示。

(3)支导线。支导线又称为自由导线,它从一个已知点和已知方向出发,连续布设一系列点,最后既不闭合到原来已知点,也不附合到另一个已知点,如图 2-15(c)所示。

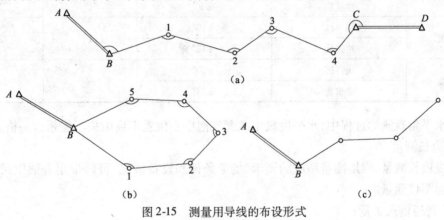

图 2-15　测量用导线的布设形式
(a)附合导线;(b)闭合导线;(c)支导线

(二)导线测量的实施

导线测量工作主要包括外业测量和内业计算,外业工作又包括选点埋石、角度观测和边长测量。

1. 选点埋石

根据导线的设计要求、施工场地的条件,选定导线的点位。导线点位应选在地基稳定、便于保存、通视良好、观测方便和安全的地方。导线边长应符合现行规范或技术设计要求,导线相邻边长之比一般不应超过 1∶3。

在导线点位选定之后,应用标石(标志)固定下来,根据导线的等级和使用要求,可采用混凝土或石料标石,在标石顶部设置标志,对于低等级的临时导线点,也可用大木桩并在顶部用铁钉加以标志。

标石按要求埋设好后,为便于今后在使用时查找,应绘制"点之记"分布图,标注导线的位置和长度,并在现场用红漆进行标记。

2. 角度观测

导线水平角一般宜采用方向观测法,当观测方向数不多于 3 个时,可以不进行归零。方向观测的技术要求,应符合表 2-4 中的要求。

表 2-4　方向观测的技术要求

仪器类型	测微器两次读数差	半测回归零差	一测回 2C 互差	方向值测回差
DJ2	3″	±12″	±18″	±12″
DJ6	—	±18″	—	±24″

水平角观测的测回数应符合表 2-5 中的规定。

表 2-5　导线水平角测回数的规定

测量等级	控制网的类型	测角中误差	测 回 数	
			DJ2	DJ6
一级	场　区	±5″	2	4
	建筑物	±9″	1	2
二级	场　区	±10″	1	2
	建筑物	±12″		
三级	场　区	±20″	—	1
	建筑物	±24″		

在水平角观测的过程中,水平度盘水准管气泡中心位置偏离中央不应超过一格。

3. 边长测量

导线边长测量,根据测量精度的要求、场地条件和设备情况,可以采用普通钢尺丈量和电磁波测距仪测量。

(1) 普通钢尺丈量:

普通钢尺丈量是边长测量最简便的方法,适用于边长测量精度要求不高的情况。普通钢尺丈量的技术要求,应符合表 2-6 中的规定。

表 2-6　导线普通钢尺丈量精度规定

丈量相对中误差	作业尺数	丈量次数	读定次数	估读数（mm）	温度读数（℃）	定线最大偏差（mm）	尺段高差较差（mm）	同尺段或同段各尺较差（mm）
1/40000	2	4	3	0.5	1	50	5	2
1/24000 ~ 1/15000	1 ~ 2	2	3	0.5	1	50	10	2
1/1000 ~ 1/8000	1 ~ 2	2	2	1.0	1	70	10	3

(2) 电磁波测距仪测量:

用电磁波测距仪测量边长,是目前最常用的方法。其具有操作简便、速度较快、精度较高等特点,按标称精度分为三级,如表 2-7 所示。

表 2-7 电磁波测距仪精度等级

测距仪精度等级	标称精度 m_D(mm)
Ⅰ级	$\|m_D\| \leqslant (3+2D)$
Ⅱ级	$(3+2D) < \|m_D\| \leqslant (5+5D)$
Ⅲ级	$(5+5D) < \|m_D\| \leqslant (10+10D)$

为确保测距顺利和测量精度,在用电磁波测距仪测量距离时,不应遇有障碍物,不宜穿过发热体上空,要防止强电磁场的干扰。在进行测距的同时,还要测定温度、气压和湿度等气象参数。使用的温度计、气压计等应经过检定,在使用时应提前取出置于空气中,放在与测距视线同高、通风良好的地方,且避免日光的直接照射。

电磁波测距仪测量距离的技术要求,不应超过表 2-8 中的规定。

表 2-8 电磁波测距仪测量距离的技术要求

仪器等级	一测回读数较差限差(mm)	测回间较差限差(mm)	往返测或不同时间所测较差
Ⅰ级	5	7	
Ⅱ级	10	15	

四、建筑基线测设方法

（一）建筑基线的布设

建筑场地的施工控制基准线称为建筑基线。建筑基线的布置主要应根据建筑物的分布、场地的地形、施工面积和原有测图控制点的情况而确定。建筑基线的布设形式有多种,常用的有"一"字形、"L"形、"T"形和"十"字形等,如图 2-16 所示。

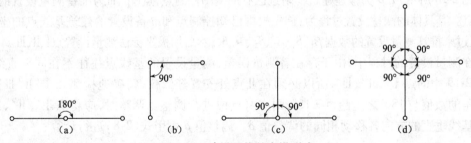

图 2-16 建设基线的布设形式

为便于建筑工程的施工放线,建筑基线应尽量靠近建筑场地中拟建的主要建筑物,并且与建筑物的轴线相平行;建筑场地面积较小时,也可以直接用建筑红线作现场施工控制。建筑基线相邻点间应互相通视,以便于测站的传递测量。

为了便于检查建筑基线的点位有无变动,基线点不得少于 3 个。基线点位的位置应综合考虑,一般应选在视线良好而不受施工干扰的地方。为了使点位能长期保存,便于施工和管理中使用,最好建立永久性标志。

（二）测量设置建筑基线的方法

根据建筑施工场地的地形、地貌、面积和建筑物的情况不同,测量设置建筑基线的方法主要有:用建筑红线进行测设和用附近的控制点测设两种方法。

1. 用建筑红线进行测设

为统一规划和规范城市建设,在城市建设中,建筑用地的界址是由规划部门确定,并由有关土地管理单位在施工现场直接标定出用地边界点,边界点的连线通常是正交的直线,称为建筑红线。建筑红线一般与拟建的主要建筑物轴线平行,这样可以根据建筑红线用平行线推移法测量设置建筑基线。

如图 2-17 所示,Ⅰ、Ⅱ、Ⅲ点是施工现场地面上标定出来的边界点,Ⅰ、Ⅱ、Ⅲ点的连线通常是正交的直线,称为建筑红线。在一般情况下,建筑基线与建筑红线平行或垂直,这样就可以根据建筑红线用平行推移法测量设置建筑基线 OA 和 OB。

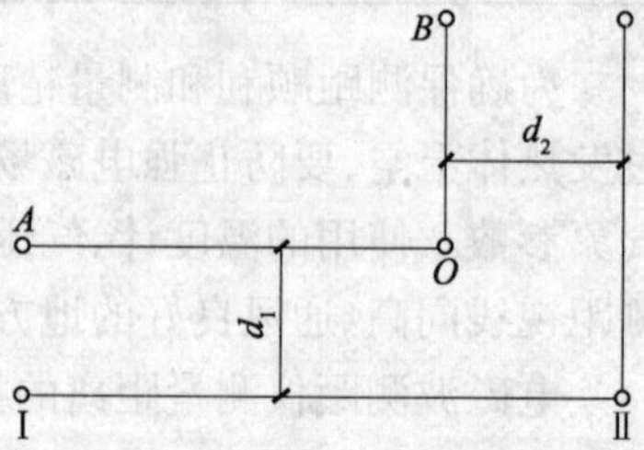

在地面上用木桩标定出 A、O、B 三点后,将经纬仪安置于 O 点,精确观测 ∠AOB,使 ∠AOB 等于 90°,其误差不得超过 ±20″,测量 OA、OB 的距离是否等于设计长度,其长度差值应不大于 1/10000。如果角度和边长误差在允许范围内,可适当调整 A、B 点的位置,使其位置更加准确;如果误差超过允许范围,应检查在推移平行线时的测量数据,必要时重新进行测量。

图 2-17 用建筑红线设置建筑基线

如果建筑红线完全符合作为建筑基线的条件时,可将建筑红线直接作为建筑基线使用,即直接用建筑红线进行建筑物的施工放样,这样简便、快捷、准确。

2. 用附近的控制点测设

如果建筑场地中没有建筑红线,就需要在建筑设计总平面图上,根据建筑物的设计坐标和附近已有的测图控制点来选定建筑基线的位置,并且在施工现场用极坐标法或角度交会法把建筑基线在地面上标定出来。

图 2-18 所示,A、B 为拟建建筑物附近已有的测图控制点,点Ⅰ、Ⅱ、Ⅲ为准备测量设置的建筑基线点。其具体的测量设置过程为:首先根据已知控制点和准备设置的建筑基线点的坐标关系,反过来推算测量设置的数据 β_1、S_1、β_2、S_2、β_3、S_3,然后用极坐标法测量设置点Ⅰ、Ⅱ、Ⅲ。

在测量设置的过程中,由于存在着测量误差,测量设置的基线点往往不在同一直线上,如图 2-19 中的点 Ⅰ′、Ⅱ′、Ⅲ′,所以必须在Ⅱ点处安置经纬仪,精确地检测 ∠Ⅰ′Ⅱ′Ⅲ′。如果此角的数值与 180°之差超过 ±15″,则应对点位进行调整。调整时,应将点 Ⅰ′、Ⅱ′、Ⅲ′沿着与基线垂直的方向各移动相同的调整值 δ。调整值 δ 可用式(2-8)进行计算:

$$\delta = [ab/(a+b)][90° - \angle Ⅰ′Ⅱ′Ⅲ′/2]/\rho \tag{2-8}$$

式中　δ——各点的调整值;

　　a,b——分别为 ⅠⅡ、ⅡⅢ 的长度。

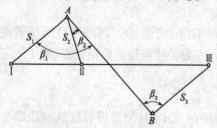

图 2-18　用附近的控制点测设

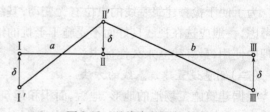

图 2-19　基线点的调整方法

除了调整角度之外,还应调整Ⅰ、Ⅱ、Ⅲ点之间的距离。如果丈量的长度与设计长度之差的相对误差大于1/20000,则以Ⅱ点为准,按照设计长度调整Ⅰ、Ⅲ两个点。此项工作应反复进行,直至满足规定的精度要求为止。

五、建筑方格网的测设

建筑方格网的测设是在建筑场地上,根据建筑设计总平面图上各种已建和待建的建筑物、构筑物、道路及各种管线的分布情况,并结合施工现场的地形实际来确定。建筑方格网既是施工过程中放样的依据,又是测绘竣工图和工程改建、扩建的控制依据。

(一)建筑方格网的设计

建筑方格网的设计应遵循由整体到局部的原则,即先确定能控制整个场地的主轴线,然后按各个局部不同精度要求布设方格网。

1. 主轴线的设计

主轴线的位置是确定整个建筑物的关键,一般应在总平面图上进行设计确定,同时还应满足以下几点要求:

(1)在测量设置建筑方格网时,主轴线应尽量位于场地中央,对于狭长地带也可以布设在场地的一边。主轴线的定位点一般应不少于3个(包括轴线的交点)。

(2)纵向轴线与横向轴线应互相垂直,如果纵、横线均比较长时,横向轴线可适当加密,纵、横向轴线的长度,要尽可能控制整个建筑场地。

(3)纵向轴线与横向轴线各端点,应尽量布置在场区的边界处,或布置在场外的轴线延长线上。

(4)设置的各轴线点,应当位于便于使用、便于保护和比较安全的地方,即视线良好、不易碰撞和易于保护。

2. 方格网的设计

当主轴线的设置还不能满足施工放样的要求时,可在主轴线的基础上进行加密,布设建筑方格网;根据使用方便和精度要求的不同,再布设分区方格网。

方格网的边长,应根据不同的用途和建筑物的大小、分布情况来确定,如果方格网点布置得太稀,施工放样的距离就会过长,必然影响放样的精度;如果方格网点布置得太密,建立方格网的工作量大大增加,甚至会形成废点,造成浪费。

方格网的边应沿着建筑物之间的道路布设,也可使方格网的边与道路中心线重合,使部分方格网点布设在道路交叉口的中心,以便于通视和保存。对于交通流量较大的道路,可将方格网边布置在道路中心线一侧的人行道上。

在满足施工放样和今后使用的前提下,方格网的图形应尽可能简单,并对布设好的方格网进行测绘。

(二)建筑方格网的测设

建筑方格网的测设,主要包括主轴线的测设和方格网点的测设。

1. 主轴线的测设

建筑方格网中的主轴线是建筑方格网扩展的基础,为了将设计的建筑方格网放样到实地上,应首先根据场区大地测量控制点放样主轴线。如图2-20中的 *AOB* 段,该线段上 *A*、*O*、

B 点是主轴线上的主点,其施工坐标已经由设计或测绘单位给出,当施工坐标与国家测量坐标体系不一致时,在施工方格网进行测设之前,应把主点的施工坐标换算成测量坐标,以便求得测设的数据。

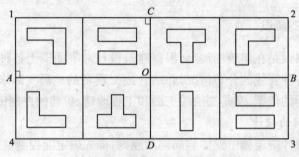

图 2-20　建筑方格网示意图

由于建筑方格网是根据场地主轴线布置的,因此在进行测设时,应首先根据场地原有的测图控制点测设出主轴线的三个主点。测设主轴线三个主点的方法与测设建筑基线相同,但 $\angle AOB$ 与 $180°$ 的差应控制在 $±5℃$ 范围之内。

如图 2-21 所示,图中的 A、O、B 三个主点测设完毕后,将经纬仪安置在 O 点,并瞄准 A 点,分别向左、向右旋转 $90°$,测设另一主轴线 COD,并在地面上定出其大概位置 C' 和 D'。然后再精确测出 $\angle AOC'$ 和 $\angle AOD'$,分别算出它们与 $90°$ 之差 ε_1 和 ε_2,并计算出调整值 l_1 和 l_2。

将 C' 点垂直于 OC' 方向移动距离 l_1 得 C 点;将 D' 点垂直于 OD' 方向移动距离 l_2 得 D 点。点位改正后,检查两主轴线的交点及主点之间的距离,均应在规定的限差之内。

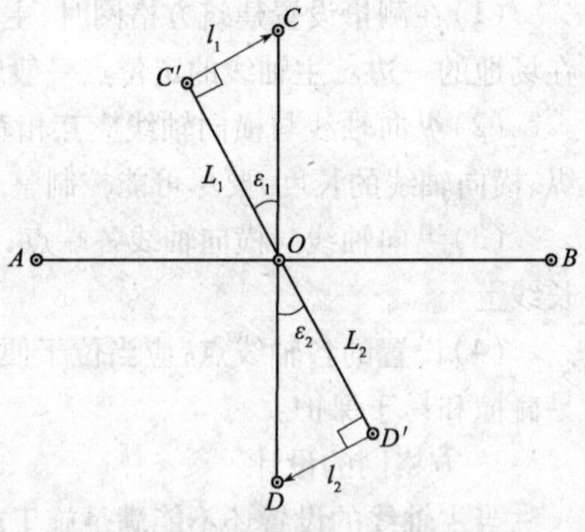

图 2-21　测设主轴线 COD

2. 方格网点的测设

在主轴线确定后,以主轴线为基础,将方格网点的设计位置进行初步放样,初步放样的点位可用大木桩临时标定,然后再埋设永久标石,在标石的顶部固定钢板,以便最后在其上规划点位。

方格网点在实地初步定点后,用导线测量方法或三角测量方法,实际测定初步的方格网点的精确坐标,然后进行主方格网的测设,最后根据工程需要在主方格网内进行方格网的加密。

测设主方格网的作业过程,如图 2-20 所示。用两台经纬仪分别安置在 A、C 两点上,均以 O 点为起始方向,分别向左、向右精确地测设出 $90°$ 角,在测设方向上交会于 1 点,交点 1 的位置确定后,进行交角的检测和调整,用同样的方法测设出主方格网点 2、3、4,这样就构成了"田"字形的主方格网,当主方格网测定并经检查合格后,以主方格网点为基础,加密其余方格网点。

方格网点的测定是否符合要求,关键在于测量精度。在测设方格网时,其角度观测值应符合表 2-9 中的规定。

表 2-9　测设方格网的限差要求

方格网等级	经纬仪型号	测角中误差	测回数	测微器两次读数	半测回归零差	一测回2C值互差	各测回方向互差
I 级	DJ1	5″	2	≤1″	≤6″	≤9″	≤6″
	DJ2	5″	2	≤2″	≤8″	≤13″	≤9″
II 级	DJ2	8″	2	—	≤12″	≤18″	≤12″

第三章 建筑施工测量中所用仪器

建筑施工测量就是在工程施工阶段,用符合精度要求的仪器,按规定建立施工控制网,在施工控制网点的基础上,根据工程施工的需要,将设计的建筑物和构筑物的位置、尺寸和高程,按设计图纸中的要求测设到实地上,为顺利施工打下基础。

在工程的施工过程中,还要用符合精度要求的仪器,对施工对象进行测量控制,并定期对工程的沉降和变形进行测量,为施工和今后使用、维护提供资料依据。在工程竣工后,还要进行竣工测量。

因此可知:在工程的设计、勘察、施工和管理中,都需要用符合精度要求的仪器,对建(构)筑物的位置、尺寸和标高进行测量。因此,选用什么样的测量仪器和工具,对于建筑物的位置确定、施工质量和使用管理均具有非常重要的作用。

第一节 水准测量所用的仪器

在建筑工程高程测量时,测定地面点高程的方法有:几何水准测量(简称水准测量)、三角高程测量(间接高程测量)、GPS 高程测量和气压高程测量(物理高程测量)等。其中几何水准测量具有操作比较简单、精度满足要求等特点,是测定地面点最常用的一种方法,广泛应用于国家高程控制测量、土木工程测量、建筑施工测量中。

一、水准测量的基本原理

水准测量的基本原理是利用水准仪提供的一条水平视线,借助竖立两个点上的水准尺的读数,通过计算求出地面上两点之间的高差,然后在已知高程计算出待测定点的高程。

如图 3-1 中所示,已知地面 A 处的高程 H_A,欲测定地面 B 的高程 H_B,则可在 A、B 两点的中间安置一台水准仪,并分别在 A、B 两点上各竖立一根水准尺,通过水准仪的望远镜读取水平视线分别在 A、B 两点上水准尺读数。

如果水准测量是由 A 向 B 方向,则 A 点为后视点,其水准尺上的读数 a 称为后视读数;B 点为前视点,其水准尺上的读数 b 称为前视读数。根据几何学中平行

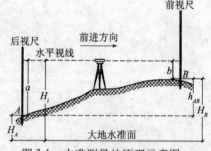

图 3-1 水准测量的原理示意图

线的性质可知,A 点到 B 点的高差或 B 点相对于 A 点的高差,可用式(3-1)进行计算:

$$h_{AB} = a - b \tag{3-1}$$

由式(3-1)可知,地面上两点间的高差等于后视读数减去前视读数。当后视读数 a 大于前视读数 b 时,其高差 h_{AB} 为正值,说明 B 点的高程高于 A 点;反之,则 A 点高于 B 点,其高差 h_{AB} 为负值。

为了避免把高差的正、负号搞错，在书写 h_{AB} 时要注意下标 AB 的写法。例如 h_{AB} 表示由 A 点推算到 B 点，而 h_{BA} 则表示由 B 点推算到 A 点。待定点 B 的高程，可用式(3-2)进行计算：

$$H_B = H_A + h_{AB} \tag{3-2}$$

由图 3-1 所示可知，A 点的高程加上后视读数等于水准仪的视线高程，简称视线高 H_i，H_i 可用式(3-3)进行计算：

$$H_i = H_A + a \tag{3-3}$$

则 B 点的高程等于视线高减去前视读数，即式(3-4)：

$$H_B = (H_A + a) - b \tag{3-4}$$

根据式(3-4)，在建筑工程施工测量中，特别适用于将水准仪安置在一个点上，根据一个后视点的高程同时可测得多个前视点的高程。如图 3-2 所示，当水准仪安置在适宜的位置，要测量多个前视点 B_1、B_2、$B_3 \cdots B_n$ 的高程时，则将水准仪望远镜对准后视点 A，读取水平视线（即中丝）读数 a，按式(3-3)计算出视线高 H_i，然后用水准仪对准竖立在 B_1、B_2、$B_3 \cdots B_n$ 点上的水准尺，分别读取前视点的读数 b_1、b_2、$b_3 \cdots b_n$，则可按式(3-4)计算出 B_1、B_2、$B_3 \cdots B_n$ 的高程。

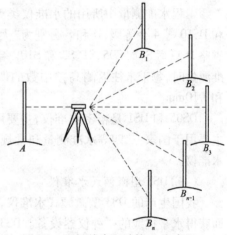

图 3-2　用视线高程计算 B_i 点高程

在水准测量工作中，如果已知水准点到待定水准点之间的距离较远或高差较大，安置一次水准仪无法测得两点之间的高差时，必须采用转点的方法来实现。

如图 3-3 所示，设已知点 A 的高程为 H_A，要测定 B 点的高程，必须在 A、B 之间连续设置若干个测站。在进行观测时，每安置一次仪器观测两点间的高差，称为一个测站；作为传递高程的临时竖立水准尺的点 1、$2 \cdots n-1$ 称为转点(TP)。各测站的高差为：

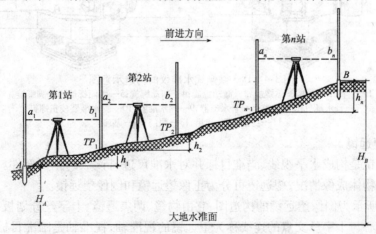

图 3-3　连续设置若干个测站的水准测量

$$h_1 = a_1 - b_1$$
$$h_2 = a_2 - b_2$$
$$\cdots$$
$$h_n = a_n - b_n$$

由各测站的高差,可用式(3-5)计算出 A、B 两点间的高差:

$$h_{AB} = (a_1 - b_1) + (a_2 - b_2) + \cdots + (a_n - b_n) \tag{3-5}$$

在实际水准测量中,可先计算出每一测站的高差 h_1、h_2、$h_3 \cdots h_n$,然后再求得 A、B 两点的高差 h_{AB},最后再用式(3-5)检验计算出的高差 h_{AB} 是否正确。

二、水准测量的仪器工具

工程水准测量中所用的水准仪类型很多,我国按测量精度指标划分为 DS05、DS1、DS3 和 DS10 等 4 个等级,D 和 S 分别为"大地测量"和"水准仪"汉语拼音的第一个字母,一般可省略 D 只写 S,如 S05、S1、S3 和 S10。字母后的数 05、1、3 和 10 是指用该类型水准仪进行水准测量时,每千米往返测高差中数的偶然中误差值,分别不超过 ±0.5mm、±1mm、±3mm 和 ±10mm。

DS05 和 DS1 是精密水准仪,主要用于国家一、二等精密水准测量和精密工程测量;DS3 主要用于国家三、四等水准测量和常规工程测量,建筑工程测量中常用的是 DS3 型微倾式水准仪。

(一)DS3 型微倾式水准仪

我国生产的 DS3 型微倾式水准仪,是通过调整水准仪的微倾螺旋使管内水准气泡居中而获得水平视线的一种仪器设备。DS3 微倾式水准仪主要由望远镜、水准器和基座三个部分组成,其构造组成如图 3-4 所示。

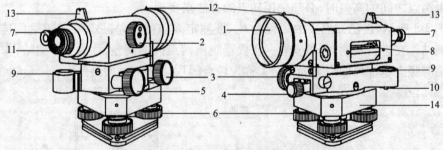

图 3-4 DS3 微倾式水准仪的构造示意图

1—物镜;2—物镜调焦螺旋;3—微动螺旋;4—制动螺旋;5—微倾螺旋;6—脚螺旋;
7—管水准气泡观察窗;8—管水准器;9—圆水准器;10—圆水准器校正螺钉;
11—目镜;12—准星;13—照门;14—基座

1. 测量望远镜

测量望远镜是构成水平视线、瞄准目标并对水准尺进行读数的主要部件。根据在目镜端部观察到的物体成像情况,望远镜可分为正像望远镜和倒像望远镜。

如图 3-5 所示为倒像望远镜的构造图,它由物镜、调焦透镜、十字丝分划板、目镜等部分组成。物镜光心与十字丝交点的连线称为望远镜的视准轴,视准轴是瞄准目标和读数的主要依据。

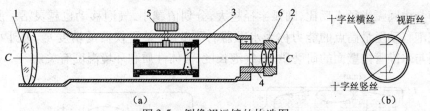

图 3-5 倒像望远镜的构造图

1—物镜;2—目镜;3—物镜调焦透镜;4—十字丝分划板;5—物镜调焦螺旋;6—目镜调焦螺旋

目前,我国生产的微倾式水准仪上的望远镜,多采用内对光式的倒像望远镜,其成像的原理如图 3-6 所示。目标 AB 发出的光线经过物镜和调焦透镜的作用,在镜筒内构成倒立的小实像 ab,转动调焦螺旋时,调焦透镜随之前后移动,使远近不同的目标清晰地成像在十字丝分划板上,再经过目镜的放大,使倒立的小实像放大成为倒立的大虚像 $a'b'$,同时十字丝分划板也被放大。

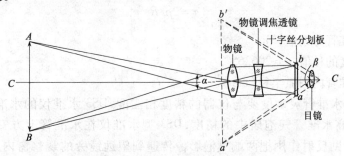

图 3-6 倒像望远镜的成像原理

把经望远镜放大的虚像与眼睛直接看到的目标大小的比值称为望远镜的放大率,通常用 $V=\beta/\alpha$ 表示。《工程测量规范》(GB 50026—2007)中要求:DS3 型水准仪的望远镜放大率一般不低于 28 倍。

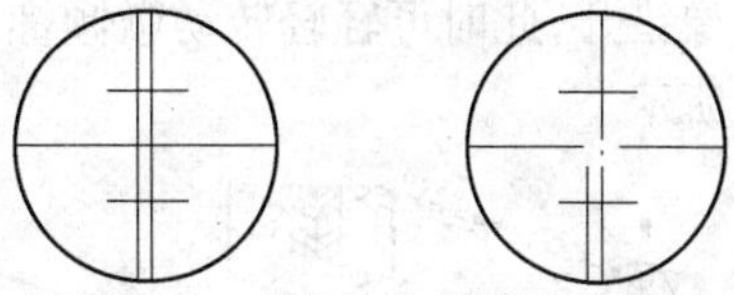

十字丝分划板是一块圆形的平板玻璃,上面刻有相互正交的十字丝,如图 3-5(b)和图 3-7 所示为十字丝分划板的几种形式。分划板上的纵丝(竖丝)用来照准水准尺,长横丝(中丝)的中间用来读取读数。与长横丝平行而等距的上下两根短细丝称为视距丝,用来测量距离。调节目镜调焦螺旋,可使十字丝分划板上的线条成像清晰。

图 3-7 十字丝分划板示意图

2. 水准器

水准仪上的水准器是用来判断望远镜的视准轴是否水平、仪器的竖轴是否竖直的装置。通常分为管水准器和圆水准器两种。

(1)管水准器

管水准器的外形如管状,是一个两端封闭的玻璃管,其形状如图 3-8(a)所示。管的内壁研磨成 7~20mm 半径的圆弧,管内装满粘滞性小、易流动的液体(如酒精或乙醚),经过加热、封闭、冷却便形成气泡。由于气体比液体轻,因此,无论水准管处于水平或者倾斜位置,气泡总是处在管内圆弧的最高位置。

水准管上对称于零点,向两侧刻有 2mm 间隔的分划线,用来判断气泡居中位置,如图 3-8(b)所示。水准管上相邻两分划刻度之间的弧长所对的圆心角值,称为水准管的分划值。水准

49

管分划值与内圆弧半径成反比,圆弧半径越大,分划值越小,气泡移动也越灵活。所以一般把水准气泡移动至最高点的能力称为水准器的灵敏度(整平仪器的精度)。另外水准器的灵敏度还与水准管内壁面的研磨质量、气泡长度、液体性质和环境温度有关。

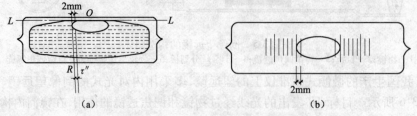

图 3-8　管水准器的外形及应用原理

水准管的分划值,一般用 τ 表示,可用式(3-6)进行计算:

$$\tau = 2\rho/R \qquad\qquad (3-6)$$

式中　τ——水准管分划值($''$);

　　　ρ——弧度的秒值,$\rho = 206265''$;

　　　R——水准管内圆弧半径(mm)。

水准仪上的水准管灵敏度要与仪器的精度相匹配,DS3 水准仪的水准管分划值一般为 $20''$。为了提高水准管气泡居中的精度,DS3 型水准仪在水准管上方安置一组符合棱镜。符合棱镜借助反射作用把两端气泡影像传递到望远镜旁的观察窗内,当两端气泡影像符合完全一致时(如图 3-9a 所示),表明气泡已居中;当气泡出现偏离时,气泡影像则不符合(如图 3-9b 所示)。

符合水准器的操作比较简单,当水准仪在测点安置平整后,气泡两端的半边影像经过三次反射,其影像反映在望远镜的符合水准器的放大镜内,如果气泡不居中,气泡两端半边影像错开,此时可轻轻转动微倾螺旋,使气泡两端半边影像吻合,则证明望远镜调平,如图 3-10所示。

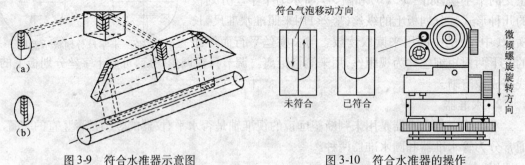

图 3-9　符合水准器示意图　　　　图 3-10　符合水准器的操作

(2)圆水准器

圆水准器是一个外形如圆盆状、顶部玻璃的内表面为球面、中央刻有圆圈的密封式的水平器具,如图 3-11 所示。球面中央刻有小圆圈,圆圈中心为零点,零点与球心的连线为圆水准器轴。当气泡中心与圆水准器零点重合时,表明气泡居中,圆水准器轴正好处于铅垂位置。当圆水准器轴偏离零点 2mm 时,其轴线所倾斜的角度值称为圆水准器分划值。由于圆水准器分划值 τ 一般仅为 $8'\sim10'$,其灵敏度比较低,整平精度比较差,所以圆水准器只能用于粗略整平仪器。

3. 仪器基座

水准仪的基座主要起到支撑仪器和连接仪器与三脚架的作用,主要由底板、轴套、三角压板及三个脚螺旋组成。基座呈三角形,其中心是一个空心轴套,仪器上部通过竖轴插在轴套内,基座下部装一块三角形底板,脚螺旋分别安置在底板的三个缺口上与轴套连接。

通过三脚架上的连接螺旋将水准仪与三脚架相连,转动三个脚螺旋可调节圆水准器,使水准器气泡居中。

(二)水准尺及附件

水准尺是与水准仪配合进行水准测量不可缺少的工具,常用优质木材、玻璃钢或金属材料制成,其长度为 2~5m 不等。根据构造不同可分为双面水准尺、折尺和塔尺三种,如图 3-12 所示。

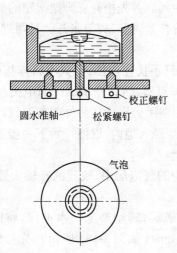

图 3-11　圆水准器构造示意图

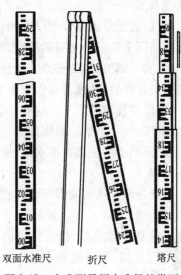

图 3-12　水准测量用水准尺的类型

双面水准尺多用于三、四等水准测量,一般尺长 3m。尺子表面每隔 1cm 涂以黑白或红白相间的分格,每 1dm 的地方皆注有数字。尺子的底面钉有薄铁片,以防止磨损尺子端部。涂黑白相间分格的一面称为黑面尺,另一面为红白相间,称为红面尺。

在进行水准测量中,水准尺必须成对使用。每对双面水准尺其黑面尺子底部的起始数值均为零,而红面尺子底部的起始数值分别为 4687mm 和 4787mm。两把尺子红面注记的零点差为 0.1m,为便于水准尺更精确地处于竖直位置,多数水准尺的侧面装有圆水准器。

折尺长一般为 3m,折叠处为 1.5m,尺面的分划值为 1cm 或 0.5cm。由于折尺的连接处稳定性较差,容易出现过大的缝隙或损坏,所以仅适用于普通水准测量和地形测量。

塔尺长一般为 5m,分 3 节套接而成,可以伸缩,使用比较方便。尺子底部从零点起算,尺面的分划值为 1cm 或 0.5cm。因塔尺连接处稳定性较差,仅适用于普通水准测量。

尺垫的形状如图 3-13 所示,用铸铁或厚钢板制成,一般为三角形,中央有一个凸出表面的半圆球,水准尺则立于半圆球的顶部;下部有三个脚可以插入土中,防止其在地面上滑动。尺垫通常用于转点上,使用时应注意使其稳定、牢固。

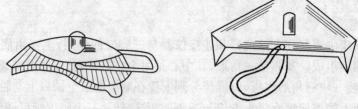

图 3-13　尺垫示意图

三、水准测量的具体操作

水准仪的基本操作程序比较简单,主要包括安置仪器、粗略整平、瞄准测尺、精确整平和进行读数。

(一)安置仪器

安置水准仪,就是将水准仪架设在两根水准尺中间。首先松开三脚架架腿的蝶形螺旋,按观测者的身高调节好三个架腿的高度,然后将螺旋拧紧,把三脚架张开。目测脚架顶面大致水平,用脚踩实三脚架腿,使脚架安置稳定、牢固。

三脚架腿安置好后,从仪器箱内取出水准仪,一只手扶住仪器,一只手将连接螺旋适度地拧紧,使水准仪安置在脚架上。检查并旋转各个脚螺旋,使其置于螺纹的中央部位,以便粗略整平时旋转。使一条架腿的脚部放稳在地上,用两手分别握住另外两条架腿,调整其所处位置,用目测使架子的顶部大致水平,最后将三脚架踩入地内,以便开始下一步工作。

(二)粗略整平

粗略整平就是调节仪器的脚螺旋,使圆水准器中的气泡居中,仪器的竖轴大致铅直,达到视线基本水平的目的。

粗略整平的具体方法是:松开仪器的水平制动螺旋,转动架上的水准仪,将圆水准器置于两个脚螺旋之间,当气泡中心偏离零点位于 a 处时(如图 3-14a 所示),先按图上箭头所指方向,用两手同时相对转动 1、2 脚螺旋,使气泡沿着 1、2 脚螺旋连线方向移动至 b 处(如图 3-14b 所示)。然后再转动脚螺旋 3,使气泡逐渐居中(如图 3-14c 所示)。

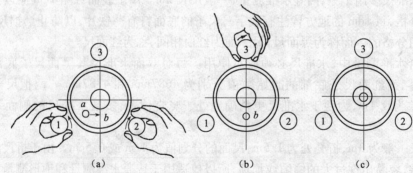

(a)　　　　　　　(b)　　　　　　　(c)

图 3-14　圆水准器粗略整平的过程示意图

在整平的过程中,气泡移动方向与转动脚螺旋的左手大拇指运动方向一致。对于初学者,一般先练习用一只手操作,熟练后再用双手操作。

(三)瞄准测尺

瞄准水准测尺,实际上是包括照准和调焦两个方面,其具体的操作方法如下:

（1）将水准仪上的望远镜对准明亮的背景，旋转目镜调焦螺旋，使十字丝成像清晰。

（2）松开制动螺旋，转动望远镜，利用望远镜筒上的缺口和准星的连线，粗略地瞄准水准尺，拧紧水平制动螺旋。

（3）旋转物镜调焦螺旋，并从望远镜内观察至水准尺影像清晰，然后转动水平微动螺旋，使十字丝的竖向丝照准水准尺中央稍偏一点，以进行读数，如图 3-15 所示。

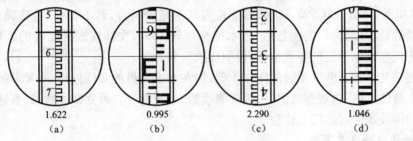

1.622	0.995	2.290	1.046
（a）	（b）	（c）	（d）

图 3-15　水准尺上的读数

（4）消除视差。物镜对光后，当尺子成像与十字丝分划板平面不重合时，眼睛在目镜端上下微微地移动，发现十字丝和目镜影像有相对运动，这种现象称为视差，如图 3-16（a）、（b）所示，图 3-16（c）是没有视差的情况。

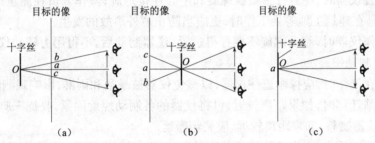

图 3-16　十字丝视差示意图

由上可知，产生视差的原因是水准尺没有恰好成像于十字丝分划板平面上（如图 3-17a 所示），因此，消除视差的方法是再仔细地调节目镜和物镜对光螺旋，直至眼睛上下移动时读数不变为止，如图 3-17（b）所示。

（四）精确整平

在每次进行读数之前，均要先从望远镜的一侧观察管水准气泡偏离零点的方向，用右手缓慢而均匀地转动微倾螺旋，使符合水准器两半边气泡严密吻合，此时的视线达到水平，可以进行读数。微倾螺旋的转动方向与符合气泡影像移动的关系，如图 3-18 所示。

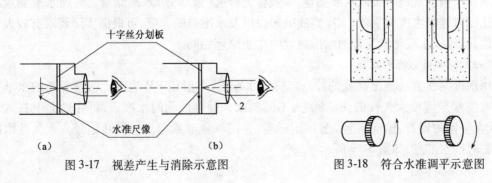

图 3-17　视差产生与消除示意图　　　　图 3-18　符合水准调平示意图

（五）进行读数

当确认水准管气泡居中时，应立即读取十字丝中丝在水准尺上的读数。对于倒像望远镜，所用水准尺的注记数字是倒写的，但从望远镜中看到的尺像是正立的，水准标尺的标记是从标尺底部向上增加的，所以在望远镜中读数应当从上往下读。

在进行读数时，先默默估出毫米数，再依次将米、分米、厘米、毫米四位数全部报出。如图3-15（b）所示，读数为0.995。读数后应检查气泡是否符合，若不符合，经精确整平后，再重新进行读数；完成黑面尺的读数后，将水准标尺转180°，立即读取红面尺的读数，若两读数之差等于该尺红面注记的零点常数，说明读数正确。

精确整平与读数是两项不同的操作步骤，但在水准测量的实施过程中，常常把这两项操作视为一个整体，即一边观察气泡，一边观测读数，当气泡符合后立即读数，只有这样才能准确地读得视准线水平时的尺上读数。

（六）操作中的注意事项

（1）在每次作业时，必须检查装仪器的箱子是否扣好或锁好，提手和背带是否牢固。

（2）在取出仪器时，应先看清楚仪器在箱内的安放位置，以便使用完毕照原样装箱，仪器取出后，要盖好仪器箱。

（3）在安置仪器时，注意拧紧架腿螺旋和中心连接螺旋；操作人员在测量过程中不得离开仪器，特别是在建筑工地等处工作时，更应当防止意外事故的发生。

（4）在操作仪器时，制动螺旋不要拧得过紧，仪器制动后，不得用力转动仪器，转动仪器时必须先松开制动螺旋。

（5）仪器在工作时，应撑伞遮住仪器，以避免仪器被暴晒和雨淋，影响观测的精度。

（6）在转站迁移时，如果距离较近，可将仪器的各制动螺旋固紧，收拢三脚架，一手持脚架，一手托住仪器搬移；如果距离较远，应装箱搬运。

（7）在仪器装箱之前，先清除仪器外表的灰尘，松开制动螺旋，将其他螺旋调至中部位置，按仪器在箱内的原安放位置装箱。

（8）所用的水准仪在装箱后，应放在干燥通风处保存，并注意防盗、防潮、防霉、防撞。

四、水准测量的基本方法

我国水准测量按精度要求不同，可分为一、二、三、四等，一、二等水准测量称为精密水准测量，三、四等水准测量称为普通水准测量，采用某等级水准测量的方法测出的高程点称为该等级水准点。

不属于国家规定等级的水准测量，一般称为普通（或等外）水准测量。普通水准测量的精度比国家等级水准测量低，水准路线的布设以及水准点的密度，可根据实际要求有较大的灵活性，但等级水准测量与普通水准测量的作业原理相同。

（一）水准测量的水准点

用水准测量方法测定高程的控制点称为水准点，一般用BM表示。国家等级的水准点应按有关规定埋设永久性的固定标志，不需要永久保存的临时水准点，可在地面上打入木桩，或在坚硬的岩石、建筑物上设置固定标志，并用红色油漆标注记号和编号。永久性水准点和临时性水准点，如图3-19所示。

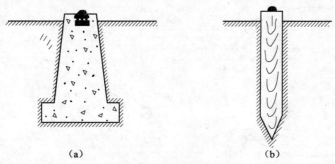

图 3-19　永久性水准点和临时性水准点
(a)永久性水准点;(b)临时性水准点

地面水准点应按一定规格进行埋设,水准点标石的类型可分为:基岩水准标石、基本水准标石、普通水准标石和墙角水准标志等 4 种。

标石顶部设置有用不易腐蚀材料制成的半球状标志,如图 3-20(a)所示。墙角水准点应按规格要求设置在永久性建筑物上,如图 3-20(b)所示。水准点埋设后,为便于以后测量时查找,应绘制说明点位的平面图,称为点之记。图 3-21 所示为水准点 BM₁ 点之记的示例。

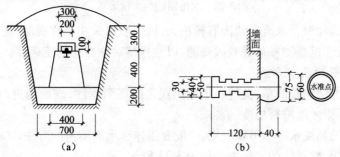

图 3-20　不同水准点标志示意图
(a)混凝土水准点标志(单位:mm);(b)墙角水准点标志(单位:mm)

(二)水准测量的水准路线

水准路线是进行水准测量施测时所经过的路线。根据测区的实际情况,水准路线应尽量沿着公路、大道等平坦地面布设,以保证测量的精度。根据工程施工测量的需要,水准路线可布设成闭合水准路线、支水准路线和附合水准路线。

1. 闭合水准路线

闭合水准路线如图 3-22(a)所示,从一个已知高程 BM_A 出发,沿着路线 BM、1、2、…、BM 进行水准测量,最后仍回到 BM,这种水准路线称为闭合水准路线。

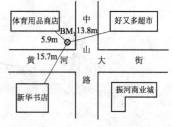

图 3-21　水准点点之记

2. 支水准路线

支水准路线如图 3-22(b)所示,从一个已知高程 BM_A 出发,沿着路线 BM_A、1、2、…、N 进行水准测量,最后结束在一个未知高程的水准点 N,这种水准路线称为支水准路线。为了防止出现过大误差和提高测量精度,对支水准路线应当进行往返观测。

3. 附合水准路线

附合水准路线如图 3-22(c)所示,从一个已知高程 BM_A 出发,沿着路线 BM、1、2、…、BM_B 进行水准测量,最后附合到另一已知高程的水准点 BM_B,这种水准路线称为附合水准路线。

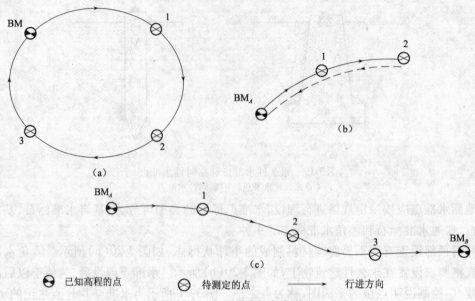

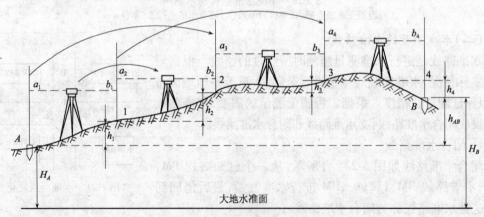

图 3-22　水准路线的布设形式

闭合水准路线和附合水准路线因有检核条件,一般可采用单程观测;支水准路线没有检核条件,必须进行往返观测或单程双线观测,以便检核观测数据的正确性。

（三）水准测量的基本方法

水准测量的方法比较简单,关键在于按照规定的观测程序,准确地进行读数,仔细地进行计算,测量的结果才能符合精度的要求。

从一个已知的高级水准点 BM 出发,一般要用连续水准测量的方法,才能测量并计算出待定水准点的高程,其具体的测量方法如图 3-23 所示。

图 3-23　水准测量方法示意图

（1）竖立后视标尺。即在已知高程 A 的水准点上立水准标尺,作为后视尺。

（2）竖立前视标尺。在距离 A 点适当位置,选择 1 点并在其上面放置尺垫,在尺垫上竖立水准标尺,作为前视尺。

（3）安置水准仪。在 A 点与 1 点大致相等距离处安置水准仪,仪器到水准尺的最大视距不得大于 150m。首先调节圆水准器,使仪器粗略整平。

（4）瞄准后视标尺。瞄准后视标尺并消除视差后,用微倾螺旋调节管水准气泡并使其精确居中，用中丝在标尺上读取后视读数，并记入手簿，见表3-1。

（5）瞄准前视标尺。在后视标尺读数完成后，转动望远镜瞄准前视标尺，并使符合气泡居中，用中丝在标尺上读取前视读数，并记入手簿，见表3-1。

表 3-1 水准测量记录手簿

测自 至 点　　　　　天气：　　　　　呈像：　　　　　日期：　年　月　日

仪器号码：　　　　　观测者：　　　　　　　　　　　记录者：

测站	测点	后视读数（m）	前视读数（m）	高差（m）		高程（m）	备注
				+	-		
1	BM$_A$	1.631		0.208		70.535	
	TP_1		1.423				
2	TP_1	1.687		0.707			
	TP_2		0.980				
3	TP_2	1.585		0.240			
	TP_3		1.345				
4	TP_3	1.534			0.126		
	BM$_B$		1.660				
合计		6.437	5.408	1.155	0.126	71.564	
校核计算	$\sum a - \sum b = 1.029$ $\sum h = 1.029$						

（6）迁站。在第一站测完后，1点上的水准标尺不动，A点上的水准标尺和水准仪向前移动。这样，1点上的水准标尺变为第二测站的后视标尺，原A点上的水准标尺变为第二测站的前视标尺。按第一测站相同的观测程序进行第二测站的测量。

（7）顺序沿水准路线的前进方向观测、记录，直至终点，并通过计算校核测量精度是否符合要求。

（四）水准测量的注意事项

（1）在已知高程点和待测高程点上竖立水准尺时，应当直接放在标石（或木桩）的中心上，千万不要放错或偏离位置。

（2）安置水准仪的测站，到前视水准尺和后视水准尺的距离应大致相等，一般可用步量或测绳确定。

（3）为确保测量的精度，水准尺安放在测点上要垂直，不要出现前后、左右倾斜。

（4）非高程标石测点处，水准尺下面要安放尺垫；在水准仪迁站前，未经观测人员同意，后视点的人员不得移动尺垫。

（5）观测和记录人员均不得涂改原始读数，读错或记错的数据应划去，再将正确数据写在上方，并在相应的备注栏中注明原因，记录簿要干净、整齐，保护完好。

五、水准测量的成果计算

在进行外业的水准测量中，无论采用何种测量方法和严格测站检核，都不能保证整个水准路线的观测高差计算没有错误。因此，在进行测量成果内业的计算前，必须对于外业的记录手簿进行检查，检查无误后方可进行水准路线闭合差的检验和成果计算。

（一）高差闭合差及其允许值的计算

1. 附合水准路线

附合水准路线是由一个已知高程的水准点测量到另一个已知高程的水准点，各段测得的高差总和 $\sum h_{测}$ 应当等于两个水准点之差 $\sum h_{理}$。但由于测量误差的影响，使得实测高差总和与其理论值之间有一个差值，这个差值称为附合水准路线的高差闭合差。

$$f_h = \sum h_{测} - \sum h_{理} = \sum h_{测} - \left(H_{终} - H_{始} \right) \tag{3-7}$$

式中　f_h——水准路线测量高差闭合差（m）；

　　$\sum h_{测}$——水准路线测量实测高差总和（m）；

　　$\sum h_{理}$——两个水准点高差的理论之差（m）；

　　$H_{终}$——附合水准路线终点已知高程（m）；

　　$H_{始}$——附合水准路线起点已知高程（m）。

2. 闭合水准路线

由于闭合水准路线起闭于同一个水准点，因此，其高差总和的理论值应等于零。但因测量误差的存在，使得实测高差的总和一般很难等于零，其差值称为闭合水准路线的高差闭合差。闭合水准路线的高差闭合差，可按式（3-8）计算：

$$f_h = \sum h_{测} \tag{3-8}$$

3. 支水准路线

在支水准路线测量中，通过往返两次观测，得到往返高差的总和分别为 $\sum h_{往}$ 和 $\sum h_{返}$，理论上这两个高差应大小相等、方向相反。但由于测量误差的影响，两者之间产生一个差值，这个差值称为支水准路线的高差闭合差。

高差闭合差产生的原因很多，如仪器的精密程度、观测者的分辨能力、外界条件的影响等。为确保测量的精度符合有关要求，其数值必须限定在一定范围内。在地势平坦的地区，水准测量路线的高差闭合差的允许值可按式（3-9）计算：

$$f_{h允} = \pm 40 L^{1/2} \tag{3-9}$$

式中　$f_{h允}$——高差闭合差的允许值（mm）；

　　L——水准路线的长度（km）。

在山区、丘陵及很不平坦的地区，当每千米水准测量的测站数超过 16 站时，其高差闭合差的允许值可按式（3-10）计算：

$$f_{h允} = \pm 12 n^{1/2} \tag{3-10}$$

附合水准路线或闭合水准路线的长度不得大于 8km，结点间水准路线的长度不得大于 6km，支水准路线的长度不得大于 4km。在这个长度范围内，如果测量所得的高差闭合差小于允许值，则测量成果符合要求，否则应查明原因，重新进行观测。

（二）高差闭合差的调整和高程计算

1. 高差闭合差的调整

当高差闭合差 f_h 在允许值范围之内时，可以调整闭合差。附合水准路线或闭合水准路线高差闭合差分配的原则是：将闭合差按测距或测站数成正比例反号改正到各测段的观测

高差上。高差改正数可按式(3-11)或式(3-12)计算:

$$V_i = -f_h \cdot L_i / \sum L \tag{3-11}$$

或
$$V_i = -f_h \cdot n_i / \sum n \tag{3-12}$$

式中 V_i——测段高差的改正数(m);

f_h——高差闭合差(m);

L_i——测段的长度(m);

$\sum L$——水准路线总长度(m);

n_i——测段的测站数;

$\sum n$——水准路线测站数总和。

高差改正数的总和应当与高差闭合差的大小相等、符号相反,即

$$\sum V_i = -f_h \tag{3-13}$$

利用式(3-13)可以检验高差闭合差计算的正确性。

2. 计算改正后的高差

将各段高差观测值加上相应的高差改正数,用式(3-14)可求出各段改正后的高差:

$$h_i = h_{测} + V_i \tag{3-14}$$

对于支水准路线,当高差闭合差符合要求时,可按式(3-15)计算各段平均高差:

$$h = (h_{往} - h_{返}) / 2 \tag{3-15}$$

式中 h——平均高差(m);

$h_{往}$——往测高差(m);

$h_{返}$——返测高差(m)。

3. 计算各测点的高程

根据改正后的高差,由起点高程逐一推算其他各测点的高程。最后一个已知点的推算高程,应当等于它的已知高程,以此可检查计算是否正确。

六、水准仪的检验与校正

水准仪的检验与校正是一项非常重要的工作,也是一项必须进行的经常性工作。其检验与校正的结果,不仅关系到施工测量的精度是否符合有关规定的要求,而且关系到所施工建筑物的质量与安全。

(一)水准仪应满足的几何条件

测量用的水准仪有四条主要轴线,它们是管水准器轴(LL)、望远镜的视准轴(CC)、圆水准器轴($L'L'$)和仪器的竖轴(VV),如图3-24所示。

1. 水准仪应满足的主要条件

为了使水准仪能够正常工作,使测量成果达到一定的精度,水准仪应满足两个主要条件:一是水准管轴应与望远镜的视准轴平行。如果条件不满

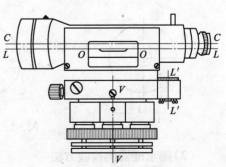

图3-24 水准仪的主要轴线

足,那么水准管气泡居中后,水准管轴虽然已经水平,而视准轴却未达到水平,不符合水准测量的基本原理。二是望远镜的视准轴不因调焦而变动位置。此条件是为满足第一个条件而提出的。

测量操作实践证明,望远镜调焦在水准测量中是不可避免的,如果望远镜在调焦时视准轴位置发生变动,就不能设想在不同位置的许多条视线都能够与一条固定不变的水准管轴平行,因此水准仪必须满足这项条件。

2. 水准仪应满足的次要条件

水准仪除必须满足以上两个主要条件外,还应满足两个次要条件:一是圆水准器轴应与水准仪的竖轴平行。该条件的满足在于能够迅速地调整好仪器,提高测量的工作效率。也就是当圆水准器的气泡居中时,仪器的竖向轴基本处于竖直状态,使仪器旋转至任何位置都很容易使水准管的气泡居中。二是十字丝的横丝应垂直于仪器的竖轴。此条件的满足是当仪器竖向轴已经竖直,在读取水准尺上的读数时就不必严格用十字丝的交点,可以用交点附近的横丝读数。

水准仪出厂时经过检验已满足上述条件,但由于运输中的振动和长期使用的影响,各轴线的关系可能发生变化,因此作业之前必须对仪器进行检验与校正。

(二)水准仪的检验与校正工作

1. 圆水准器的检验与校正

(1)圆水准器的检验原理

假设仪器的竖轴与圆水准器轴不平行,那么当气泡居中时,圆水准器轴是竖直的,而仪器的竖轴则偏离竖直位置 α 角,如图 3-25(a)所示。当仪器旋转 180°时,如图 3-25(b)所示,此时圆水准器轴从竖轴的右侧移至左侧,与铅垂线的夹角为 2α。圆水准器气泡偏离中心位置,气泡偏离的弧长所对的圆心角等于 2α。

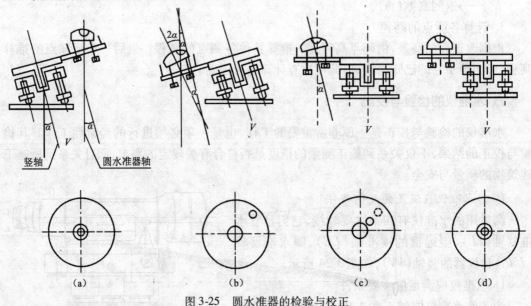

图 3-25　圆水准器的检验与校正

(2)圆水准器的检验方法

旋转脚螺旋,使圆水准器的气泡居中,然后将水准仪旋转 180°,如果水准器的气泡仍然居中,则说明此项条件满足;如果气泡偏离圆水准器的气泡中心位置,说明此项条件不满足,必须进行校正。

（3）圆水准器的校正方法

在进行校正时,旋转仪器的脚螺旋使气泡向零点方向退回偏离数值的一半,如图3-25(c)所示。然后用校正针拨动圆水准器下面的三个校正螺钉,使气泡退回偏差中心距离的一半,此时仪器的竖轴处于铅垂位置,如图3-25(d)所示。此项工作不是一次就能完成的,需要慢慢地反复进行,直到仪器绕着竖轴旋转至任何位置,圆水准器气泡皆居中为止。圆水准器的校正螺钉位置,如图3-26所示。

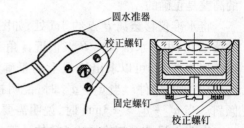

图3-26　圆水准器的校正螺钉位置

2. 管水准器的检验与校正

（1）管水准器的检验原理

管水准器的检验主要是使管水准器轴平行于仪器的视准轴。如果管水准轴与视准轴不平行,则会出现一个交角i,由于交角i的影响产生的读数误差称为i角误差,此项检验称为i角检验。

管水准器的检验原理是:在地面上选定A、B两点,将水准仪安置在A、B两点中间,测出两点的正确高差h,然后将仪器移至A点(或B点)附近,再测其高差h',如果$h=h'$,则说明水准管轴的轴线平行于视准轴的轴线,即i角为零,如果$h\neq h'$,则两条轴线不平行,必须进行校正。

（2）管水准器的检验方法

在一块平坦的地面上选择相距$80\sim100m$的两点A、B,分别在A、B两点打入木桩或放置尺垫,并在其上面各竖立一根水准尺,将水准仪安置在A、B两点的中间,使前视和后视的距离相等,如图3-27(a)所示。

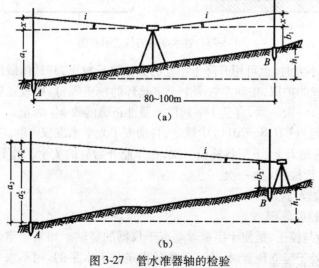

图3-27　管水准器轴的检验

(a)中间站;(b)B端站

将水准仪精确整平后，依次照准 A、B 两点上的水准尺并读数，设读数分别为 a_1 和 b_1。由于前视和后视的距离相等，所以 i 角对前视、后视读数的影响相等，由 $h_1 = a_1 - b_1$ 计算出的高差是正确的。

将水准仪移至离 B 点约 3m 处，如图 3-27(b) 所示。将仪器精确整平后，读取 B 尺上的读数 b_2，由于水准仪离 B 点很近，i 角对 b_2 的影响很小，可以认为 b_2 是正确的读数。根据正确高差 h_1，可以求出 A 尺上的正确读数 a'_2，设 A 尺上的实际读数为 a_2，如果 $a'_2 = a_2$，说明满足条件。当 $a_2 > a'_2$ 时，说明视准轴向上倾斜；当 $a_2 < a'_2$ 时，说明视准轴向下倾斜。当 $a'_2 - a_2 > \pm 3mm$ 时，说明需要进行校正。

由图 3-27 中可以推导出 i 角的计算公式为：

$$i = [(a_2 - b_2) - (a_1 - b_1)]\rho/S_{AB} \tag{3-16}$$

式中　ρ——弧度的秒值，$\rho = 206265''$；

　　　S_{AB}——A 点到 B 点的距离(m)。

《城市测量规范》(CJJ 8—2011) 中规定，新购置的水准仪及标尺应进行检验；作业前或跨河水准测量前，也应对水准仪及标尺进行检验。i 角检验应符合现行国家标准。

(3)管水准器的校正方法

管水准器的校正方法比较简单，轻轻地转动微倾螺旋，使十字丝的横丝切于 A 尺的正确读数 a'_2 处，此时视准轴达到水平(如图 3-28a 所示)，但水准管气泡偏离中心。用校正针先松开水准管的左右校正螺钉，然后拨动上下校正螺钉，一松一紧，升降水准管的一端，使气泡居中(如图 3-28b 所示)。此项校正并不会一次成功，需要反复进行，待完全符合要求后，将校正螺钉旋紧即可。

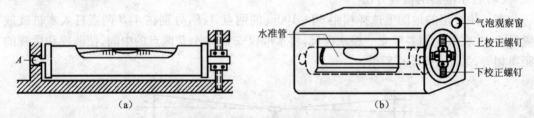

图 3-28　管水准器的校正示意图

当 i 角的误差不大时，也可用升降十字丝的方法进行校正，其具体做法是：水准仪照准 A 尺不动，旋下十字丝的护罩，松动左右两个十字丝环的校正螺钉，用校正针拨动上下两个十字丝环的校正螺钉，一松一紧，直至十字丝横丝照准正确读数 a'_2 为止。

《城市测量规范》(CJJ 8—2011) 中规定，自动安平光学水准仪 i 角，应每天检校一次；气泡式水准仪 i 角，应每天上、下午各检校一次；在作业开始后的 7 个工作日内，若 i 角较为稳定，以后可每隔 15 天检校 i 角一次。

3. 十字丝的检验与校正

(1)十字丝的检验原理

十字丝的检验与校正，是使十字横丝垂直于仪器的竖轴。如果十字丝横丝不垂直于仪器的竖轴，当竖轴处于竖立位置时，十字丝横丝肯定是不水平的，用不水平横丝的不同部位在水准尺上的读数也不相同。只有将十字丝横丝调整成与仪器竖轴垂直，十字丝横丝读取的数据才是正确的。

（2）十字丝的检验方法

将水准仪整平后，从望远镜视场内选择一个明显、清晰的标志点，用十字丝交点照准目标点，拧紧制动螺旋。转动水平微动螺旋，如果所照准目标始终沿横丝作相对移动，如图3-29中的（a）、（b）所示，说明十字丝横丝垂直于仪器竖轴；如果出现图3-29（c）和（d）所示情况，则说明十字丝横丝不垂直于仪器竖轴，需要进行校正。

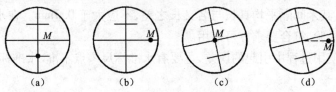

（a）　　　（b）　　　（c）　　　（d）

图3-29　十字丝横丝的检验方法

（3）十字丝的校正方法

十字丝的校正也比较简单，首先取下护罩，旋松十字丝环的四个固定螺丝，微微转动十字丝环，使十字丝横丝达到水平。校正后再重复进行检验，直至条件满足为止，最后将固定螺丝拧紧，将护罩旋回原位。十字丝的构造及校正，如图3-30所示。

有的水准仪十字丝分划板是固定在目镜筒内，而目镜筒由三个固定螺丝与物镜筒连接在一起（如图3-31所示）。在进行校正时，应先松开固定螺丝，然后转动目镜筒，使十字丝横丝达到水平。

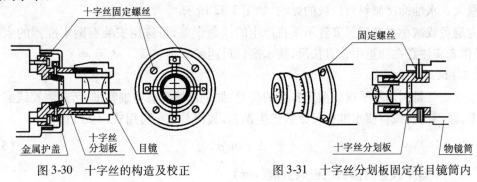

图3-30　十字丝的构造及校正　　　图3-31　十字丝分划板固定在目镜筒内

七、水准测量的误差来源

水准测量的质量如何，关键是测量精度能否符合国家规范规定。为了提高水准测量的精度，必须分析和研究测量误差的来源及其影响规律，找出消除或减少这些误差影响的措施。

水准测量实践充分证明，水准测量误差的来源主要有：仪器本身误差、观测操作误差和外界条件影响产生的误差三个方面。

（一）仪器本身误差

仪器误差的主要来源是望远镜的视准轴与水准管轴不平行而产生的i角误差。根据实践经验，S3水准仪的i角大于$20''$时才需要进行校正，水准仪虽然经过检验校正，但不可能完全消除i角，要消除或减少i角对高差的影响，必须在观测时使仪器至前视、后视水准尺的距离相等。但是，在水准测量的每一站的观测中，前视和后视水准尺的距离很难做到完全相等，这样必然会出现测量误差。

63

《城市测量规范》(CJJ 8—2011)中规定,对四等水准测量,前视和后视的距离差应不大于5m,任一测站前视和后视的累积差应不大于10m。

（二）水准尺的误差

由于水准尺本身的原因和使用不当所引起的读数误差称为标尺误差。水准尺本身误差主要包括:分划误差、尺弯曲误差、尺长误差、尺子接头误差等。现行规范中规定:对于区格式木质水准标尺,其米间隔平均真长与名义长之差,不应大于0.5mm。在水准测量前,必须对水准标尺进行检验,符合要求方可使用。

水准标尺在使用过程中引起的误差,主要有水准标尺零点不准、水准标尺倾斜误差两个方面。

1. 水准标尺零点不准

由于使用、保管和磨损等方面原因,水准标尺的底面与其分划零点不完全一致,其差值称为标尺零点差。标尺零点差的影响,对于一个测设的测站数为偶数段的水准路线,误差可以自行抵消;测站数为奇数段的水准路线,所测高差中将含有标尺零点差的误差影响,这是不可避免的。

2. 水准标尺倾斜误差

在水准测量中,水准标尺必须安置垂直,如果出现前后倾斜,从水准仪的望远镜视场中不会觉察,但在倾斜标尺上的读数总是比正确的标尺读数大,并且视线高度愈大,产生的误差就愈大。水准标尺倾斜对读数的影响,如图3-32所示。

为避免或减小水准标尺安置不垂直产生的读数误差,可选用安装有圆水准器的水准标尺,操作者应注意在测量中认真扶尺,使水准标尺达到垂直。

（三）仪器整平误差

水准测量是利用水平视线测定各点的高差,如果仪器没有精确整平,所观测视线必然不会水平,倾斜的视线将使水准标尺读数产生误差,其误差大小可用式(3-17)计算:

$$\Delta = Di/\rho \tag{3-17}$$

式中 Δ——整平误差对读数的影响数值(mm);

　　D——水准测量的水平距离(m)

　　i——管水准器轴与视准轴的夹角($''$);

　　ρ——弧度的秒值,$\rho = 206265''$。

如图3-33所示,设水准管的分划值为$20''$,如果气泡偏离半格(即$i = 10''$),则当水平测量距离为50m时,$\Delta = 2.4$mm;当水平测量距离为100m时,$\Delta = 4.8$mm。误差随着水平距离的增大而增大。因此,在进行读数前必须使符合水准气泡精确吻合。

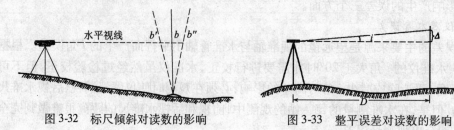

图3-32　标尺倾斜对读数的影响　　　　图3-33　整平误差对读数的影响

（四）读数产生误差

读数误差是最经常出现的一种误差,读数误差产生的原因有两个:一是仪器中的十字丝视差;二是观测者对毫米(mm)读数不准确。

（五）测量升沉误差

在进行水准测量的过程中,由于仪器、水准尺、操作者等的重量和测点处土壤的弹性,会使仪器及测尺垫子处产生一定的下沉或上升,使水准标尺上的读数减小或增大,从而引起观测误差。仪器和标尺升沉误差的影响,如图 3-34 所示。

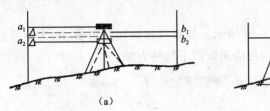 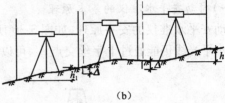

（a）　　　　　　　　　　　　（b）

图 3-34　仪器和标尺升沉误差的影响

（a）仪器下沉;（b）标尺下沉

1. 仪器下沉或上升引起的误差

测量仪器下沉(或上升)的速度与时间成正比,如图 3-34(a)所示,从读取后视读数 a_1 到读取前视读数 b_1 时,仪器下沉了 Δ,则两点的高差为:$h_1 = a_1 - (b_1 + \Delta)$。

为了减弱此项误差对测量精度的影响,可在同一测站进行第二次观测,而且第二次观测应先读取前视读数 b_2,再读取后视读数 a_2,则两点的高差为:$h_2 = (a_2 + \Delta) - b_2$。

取两次所得高差的平均值,即 $h = (h_1 + h_2)/2$,这样可消除仪器下沉(或上升)对高差的影响。

2. 标尺下沉或上升引起的误差

如果正向测量(往测)与反向测量(返测)标尺下沉量是相同的,则由于误差符合相同,而正向测量(往测)与反向测量(返测)高差的符号相反,因此,取正向测量(往测)与反向测量(返测)高差的平均值可以消除其影响。标尺下沉如图 3-34(b)所示。

（六）大气折光影响

由于大气层中的密度不同,对于光线会产生折射,使视线产生弯曲,从而使水准测量产生误差。视线离地面愈近,视线的长度愈长,大气折光影响也愈大。为消减大气折光对水准测量的影响,要采取缩短视线,使视线离地面一定高度及前视、后视距离相等的方法。我国现行规范规定:三、

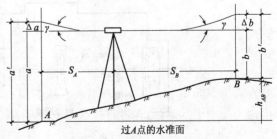

图 3-35　大气折光对高差的影响

四等水准测量应保证上丝、中丝和下丝都能读数,二等水准测量则要求下丝读数不小于0.3m。大气折光对高差的影响,如图 3-35 所示。

在实际水准测量中,往往遇到以上对高差的主要影响,另外还有一些影响因素。这些影响因素有时不是独立的,而是综合存在的。在作业中只要按规范要求去做,完全能够达到测量精度的要求。

八、自动安平水准仪和激光扫平仪

用普通水准仪进行水准测量是根据水准管的气泡居中而获得水平视线。因此,在每次读数时都要用微倾螺旋将水准管气泡调至居中位置,这对于提高水准测量的速度和精度有很大影响。我国生产的自动安平水准仪,不仅可以大大加快作业的速度,而且对于微小震动、仪器下沉、风力和温度变化等外界因素的影响,也能迅速而自动地给予"补偿",使得从十字丝中丝读取的读数,仍为水平视线的读数。

（一）自动安平水准仪的基本原理

自动安平水准仪的安平原理,如图 3-36 所示。如果视准轴倾斜了 α 角,为使经过物镜光心的水平光线仍能通过十字丝交点 A',可以采取以下两种方法:

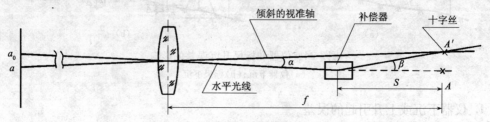

图 3-36　自动安平水准仪的安平原理

（1）在水准仪的望远镜光路中设置一个补偿器装置,使光线偏转一个 β 角而通过十字丝交点 A'。

（2）如果能使十字丝交点移至 A 点,也可使水准视线处于水平位置而实现自动安平。

我国生产的自动安平水准仪中最常用的补偿器,安装在调焦透镜和十字丝分划板之间,它是在望远镜筒内固定屋脊棱镜,两个直角棱镜则用交叉的金属丝吊在屋脊棱镜架上,当望远镜出现倾斜时,直角棱镜在重力的作用下,与望远镜作相反的偏转,并借助阻尼器的作用很快地静止下来。

国产 DSZ3 型自动安平水准仪的结构,如图 3-37 所示;DZS3-1 型自动安平水准仪的结构,如图 3-38 所示。

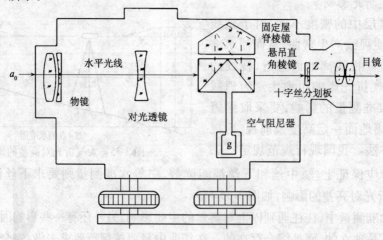

图 3-37　国产 DSZ3 型自动安平水准仪的结构

自动安平水准仪的补偿范围一般为 ±8′~ ±12′,质量较好的自动安平水准仪补偿范围可以达到 ±15′,补偿的时间一般为 2s;圆水准器的分划值一般为 8′/2mm。因此,在进行水准测量操作时,只要使圆水准器的气泡居中,补偿器马上就会起作用。当水准尺像在 1~2s趋于稳定时,即可在水准尺上进行读数。

自动安平水准仪的基本操作,与微倾普通水准仪大致相同。但补偿器中的金属丝很脆弱,在使用自动安平水准仪时,一定要防止出现过大的震动。

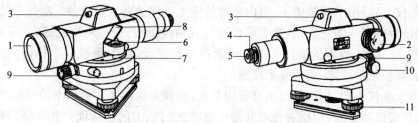

图 3-38　国产 DZS3-1 型自动安平水准仪
1—物镜;2—物镜调焦螺旋;3—粗瞄器;4—目镜调焦螺旋;5—目镜;
6—圆水准器;7—圆水准器校正螺钉;8—圆水准器反光镜;
9—制动螺旋;10—微动螺旋;11—脚螺旋

自动安平水准仪的望远镜光路,如图 3-39 所示。光线通过物镜、调焦透镜、补偿棱镜及底棱镜后,首先成像在警告指示板上,然后指示板上的目标影像连同红绿颜色膜,一起经过"转像物镜",第二次成像在十字丝分划板上,再通过目镜进行放大观察。

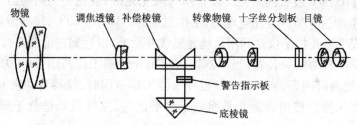

图 3-39　自动安平水准仪光路示意图

(二)自动安平水准仪的特点

自动安平水准仪主要具有如下特点:

(1)自动安平水准仪中采用轴承吊挂补偿棱镜的自动安平机构,为平移光线式自动补偿器,自动安平效果好。

(2)设有自动安平警告指示器,可以迅速判别自动安平机构是否处于正常工作范围,这样大大提高了水准测量的可靠性。

(3)在自动安平水准仪中,采用了空气阻尼器,可以使补偿元件迅速达到稳定状态。

(4)在自动安平水准仪中,采用的是正像望远镜,观测非常方便,读数也比较准确。

(5)在自动安平水准仪中,设置有水平度盘,可以方便地粗略确定方位。

水准测量的操作中,在测站上旋转脚螺旋使圆水准器气泡居中,即可瞄准水准尺进行读数。读数时应注意先观察自动报警窗的颜色(如图 3-40 所示),如果自动报警窗是绿色,则可以读数,如果窗的任一端出现红色,则说明仪

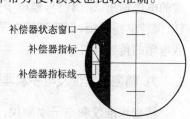

图 3-40　自动安平水准仪望远镜视场

器的倾斜量超出安平范围,应重新整平仪器后再进行读数。

（三）激光扫平仪

激光扫平仪是一种新型的平面定位仪器,根据激光扫平仪的工作原理不同,大致可分成三类:水泡式激光扫平仪、自动安平激光扫平仪和电子自动安平激光扫平仪。

1. 水泡式激光扫平仪

我国于1996年试制的SJ2型和SJ3型激光扫平仪,即属于结构简单、成本较低的水泡式激光扫平仪,是适用于建筑施工、室内装饰等施工工作的普及型仪器。激光二极管发出的激光,经物镜后得到一激光束,该激光束在经过五角棱镜后,分成两束光线,一束直接通过,另一束改变90°方向,仪器的旋转头由电机通过皮带带动旋转,形成一个扫描的激光平面。仪器上设置有长水准仪器,用于安平仪器。

与水泡水准仪一样,扫平仪以水准器为基准,也就是说激光平面水平误差取决于水准器的精度,如果将仪器卧放,根据垂直水准器可得激光扫描出的铅垂面。此仪器的精度,很大程度上受到人为因素的影响。

由于工程施工操作的快速方便要求及某些特殊场合的高精度要求,水泡安平仪难以满足,于是,各种自动激光仪器应运而生,并产生了一些独特的安平方式。

2. 自动安平激光扫平仪

北京光学仪器厂研制的SJZ1型自动安平激光扫平仪,其安平精度为±1″,激光水平精度为±20″,采用635mm波长的激光二极管作为激光光源,射出光为可见红光,测量半径为150m。其工作电源为4节一号充电电池,工作温度为−10～+40℃,仪器质量为3kg。

这种自动安平激光扫平仪是利用吊丝光机式补偿器,以达到在范围内自动安平的目的。该仪器设有补偿器自动报警装置,当仪器倾斜超出补偿器工作范围(±8′)时,激光停止扫描,补偿器自动报警灯闪亮,当调整仪器至补偿器工作范围时,仪器自动恢复工作。在补偿范围内可以始终保持扫描出的激光平面处于水平面内,这种仪器适合于震动较大的施工场地。

3. 电子式自动安平激光扫平仪

光机式补偿器的结构相对简单,具有成本较低和有一定的抗震性等优点,但由于其补偿精度随补偿范围的增加而降低,一般补偿范围都限制在十几分之内,近代发展的电子自动安平原理,使安平范围可大大扩大,并且具有较高的稳定性和补偿精度。

电子自动安平系统一般由传感器、电子线路和执行机构组成。水泡式传感器由玻璃水泡内充有导电液的类似于一般气泡水准器的元件为主体,玻璃管外涂有金属盖层,并形成两个对称的电极。两个电极间相应为两个电阻,当气泡居中时,电阻相等,当水泡倾斜时,气泡发生位移,从而破坏了两个电阻的平衡状态,使传感器电路组成的电桥失去平衡,并产生相应的电压输出,输出信号经电子处理并放大驱动执行机构,使伺服电机产生相应的正转或反转,保持电桥平衡,即达到了电子自动安平的目的。传感器除用电阻的方式外,也有用电容或电感的传感元件。

九、精密水准仪及电子水准仪

精密水准仪和电子水准仪,是当前水准测量中比较先进的仪器,也是测量精度要求较高的工程中不可缺少的工具。

（一）精密水准仪

精密水准仪主要应用于国家一、二等水准测量和高精度的工程测量中,如建筑物的变形观测、大型建筑物的施工测量、大型精密仪器设备安装测量和大坝位移观测等工作。

1. 精密水准仪的特点

精密水准仪的构造与 S3 水准仪基本相同,也是由望远镜、水准器和基座三个主要部件组成。图 3-41 所示为我国生产的 DS1 型精密水准仪。

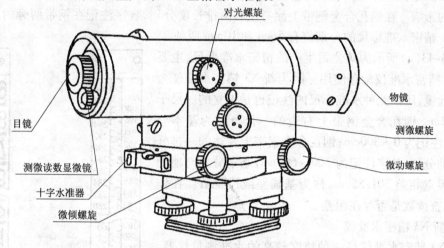

图 3-41 DS1 型精密水准仪构造示意图

为了进行精密水准测量,精密水准仪必须满足以下几点要求:

（1）高质量的望远镜光学系统。为了获得水准标尺的清晰影像,精密水准仪的望远镜应当放大倍率大、分辨率高。我国现行规范要求:DS1 水准仪不小于 38 倍,DS05 水准仪不小于 40 倍,物镜的孔径应大于 50mm。

（2）高灵敏的管水准器。这是精密水准仪必备的条件之一,即要求水准仪的管水准器的分格值达到 $10''/2mm$。

（3）高精度的测微器装置。为了提高读数的精度,精密水准仪采用了光学测微器读数系统,如图 3-42 所示,以便测定小于水准标尺最小分划线间隔值的尾数,高精度光学测微器可直接读到 0.1mm,估读到 0.01mm。光学测微器读数系统,主要由平行玻璃板、测微分划尺、传导杆、测微螺旋和测微读数系统组成。

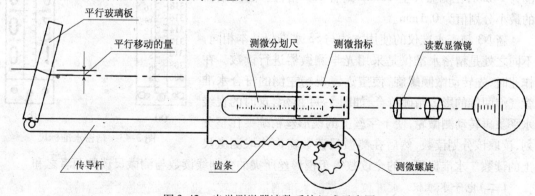

图 3-42 光学测微器读数系统组成示意图

（4）坚固稳定的仪器结构。为了相对稳定视准轴与水准轴之间的关系，精密水准仪的主要构件均应当采用铟瓦合金钢制成。

（5）高性能的补偿器装置，并配备精密水准标尺。

2. 精密水准标尺

精密水准标尺是在木质尺子本身中间的槽内装有膨胀系数极小的一根铟瓦合金钢带，带的下端固定，上端用弹簧以一定的拉力拉紧，以保证铟瓦合金钢带的长度不受木质尺身伸缩变形的影响。在铟瓦合金钢带上涂有左右两排长度分划，数字注记在钢带两旁的木质尺子身上。精密水准标尺的分划值有 5mm 和 10mm 两种。

图 3-43（a）所示为某公司生产的精密水准标尺，主要为新 N3 精密水准仪配套使用。因为新 N3 精密水准仪为正像望远镜，所以此种水准标尺的注记也是正立的。尺子长约 3.2m。铟瓦合金钢带上右边的一排分划为基本分划，数字注记为 0～300cm；铟瓦合金钢带上左边的一排分划为辅助分划，数字注记为 300～600cm，基本分划与辅助分划的零点相差 301.55cm，称为基辅差或尺常数。在作业时，检查读数是否存在粗差。

3. 新 N3 精密水准仪

新 N3 精密水准仪是一种精度较高的水准测量仪器，在正常天气和正确操作的前提下，其每千米往返高差中数的中误差仅为 ±0.3mm。

新 N3 精密水准仪的光学测微器由平行玻璃板、测微分划尺、传导杆、测微螺旋和测微读数系统组成，如图 3-44 所示。平行玻璃板装在物镜前，通过传导杆与测微尺相连，而测微尺的读数指标线刻在一块固定的棱镜上。传导杆由测微轮控制，转动测微轮，带有齿条的传导杆推动平行玻璃板绕其轴前、轴后倾斜，测微尺也随之移动。

当平行玻璃板竖直时，水平视线不产生平移；当平行玻璃板出现倾斜时，视线则上下平行移动，其有效移动范围为 10mm，在测微尺上 10mm 刻有 100 格，因此，测微器的最小分划值为 0.1mm。

新 N3 精密水准仪的使用方法与 S3 水准仪基本相同，不同之处是精密水准仪是采用光学测微器进行读数。在作业时，先转动微倾螺旋，使望远镜视场左侧的符合水准管气泡两端的影像精确符合，如图 3-44 所示，这时的视线水平。再转动测微轮，使十字丝上的楔形丝精确夹住整分划，读取该分划读数，然后在测微尺读数窗内读取测微尺上的读数。水准标尺上的全读数等于楔形丝所夹的分划线读数与测微尺读数两者之和。

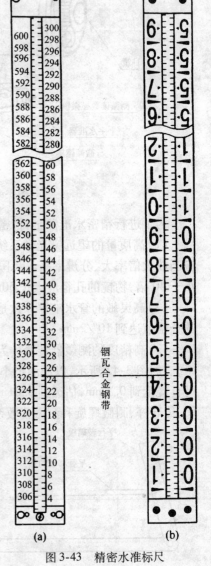

图 3-43 精密水准标尺

（二）电子水准仪

1. 电子水准仪的原理

电子水准仪也称为数字水准仪,它是在自动安平水准仪的基础上发展起来的。由于水准仪和水准标尺在空间上是分离的,在标尺上自动读取水平视线刻度需要图像处理技术。自1990年,瑞士、德国和日本等国家,在水准仪数字化方面进行一系列研究,使电子水准仪逐步开始使用。

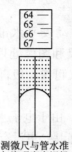

测微尺与管水准
气泡观察窗视场　　望远镜视场

图 3-44　新 N3 精密水准仪的望远镜视场

当前,电子水准仪采用了原理上相差较大的三种自动电子读数方法,即几何法、相关法和相位法。电子水准仪的三种测量原理各有奥妙,三类电子水准仪都经受了各种检验和实际测量的考验,证明均能胜任精密水准测量作业。

目前,在建筑施工测量中最常用的是相关法。瑞士徕卡公司是世界上著名的光学产品和测量产品厂商,其生产的 NA3002/3003 电子水准仪采用相关法。它的标尺一面是伪随机条码,供电子测量用;另一面为区格式分划,供光学测量用。望远镜照准标尺并调焦后,可以将条码清晰地成像在分划板上(如图 3-45 所示),供目视观测,同时条码影像也被分光镜成像在探测器上,供电子读数。

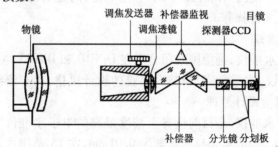

图 3-45　瑞士徕卡数字水准仪测量原理示意图

如图 3-46 所示,DNA 是瑞士徕卡公司的第二代电子(数字)水准仪,于 2002 年 5 月正式向中国市场推出。这种电子(数字)水准仪,设计新颖、外形美观、精度较高、使用方便,特别是屏幕采用中文显示,更适合中国市场。DNA 系列水准仪有 DNA03 和 DNA10 两种型号,每千米往返差分别为 0.3mm 和 0.9mm。

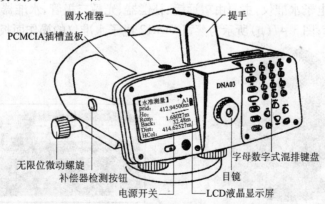

图 3-46　瑞士徕卡 DNA03 中文数字水准仪示意图

2. 电子水准仪的特点

电子水准仪是以自动安平水准仪为基础,在望远镜光路中增加了分光镜和探测器(CCD),并采用条码标尺和图像处理电子系统,构成的光电测量一体化的高科技产品。当采用普通水准标尺时,又可按一般自动安平水准仪一样使用。电子水准仪与传统的水准仪相比,具有以下特点:

(1)读数比较客观。由于电子水准仪具有只需调焦和按键就可以自动读数的功能,所以不存在误读和误记的问题,更没有人为的读数误差。

(2)测量精度很高。电子水准仪的视线高和视距读数,是采用大量条码分划图像经处理后取平均得出来的,因此削弱了标尺分划误差的影响。

(3)测量速度加快。电子水准仪由于可省去人工读数、报数、听记、现场计算和出错重测等工作,其测量时间与传统水准仪相比可节省1/2左右。

(4)操作效率较高。电子水准仪只需调焦和按键就可以自动读数,从而减轻了劳动强度,提高了操作效率。同时,数据还能自动记录、检核、处理,并能输入电子计算机进行后处理,可实现内业、外业一体化。

(5)仪器功能齐全。电子水准仪的菜单功能丰富,内置功能强、操作界面友好,有各种信息提示,大大方便了实际操作。

(三)蔡司电子水准仪

蔡司 DiNi12 电子水准仪,是德国蔡司公司在 DiNi10 和 DiNi11 电子水准仪的基础上,推出的第三代电子水准仪,它秉承一贯精致、典雅的设计风格,具有流线形的外形,弧形的手把,特别符合人体工程学设计原理。

蔡司 DiNi12 电子水准仪,是目前世界上精度最高的电子水准仪之一,每千米往返测量高差中误差最高为 ±0.3mm,最小显示读数为 0.01mm,在 15′ 范围内具有自动补偿功能,补偿精度为 0.2″。

蔡司 DiNi12 电子水准仪,具有先进的感光读数系统,感应可见白光即可测量,测量时仅需读取条码标尺 30cm 的范围;仪器中配有 2M 内存的 PCMCIA 数据存储卡;具有多种水准导线测量模式及平差和高程放样功能,可以进行角度、面积和坐标等测量。

1. 蔡司 DiNi12 电子水准仪的构造

蔡司 DiNi12 电子水准仪,主要由望远镜、补偿器、光敏二极管、水准器和脚螺旋等组成,如图 3-47(a)所示;图 3-47(b)所示为蔡司 DiNi12 电子水准仪的操作面板及显示窗口。

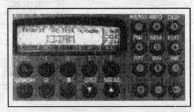

(a)　　　　　　　　　　　　　　(b)

图 3-47　蔡司 DiNi12 电子水准仪的外观和操作面板

2. 蔡司 DiNi12 电子水准仪的操作

（1）安置仪器

1）首先松开仪器架上的三个制动螺旋，将三个腿展开到适当长度，并将架高设置到合适的高度，即使仪器安放后望远镜大致与眼睛齐平，同时使架头基本水平，旋紧三个制动螺旋，将仪器架的脚部踩入地面使之稳定。

2）将装水准仪的箱子打开，拿出仪器安放在三脚架的顶部，旋紧基座下面的连接螺旋，使仪器固定。

3）轻轻地调节脚螺旋，使圆水准器中的气泡居中，即完成了仪器调平工作。

4）在明亮的背景下对望远镜进行目镜调焦，使十字丝非常清晰。

（2）测量开机

1）开机前必须确认仪器中所用电池已充满电，仪器应和周围的环境温度相适应。

2）用 ON/OFF 键来启动仪器，在简短的显示程序说明和公司简介后，仪器进入工作状态，这时可根据选项设置测量的模式。

3）电子水准仪中的选项有 3 种：单次测量、路线水准测量和校正测量。

4）测量操作中的模式有 8 种：后前、后前前后、后前后前、后后前前、后前（奇、偶数站交替）、后前前后（奇、偶数站交替）、后前后前（奇、偶数站交替）、后后前前（奇、偶数站交替）。可根据实际情况选用适当的测量模式。

5）DiNi12 电子水准仪可直接输入点号、点名、线名、线号以及代号信息。

6）DiNi12 电子水准仪可直接设定正/倒尺模式。

3. 蔡司 DiNi12 电子水准仪测量过程

在以上设置完成后，即可按照测量的程序进行测量。表 3-2 为蔡司 DiNi12 电子水准仪的主要技术参数。

表 3-2　蔡司 DiNi12 电子水准仪的主要技术参数

项　目	技　术　参　数	项　目	技　术　参　数
仪器精度	双向水准测量每千米标准差 电子测量： 　锢瓦精密编码尺　0.3mm 　折叠编码尺　1.0mm 　光学水准测量：　1.5mm（折叠尺，米制）	测量范围	电子测量： 　锢瓦精密编码尺　1.5～100m 　折叠编码尺　1.5～100m 光学水准测量：从1.3m起（折叠尺，米制）
测距精度	视距为 20m 的电子测距： 锢瓦精密编码尺　20mm 折叠编码尺　25mm 光学水准测量：0.2mm（折叠尺，米制）	最小显示单位	测高 0.01mm 测距 1.0mm
		补偿器	偏移范围 ±1.5' 设置精度 ±0.2"

第二节　角度测量所用的仪器

角度是确定地面点位置的基本元素，进行角度测量是测量中的三项基本工作之一。角度测量主要包括水平角测量和竖直角测量。水平角测量用于确定地面点的平面位置，竖直角测量用于间接地面点的高程。经纬仪和全站仪是进行角度测量的主要仪器。

一、角度测量的基本原理

（一）水平角测量的基本原理

水平角是指地面上的一点到两个目标点的方向线，垂直地投影在水平面上所构成的夹角。如图 3-48 所示，设 A、B、C 是任意位于地面上的不同高程的点，B_1A_1、B_1C_1 为空间直线 BA、BC 在水平面上的投影，B_1A_1 与 B_1C_1 的夹角 β 即为地面点 B 由 BA、BC 两个方向线构成的水平角。

为了测量水平角 β，可以设想在过 B 点的上方水平地安置一个带有顺时针刻画、注记的圆盘，称为水平度盘，并使其圆心 O 在过 B 点的铅垂线上，直线 BC、BA 在水平度盘上的投影为 Om 和 On；如果此时能读出 Om、On 在水平度盘上的读数 m 和 n，水平角的取值范围为 $0° \sim 360°$。水平角 β 就可用式（3-18）进行计算：

$$\beta = 右目标读数 m - 左目标读数 n \tag{3-18}$$

由此可知，用于测量水平角的仪器应满足以下条件：必须有一个能安置水平且能使其中心处于过测站点铅垂线上的水平度盘；必须有一套能够精确读取水平度盘读数的读数装置；必须有一套能上下转动成竖直面、能绕铅垂线水平转动的望远镜。经纬仪和全站仪完全满足这些条件。

（二）竖直角测量的基本原理

在同一竖直面内，测站点到目标点的视线与水平线的夹角称为竖直角。如图 3-49 所示，视线 AB 与水平线 AB' 的夹角 α 即为 AB 方向线的竖直角。竖直角的角度从水平线算起，向上为正，称为仰角；向下为负，称为俯角。竖直角的范围为 $0° \sim \pm 90°$。

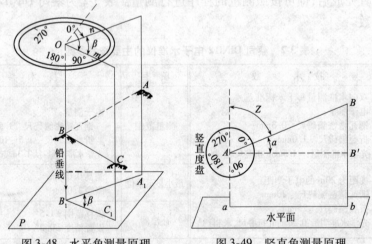

图 3-48　水平角测量原理　　　　图 3-49　竖直角测量原理

视线与测站点天顶方向之间的夹角称为天顶距，在图 3-49 中以 Z 表示，其数值为 $0° \sim 180°$，均为正值。显然，同一目标的竖直角 α 和天顶距 Z 之间的关系，可用式（3-19）表示：

$$\alpha = 90° - Z \tag{3-19}$$

为了观测天顶距或竖直角，经纬仪上必须装置一个带有刻画和注记的竖直圆盘，即竖直度盘，该度盘中心安装在望远镜的旋转轴上，并随着望远镜一起上下转动；再在竖直度盘面上设置一个与望远镜照准装置方向一致并与其同步的指标线。当望远镜照准目标时,依垂直度盘指标线在垂直度盘的读数,再减去望远镜水平位置的垂直度盘的读数,即为所求的竖直角 α。光学经纬仪就是根据上述原理而设计制造的一种测角仪器。

二、经纬仪的构造与使用

经纬仪是测角的主要仪器,在建筑工程测量中使用的主要是光学经纬仪和电子经纬仪。我国生产的经纬仪代号为"DJ","D"、"J"分别是"大地测量"和"经纬仪"汉语拼音的第一个字母。按精度系列分为 DJ 07、DJ1、DJ2、DJ6、DJ15、DJ60 等型号,数字 07、1、2、6、15、60 分别表示该类仪器测回方向观测中误差限值,如 DJ6 表示测回方向观测中误差不超过 ±6″的经纬仪。

(一)光学经纬仪的构造

在建筑工程施工测量中,最常用的经纬仪是 DJ2 型或 DJ6 型光学经纬仪。各种型号的光学经纬仪,其基本构造大致相同,主要由照准部、水平度盘和基座三个部分组成。图 3-50 所示为 DJ6 型光学经纬仪的外型及各部件名称,图 3-51 所示为 DJ6 光学经纬仪主要部分的结构图。

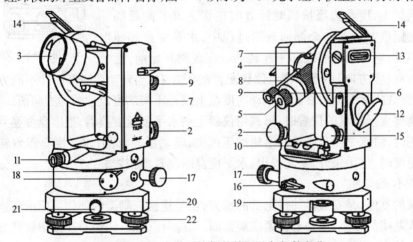

图 3-50 DJ6 光学经纬仪的外型及各部件名称

1—望远镜制动手柄;2—望远镜微动螺旋;3—望远镜物镜;4—望远镜调焦环;5—望远镜目镜;
6—目镜调焦螺旋;7—光学瞄准器;8—度盘读数显微镜;9—读数显微镜调焦螺旋;
10—照准部的管水准器;11—光学对中器目镜;12—度盘照明反光镜;
13—竖直盘指标管水准器;14—指标管水准器反光镜;15—竖直盘水准器微动螺旋;
16—水平制动手柄;17—水平微动螺旋;18—水平度盘变换器;19—圆水准器;
20—基座;21—底座制动螺旋;22—脚螺旋

1. 经纬仪的照准部

照准部是光学经纬仪的重要组成部分,主要指在水平度盘上,能绕其旋转轴旋转的全部部件的总称,它主要由望远镜、照准部管水准器、竖直度盘、竖盘指标管水准器、读数显微镜、横轴、竖轴、U 形支架和光学对中器等各部分组成。照准部可绕竖轴在水平面内转动,由水平制动螺旋和水平微动螺旋控制。

(1)望远镜。望远镜固定连接在仪器的横轴(又称为水平轴)上,可绕横轴俯仰转动而照准高低不同的目标,并由望远镜的制动螺旋和微动螺旋控制。

(2)照准部管水准器。照准部管水准器是仪器不可缺少的部件,对于测量精度起着重要的作用,主要用来精确整平仪器。

(3)竖直度盘。竖直度盘用光学玻璃制成,可随着望远镜一起转动,用来测量竖直角。

（4）光学对中器。光学对中器是用来进行仪器对中的，使仪器中心位于过测站点的铅垂线上。

（5）竖盘指标管水准器。在竖直角测量中，利用竖直指标管水准器微动螺旋使气泡居中，保证竖直盘读数指标线处于正确位置。

（6）读数显微镜。读数显微镜用来精确读取水平度盘和竖直盘上的读数。

（7）仪器横轴。仪器横轴安装在 U 形支架上，望远镜可绕仪器横轴俯仰转动。

（8）仪器竖轴。仪器竖轴又称为照准部的旋转轴，竖轴插入基座内的竖轴轴套中旋转。

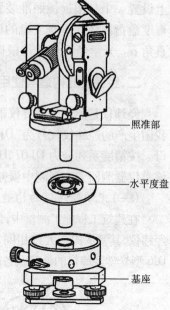

照准部

水平度盘

基座

图 3-51　光学经纬仪的主要结构

2. 经纬仪的水平度盘

水平度盘是带有刻画和注记的圆形的光学玻璃片，安装在仪器竖向轴上，度盘边缘按顺时针方向在 0°~360° 间每隔 1° 刻画并注记度数。在一个测回观测过程中，水平度盘和照准部是分离的，它不随着照准部一起转动。在观测开始前，通常将其始方向（零方向）的水平度盘读数配置在 0° 左右，当转动照准部照准不同方向的目标时，移动的读数指标线便可在固定不动的度盘上读得不同的度盘读数即方向值。

如果需要变换度盘的位置时，可利用仪器上的水平度盘变换器，把度盘变换到需要的读数上。使用时，将水平度盘变换器手轮推压进去，转动手轮，此时水平度盘跟着转动。待转到所需要角度时，将手松开，手轮弹出，水平度盘的位置即安置好。

3. 经纬仪的基座

经纬仪的基座，是安置经纬仪上部的地方，也是连接三脚架的部件。照准部连同水平度盘一起插入基座的轴座，用中心锁紧螺旋紧固。在基座下面，用中心连接螺旋把整个经纬仪和三脚架连接在一起，基座上装有三个脚螺旋，用于整平仪器。

4. 经纬仪的光路系统

光学经纬仪的光路系统，是测量中观测不可缺少的重要组成部分，也是结构比较复杂的部分。光学经纬仪的光路系统不仅关系到观测是否清晰，而且关系到读数是否准确。光线经度盘照明反光镜进入仪器内部后分为两路，一路是水平度盘光路，另一路是竖直度盘光路。光学经纬仪的光路系统，如图 3-52 所示。

（1）水平度盘光路。进入经纬仪内部的光线经转向棱镜 12 转向 90° 后，经聚光透镜照射在水平度盘无刻画部分，透过度盘，经过水平度盘照明棱镜 13 将光线转向 180° 后折返向上，第二次照射在度盘上有刻画注记的部分，向上透过度盘，带着度盘上不透光的刻画和注记影像，经过水平度盘显微镜物镜组 15 对影像进行第一次放大，再经水平度盘转向棱镜 16 转向 90° 成像在测微尺 8 上。

（2）竖直度盘光路。进入经纬仪内部的光线经竖直度盘照明棱镜 3 转向 180° 后透过度盘，带着度盘刻画注记影像经竖直度盘照准棱镜 5 折转 90° 向上，通过竖直度盘显微镜 6 对影像进行一次放大，再经竖直度盘反光棱镜 7 转向 90°，也成像在读数窗的另一块测微尺 8 上。

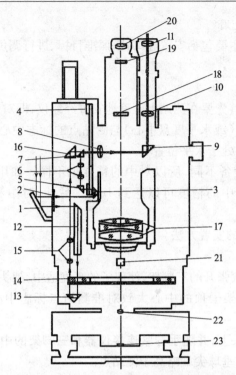

图 3-52　DJ6 光学经纬仪的光路系统

1—度盘照明反光镜；2—度盘照明进光窗；3—竖直度盘照明棱镜；4—竖直度盘；5—竖直度盘照准棱镜；
6—竖盘显微镜；7—竖盘反光棱镜；8—测微尺；9—度盘读数反光棱镜；10—读数显微镜物镜；
11—读数显微镜目镜；12—转向棱镜；13—水平度盘照明棱镜；14—水平度盘；15—水平度盘显微镜物镜组；
16—水平度盘转向棱镜；17—望远镜物镜；18—望远镜调焦透镜；19—十字丝分划板；20—望远镜目镜；
21—光学对中器反光棱镜；22—光学对中器物镜；23—光学对中器防护玻璃

水平和竖直两条光线透过读数窗后，分别带着水平度盘、竖直度盘及两块测微尺的影像，经度盘读数反光棱镜 9 转向 90° 进入读数显微镜，通过读数显微镜物镜 10 对影像进行第二次放大，在进行观测时，调节读数显微镜目镜 11 即可同时清晰地看到水平度盘、竖直度盘及两块测微尺的影像。测微尺上影像的放大率，一般约为 65 倍。

5. 经纬仪的测微装置

经纬仪的测微装置即测微尺，用来量测度盘上不足一个分划间隔的微小角度值。

测微尺影像宽度恰好等于度盘上相差 1° 的两条分划经光路第一次放大后的宽度，即总宽度为 1°，共分 60 个小格，每小格为 1′。在测微尺上可直接读到 1′，估读到 0.1格即 6″。每 10 格加一注记，注记数值为 0 ~ 6。很显然，测微尺上数值注记为整 10′ 的数值。

6. 经纬仪的读数方法

在进行读数时，首先读出位于测微尺 0 ~ 6 之间度盘分划线的度数，再读出该分划线所在处测微尺上的分、秒值，两数的和就是读数结果。如图 3-53 中，水平度盘上的读数为 215°07.3′，即 215°07′18″；竖直度盘上的读数为 78°48.2′，即 78°48′12″。

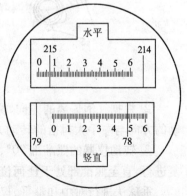

图 3-53　测微尺读数窗示意图

（二）光学经纬仪的使用

光学经纬仪的使用,主要包括安置经纬仪、照准目标、进行调焦、水平度盘配置和测量读数等工作。

1. 安置经纬仪

在进行角度测量时,首先要在测站上正确地安置经纬仪,即对仪器进行对中和整平。对中的目的是使仪器的中心（或水平度盘中心）与测站点的标志中心位于同一铅垂线上;整平的目的是为了使水平度盘处于水平位置。

由于经纬仪的对中设备不同,所以对中的精度也不同。如用垂球对中的精度一般在3mm 以内,光学对中器对中的精度可以达到1mm。另外,对中和整平的方法、步骤也不一样。

（1）垂球对中和整平的安置方法

1）垂球对中的方法

① 在测站点上方安放张开的三脚架,使架子的高度适中,架头大致处于水平,架腿与地面的夹角约为75°角。使架子顶的中心大致对准测站点标志中心,将三脚架的脚尖踩入土中。

② 将经纬仪放在架头上,并随手拧紧连接仪器和三脚架的中心连接螺旋,然后挂上垂球,调整垂球线的长度,使垂球尖端略高于测站点。

③ 当垂球尖端离开测站点较远时,可平移三脚架使垂球尖端对准测站点;如果垂球尖端与测站点相距较近时,可适当放松中心连接螺旋,在三脚架头上缓缓移动仪器,使垂球尖端精确对准测站点。垂球对中的误差一般应小于3mm,对中完成后应随手拧紧中心连接螺旋。

2）垂球整平的方法

① 先旋转脚螺旋使圆水准器气泡居中,然后松开水平制动螺旋,转动照准部使其管水准器平行于任意两个脚螺旋的连线,如图3-54 所示。

图 3-54　经纬仪的整平

② 根据气泡偏离的方向,两手同时向外或向内旋转脚螺旋,使气泡逐渐居中。气泡移动的方向与左手大拇指的转动方向一致。

③ 转动仪器的照准部90°,如图3-54（b）所示,旋转第三个脚螺旋使气泡居中。如此反复进行,直至照准部处于任何位置时气泡都居中为止。

垂球法进行对中和整平,仅用于测量精度要求不太高的情况。要特别注意,垂球对中对于气候要求较高,在风力较大的情况下,垂球对中产生的误差,很难满足测量规范中的规定,此时应用光学对中的方法对中效果较好。

（2）光学对中和整平的安置方法

目前，我国生产的经纬仪大部分都装置有光学对中器，光学对中器由一组折射透镜组成。如图3-55所示为光学对中器的光路图。测站点地面标志的影像经反光棱镜2转向90°，通过物镜3放大后成像在分划板5上。如果从目镜6处观察到测站点标志中心位于分划板5的圆圈中心，则说明水平度盘中心已位于过测站点的铅垂线上。

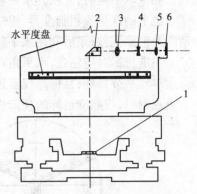

图3-55　光学对中器的光路示意
1—保护玻璃；2—反光棱镜；3—物镜；
4—物镜调焦镜；5—分划板；6—目镜

工程测量实践证明：经纬仪采用光学对中器对中，不但对中的精度比较高，而且受外界条件影响小，在建筑工程测量中被广泛应用。该项操作需使对中和整平交替反复进行，其具体操作步骤如下：

① 安置脚架：将经纬仪的三脚架安置在测站点上，并以目测方法使三脚架的架头基本水平，并使架头中心大致对准测站点标志中心。

② 安装仪器：先将经纬仪的三个脚螺旋转到大致同高的位置上，再调节（旋转或抽动）光学对中器的目镜，使对中器的内部分划板上的圆圈（简称照准圈）和地面测站点标志同时清晰，然后固定一条架腿，移动其余的两条架腿，使照准圈大致对准测站点标志，并踩踏三脚架腿，使其稳固地插入地面。

③ 进行对中：旋转仪器下面的脚螺旋，使照准圈精确地对准测站点标志，光学对中的误差应小于1mm。

④ 粗略整平：根据气泡的偏离情况，可伸长或缩短三脚架腿，使经纬仪上的圆水准器气泡居中。

⑤ 精确整平：精确整平的方法与前面垂球对中所述的整平方法相同，精确整平的最终目的要使照准部管水准器气泡精确居中。

⑥ 检查对中：以上各步骤按要求完成后，再认真检查仪器的对中情况。如果测站点标志不在照准圈中心且偏移量较小，可松开仪器中心连接螺旋，在架顶上平移仪器使其精确对中，然后再重复步骤⑤进行精确整平；如果偏移量过大，则应重复操作③、④、⑤步骤，直至对中和整平达到要求为止。

2. 照准目标

照准目标就是要照准所测的标志，这是确保角度测量精度的基本要求。在测量角度时所用的照准标志种类很多，一般常见的是标杆、测钎、觇牌或吊垂球线等。测角时常用的照准标志，如图3-56所示。

图3-56　测角时常用的照准标志

测量水平角时,先松开水平和望远镜的制动螺旋,调节望远镜目镜使十字丝清晰;利用望远镜上的准星或粗瞄准器,粗略地照准目标并拧紧制动螺旋;再调节物镜调焦螺旋使目标清晰并消除视差;最后利用水平和望远镜的微动螺旋精确照准目标。

照准目标时应注意,水平角观测要尽量照准目标底部。目标离仪器较近时,成像较大,可用单丝平分目标;目标离仪器较远时,可用双丝夹住目标或用单丝与目标重合。在进行垂直角观测时,应照准目标的顶部或某一预定的部位。照准目标的具体方法,如图3-57所示。

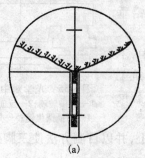 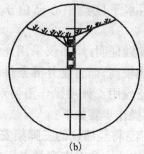

(a)   (b)

图 3-57 照准目标的具体方法
(a)水平角观测;(b)垂直角观测

3. 读数或置数

(1)读数。读数的方法与前面所述的方法相同。读数时还要注意以下两点:一是应打开度盘照明反光镜,并调节反光镜的开度和方向,使读数窗内的亮度适中;二是应调节读数显微镜目镜,使度盘影像清晰,然后再进行读数。

(2)置数。在水平角观测或建筑工程施工放样中,常常需要使某一方向的读数为零或某一预定值。当照准某一方向时,使度盘读数为某一预定值的工作称为置数。测微尺读数装置的经纬仪多采用度盘变换器结构,其置数方法可归纳为"先照准、后置数",即先精确地照准目标,并紧固水平及望远镜的制动螺旋,再打开度盘变换手轮保险装置,转动度盘变换手轮,使度盘读数等于预定的数值,然后关上变换手轮保险装置。

三、角度观测的基本方法

测量中对角度的观测,主要包括水平角的观测和竖直角的观测,这是确定地面点不可缺少的两个元素。但是,两者所用的观测方法是不同的。

(一)水平角观测的方法

水平角的观测方法一般是根据照准目标的多少而确定,在建筑工程中常用的有测回法和方向观测法。

1. 水平角观测的测回法

水平角观测的测回法,常用于观测两个照准目标之间的单角。如图3-58所示,需要测出 OA、OB 两个方向之间的水平角 β,先将经纬仪安置在测站点 O 上,并且在 A、B 两点上分别设置带小红旗的花杆。因为水平度盘是顺时针注记,所以选取起始方向(零方向)时应正确配置起始读数。这个水平角的观测方法和步骤如下:

(1)首先使仪器的竖向盘位于望远镜的左边(称为盘左或正镜),照准起始目标 A,按前述置数方法配置起始读数,读取水平度盘读数为 $a_左$,记入观测手簿。

（2）松开水平制动螺旋，顺时针方向转动照准部照准目标 B，读取水平度盘读数为 $b_左$，记入观测手簿。

以上（1）、（2）两个步骤称为上半测回（或盘左半测回），测得的水平角为：

$$\beta_左 = b_左 - a_左$$

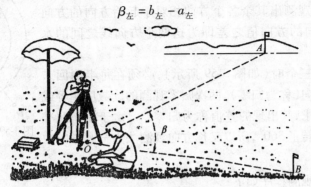

图 3-58　测回法观测水平角示意图

（3）纵向旋转望远镜，使竖向盘位于望远镜的右边（称为盘右或倒镜），照准目标 B，读取水平度盘读数为 $b_右$，记入观测手簿。

（4）逆时针转顺时针方向转动照准部照准目标 A，读取水平度盘读数为 $a_右$，记入观测手簿。

以上（3）、（4）两个步骤称为下半测回（或盘右半测回），测得的水平角为：

$$\beta_右 = b_右 - a_右$$

将上半测回和下半测回合在一起称为一个测回，当两个半测回角值之差不超过限差（现行规范规定不超过 36″）要求时，取两数值的平均值作为一个测回的成果。

为了提高观测精度，常需要观测多个测回；为了减弱度盘分划误差的影响，各测回应均匀分配在度盘的不同位置进行观测。如果要观测 n 个测回，则每个测回起始方向读数应递增 $180°/n$。例如当需要观测 4 个测回时，每个测回应当递增 $180°/4 = 45°$，即每测回起始方向读数应依次配置在 $00°00'$、$45°00'$、$90°00'$、$135°00'$ 或稍大的读数处。

当测回差值满足限差的要求时，取各测回平均值作为本测站水平角观测成果。测回法两个测回的记录、计算格式如表 3-3 所示。

表 3-3　水平角观测手簿（测回法）

测站	测回	竖盘位置	目标	水平度盘读数	半测回角值	一测回角值	各测回的平均角值	备注
O	1	左	A	$0°03'18''$	$89°30'12''$	$89°30'15''$	$89°30'21''$	
			B	$89°33'30''$				
		右	A	$180°03'24''$	$89°30'18''$			
			B	$269°33'48''$				
O	2	左	A	$90°03'30''$	$89°30'30''$	$89°30'27''$		
			B	$179°34'00''$				
		右	A	$270°03'24''$	$89°30'24''$			
			B	$359°33'48''$				

注：表中两个半测回角值之差及各测回角值之差均不超过规范中的限差。

2. 水平角观测的方向观测法

在一个测站上有三个以上方向，需要观测多个角度时，通常可采用方向观测法。方向观测法是以任一目标作为起始方向（也称为零方向），依次观测出其余各个方向相对于起始方向的方向值，则任意两个方向的方向值之差即为这两个方向线之间的水平角。

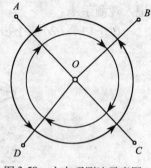

图 3-59 方向观测法示意图

当方向数超过三个时（如图 3-59 所示），必须在每半测回末尾再观测一次零方向（称为归零），两次归零观测的读数应相等或差值不超过规定要求，其出现的差值称为归零差。由于重新照准归零时照准部已旋转了 360°，所以又称方向观测法为全圆方向法或全圆测回法。

方向观测法的观测程序如下：

（1）将经纬仪安置于 O 点，以盘左位置瞄准起始方向 A，读取水平度盘读数 a，设此读数为 $0°01'12''$，记入手簿（如表 3-4 所示）。

表 3-4 水平角观测手簿（方向观测法）

日期：			天气：		班组：	仪器：	观测者：	记录者：	
测站	测回数	目标	读数		$2C=$[左−(右±180°)]	平均读数 =1/2[左+右±180°]	归零后的方向值	各测回归零方向值的平均值	略图及角值示意图
			盘左	盘右					
O	1					($0°01'18''$)			
		A	$0°01'12''$	$180°01'18''$	$-6''$	$0°01'15''$	$00°00'00''$		
		B	$96°53'06''$	$276°53'00''$	$+6''$	$96°53'03''$	$96°51'45''$		
		C	$143°32'48''$	$323°32'48''$	$0''$	$143°32'48''$	$143°31'30''$		
		D	$214°06'12''$	$34°06'06''$	$+6''$	$214°06'09''$	$214°04'51''$	$0°00'00''$ $96°51'42''$ $143°31'30''$ $214°05'02''$	
		A	$0°01'24''$	$180°01'18''$	$+6''$	$0°01'21''$			
O	2					($90°01'30''$)			
		A	$90°01'22''$	$270°01'24''$	$-2''$	$90°01'23''$	$0°00'00''$		
		B	$186°53'00''$	$6°53'18''$	$-18''$	$186°53'09''$	$96°51'39''$		
		C	$233°23'54''$	$53°33'06''$	$-12''$	$233°33'00''$	$143°31'30''$		
		D	$304°06'36''$	$124°06'48''$	$-12''$	$304°06'42''$	$214°05'12''$		
		A	$90°01'36''$	$270°01'36''$	$0''$	$90°01'06''$			

（2）松开水平制动螺旋，顺时针方向转动照准部，依次瞄准目标 B、C、D，分别读取读数 b（$96°53'06''$）、c（$143°32'48''$）、d（$214°06'12''$），并记入手簿。

（3）继续按顺时针方向转动照准部，再次瞄准起始方向 A，并读取读数 a'，设为 $0°01'24''$，记入手簿，这一工作称为"归零"。a' 和 a 之差称为"半测回归零差"。不同等级的经纬仪对"归零差"有不同的限差要求（见表 3-5），如果"归零差"超限，则说明在观测的过程中仪器度盘的位置有变动，这个半测回应当进行重测。至此，完成了上半测回的观测工作。

表 3-5 水平角方向观测法技术要求

仪器类型	半测回归零差(″)	一测回内 2C 互差(″)	同一方向值各测回互差(″)
DJ2	12	18	12
DJ6	18	—	24

（4）倒转望远镜成盘左位置，从起始方向 A 开始，逆时针方向转动照准部，依次瞄准 A、D、C、B、A 各方向，并将读数记入手簿。至此，完成了下半测回的观测工作。

（5）将上半测回和下半测回合起来，则成为一个测回。如果需要观测 n 个测回，则各测回仍按 $180°/n$ 变动水平度盘的起始位置。

（二）竖直角观测的方法

竖直角又称为垂直角，其观测方法有中丝法和三丝法两种，在工程上最常用的是中丝法。竖直角观测是用经纬仪中的竖直度盘进行的，观测读取读数后要按有关规定进行计算。

1. 竖直度盘的结构

经纬仪的竖直度盘垂直安装在望远镜旋转轴的一端，随着望远镜一起进行转动，其构造如图 3-60 所示。竖直度盘的影像通过棱镜和透镜所组成的光具组 10，成像于读数显微镜的读数窗内。光具组 10 的光轴和读数窗中测微尺的零分划线构成竖直度盘读数指标线，读数指标线对于转动的竖直度盘是固定不动的。因此，当转动望远镜照准高低不同的目标时，用指标线便可在转动的度盘上读取不同的读数。

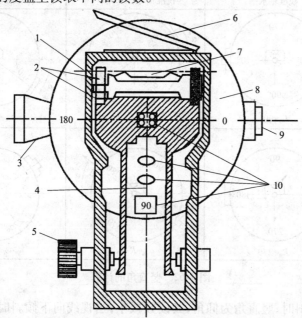

图 3-60 经纬仪竖直度盘的构造示意图

1—指标水准管轴；2—水准管校正螺钉；3—望远镜；4—光具组光轴；5—指标水准管微动螺旋；6—指标水准管反光镜；7—指标水准管；8—竖直度盘；9—目镜；10—光具组（透镜和棱镜）

光具组 10 和竖直度盘指标水准管固定在一个微动支架上，并使竖直度盘的指标水准管轴 1 和光具组光轴 4 互相垂直；当转动竖直度盘指标水准管时，读数指标线有微小移动；当竖直度盘水准管气泡居中时，读数指标线处于正确位置。因此，在进行竖直角观测时，每次读取竖直度盘读数之前,必须先使竖直度盘指标水准管气泡居中。

2. 竖直角的计算

竖直角是测站到目标点的倾斜视线和水平视线之间的夹角。因此,竖直角的计算原理与水平角一样,竖直角是两个方向线在竖直度盘上的读数之差。但是,由于视线水平时的竖直度盘读数为一常数(90°的整倍数),所以在进行竖直角测量时,只需读取目标方向的竖直度盘读数,便可根据不同度盘标记形式相对应的计算公式,计算出所测目标的竖直度。

竖直度盘注记的形式很多,图3-61所示为DJ6型光学经纬仪常见的两种注记形式。图3-62所示,上半部分为盘左时的三种情况,如果指标线位置正确,当视线水平且竖直度盘指标水准管气泡居中时,其读数 $L_0 = 90°$ 。

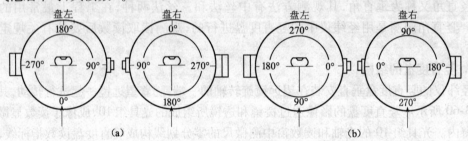

图 3-61　DJ6 型光学经纬仪常见的两种注记形式

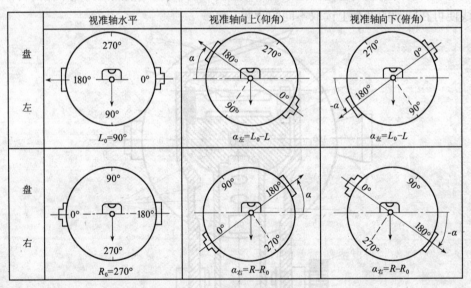

图 3-62　竖直角的计算

当视线向上倾斜时,竖直角为仰角,其读数减小;当视线向下倾斜时,竖直角为俯角,其读数增大。因此,盘左时竖直角应当为视线水平时的读数减去照准目标时的读数,即

$$\alpha_{左} = L_0 - L = 90° - L \tag{3-20}$$

图3-62中下半部分是盘右的三种情况,视线水平时的读数 $R_0 = 270°$ 。当视线向上倾斜时,仰角读数减小;当视线向下倾斜时,俯角读数增大。因此,盘右时竖直角应当为照准目标时的读数减去视线水平时的读数,即

$$\alpha_{右} = R - R_0 = R - 270° \tag{3-21}$$

为了提高竖直角的测量精度,盘左、盘右取中数,则竖直角的计算公式为:

$$\alpha = 1/2(\alpha_{左} + \alpha_{右}) = 1/2(R - L - 180°) \tag{3-22}$$

3. 度盘的指标差

以上所述竖直角计算公式的推导条件,是在假定视线水平、竖直度盘指标水准管气泡居中,读数指标线位置正确的情况下得出的。但在实际测量中,读数指标线往往偏离正确位置,与正确位置相差一定的度数,这个相差的角度数值则称为度盘的指标差,如图 3-63 所示。

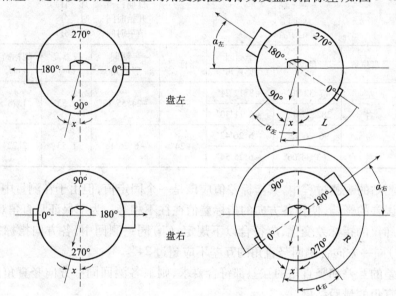

图 3-63　竖直度盘指标差示意图

指标差对于竖直角的影响,从图 3-63 中可以看出有如下关系:

盘左时,　　　　　　　　　　$\alpha_{左} = 90° - (L - x)$ 　　　　　　　　(3-23)

盘右时,　　　　　　　　　　$\alpha_{左} = (R - x) - 270°$ 　　　　　　　(3-24)

两式相加取平均值,得　　　　$\alpha = 1/2(R - L - 180°)$ 　　　　　　(3-25)

两式相减,得　　　　　　　　$x = 1/2(R + L - 360°)$ 　　　　　　(3-26)

式(3-26)即为竖直度盘指标差的计算公式。

通过上述计算分析,可以得到以下结论:

(1)从式(3-25)中可以看出,用盘左、盘右观测取平均值,可以消除指标差的影响。

(2)当只用盘左或盘右进行观测时,应在计算竖直角时加入指标差改正。即按式(3-26)求得 x 后,再按式(3-23)或式(3-24)计算竖直角,计算时 x 应带有正负号。

(3)指标差 x 有正有负,当指标线沿着度盘注记方向偏移时,会造成读数偏大,则 x 为正,反之 x 为负。

4. 竖直角的观测

竖直角观测时应用望远镜中十字丝的横丝瞄准目标的顶部或目标的某一位置,然后按照如下操作程序进行观测:

（1）在测站点上安置经纬仪，量取仪器高 i（测站点标志顶部至仪器竖直度盘中心位置的高度）。

（2）盘左位置用横丝的中丝精确照准目标，调节竖直度盘指标水准管微动螺旋，使竖直度盘指标水准管气泡精确居中，读取竖直度盘读数 L 并记入手簿，即为上半测回。

（3）纵向转动望远镜，盘右位置照准目标的同一部位，使竖直度盘指标水准管气泡精确居中，读取竖直度盘读数 L 并记入手簿，即为下半测回。竖直角的记录计算格式见表3-6。

表3-6 竖直角观测手簿

仪器：				测站：		日期： 年 月 日			
天气：				观测者：		开始时间： 时 分			
成像：				记录者：		结束时间： 时 分			

测站	目标	竖盘位置	竖盘读数	半测回竖直角	指标差	一测回竖直角	仪器高（m）	觇标高（m）	照准部位
O	A	左	77°32′30″	+8°12′24″	+12″	+24°55′12″	1.53	1.78	花杆顶部
		右	282°27′42″	+8°11′30″					
	C	左	96°26′42″	−6°26′42″	+24″	−6°26′18″	1.53	2.22	旗杆顶部
		右	263°34′06″	−6°25′54″					

在一个测站的观测过程中，其指标差值应该是一个固定值，但由于在测量中受外界各种因素和观测误差的影响，使得各方向的指标差值往往不相等。为了保证竖直角观测的精度，对于 DJ6 经纬仪的指标差变化，应符合以下规定：（1）同一测回中，各方向指标差互差不应超过 24″；（2）同一方向各测回竖直角的互差不应超过 24″。

其指标差的互差和竖直角的互差都符合要求，则取各测回同一方向竖直角的平均值作为各方向竖直角的最后结果。

四、经纬仪的检验与校正

根据测量角度的原理，为了准确地测出水平角，对于所用的经纬仪有以下三个基本要求：第一，仪器的水平度盘必须水平；第二，仪器的竖轴应当竖直；第三，望远镜绕着水平轴旋转时，视准轴能扫出一个竖直面。

在经纬仪加工、装配时，能保证水平度盘垂直于竖轴，以上这三个基本要求是可以满足的。但由于长期使用或受到碰撞、震动等影响，可能发生一些变动，不能再满足要求。现行测量规范中要求，测量正式作业前，应对经纬仪进行检验和校正，使之满足作业的要求。

在经纬仪进行检验和校正前，应先进行一般的检查：度盘和照准部的旋转是否灵活；各部位的螺旋是否灵活有效；望远镜视场是否清晰；度盘分划线是否清晰；测微尺分划是否清晰；仪器及各种附件是否齐全等。以上这些方面完全符合要求后，才能进行经纬仪的检验与校正。

（一）经纬仪应满足的几何条件

为达到角度测量所要求的精度，经纬仪应满足以下几何条件：（1）望远镜的视准轴应垂直于水平轴（$CC \perp HH$）；（2）照准部的水准管轴应垂直于仪器的竖轴（$LL \perp VV$）；（3）水平轴应垂直于竖轴（$HH \perp VV$）；（4）水平轴应垂直于照准部的水准管轴（$CC \perp LL$）；（5）水平轴应垂直于竖直度盘且其中心。经纬仪的主要轴线如图 3-64 所示。

在上述五项几何条件中,第(1)、(5)两项在仪器出厂时已保证满足,进行检验与校正时,只检查(2)、(3)、(4)项。另外,还需要对仪器的十字丝、指标差和光学对中器进行检验与校正。

（二）经纬仪的检验与校正

经纬仪的检验与校正主要包括:水准管轴垂直于竖轴的检校、十字丝的竖丝垂直于水平轴的检校、望远镜视准轴垂直于水平轴的检校、水平轴垂直于竖轴的检校、竖直度盘指标差的检校和光学对中器的检校等六项。

1. 水准管轴垂直于竖轴的检校

（1）检验方法

先将经纬仪初步整平,然后转动照准部使水准管轴平行于任意两个脚螺旋的连线,相对旋转两脚螺旋使气泡居中;再将照准部旋转180°,如果气泡仍居中或偏离中心不超过1格,说明此条件满足,否则需要进行校正。

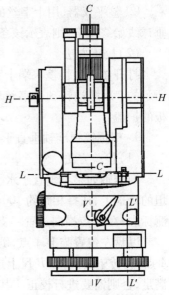

图 3-64　经纬仪的主要轴线

（2）校正方法

如果水准管轴与竖轴不垂直,当水准管轴水平时,则竖轴出现倾斜,设竖轴与铅垂线的夹角为 α,如图 3-65（a）所示。将仪器绕竖轴旋转180°,竖轴的位置不变,但水平管轴不再水平,而与水平线夹角为 2α,如图 3-65（b）所示,此时气泡不居中。∠2α 的大小由气泡偏离零点的格数来度量。

在进行校正时,相对旋转两个脚螺旋,使气泡向中央移动所偏格数的一半,用校正针拨动水准管一端的上、下两个校正螺钉,使水准管的一端升高或下降,改正偏移量的另一半使气泡居中（如图 3-65c 所示）。此项检验与校正反复进行,直至照准部旋转到任意位置时,气泡的偏移量均不超过1格为止。

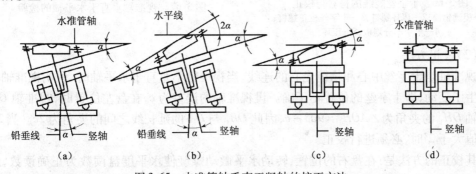

图 3-65　水准管轴垂直于竖轴的校正方法

2. 十字丝的竖丝垂直于水平轴的检校

（1）检验方法

十字丝的竖丝垂直于水平轴的检验,可分为以下两种检验方法:

① 整平仪器,用十字丝的竖丝上端（或下端）瞄准远处一个清晰的固定点,旋紧照准部和望远镜的制动螺旋,用望远镜微动螺旋使望远镜向上或向下缓慢移动,如果竖丝和固定点始终重合,则表示该条件满足,否则需要进行校正。

② 整平仪器,用十字丝的竖丝照准适当距离处悬挂的稳定不动的垂球线,如果竖丝和垂球线始终重合,则表示该条件满足,否则需要进行校正。

（2）校正方法

打开望远镜目镜一端十字丝分划板的护盖,用工具轻轻地松开四个压环螺钉（图3-66所示的2）,缓慢转动十字丝环,使竖丝处于铅垂位置,然后拧紧四个固定螺钉,并拧上分划板的护盖。

3. 望远镜视准轴垂直于水平轴的检校

（1）检验方法

视准轴如果不垂直于水平轴,则会产生一定的偏差。这种偏差的检验方法是在一个平坦的场地上,选择相距约100m的 A、B 两点,在 AB 的中点安置经纬仪。在 A 点设置一个观测标志,在 B 点横向放置一支有毫米分划的小尺,使其垂直于 OB,且与经纬仪大致同高。

以盘左位置瞄准 A 点,倒转望远镜,在 B 尺上进行读数,得到 B_1 点;再以盘右位置瞄准 A 点,倒转望远镜,在 B 尺上进行读数,得到 B_2 点。如果 B_1、B_2 两点重合,则此项几何条件满足,否则需要进行校正。其检验方法如图3-67所示。

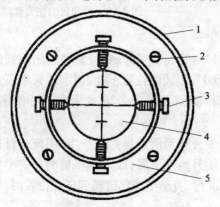

图3-66　十字丝竖线的检验与校正
1—望远镜筒;2—压环螺钉;3—十字丝校正螺钉;
4—十字丝分划板;5—压环

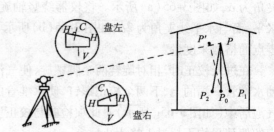

图3-67　视准轴垂直于水平轴的检验

（2）校正方法

视准轴是十字丝中心和物镜光心的连线,当视准轴不垂直于水平轴时,说明视准轴的位置发生了变动,即十字丝的位置不正确。设视准轴的误差为 c,在盘左位置时,视准轴 OA 与水平轴 OH_1 的夹角为 $\angle AOH_1 = 90° - c$,因此 OB_1 与 OA 的延长线之间的夹角为 $2c$。当 $2c$ 的绝对值大于 $2'$ 时,必须进行校正。

其校正的方法是:在盘右的位置,转动水平微动螺旋使水平度盘读数为正确读数,此时望远镜中的十字丝交点必然偏差了目标。旋下十字丝分划板的护盖,稍微松开十字丝环的上、下两个校正螺钉（图3-66中的3）,再用校正针拨动十字丝环的左右两个校正螺钉,松一个,紧一个,推动十字丝环左右移动,使十字丝竖丝精确照准目标。如此反复校正几次,直至符合要求,拧紧上下两螺钉,旋上十字丝分划板护盖。

4. 水平轴垂直于竖轴的检校

（1）检验方法

水平轴垂直于竖轴的检验方法是:在距离墙壁约20m处安置经纬仪,盘左照准墙上高

处的清晰照准标志 P,固定仪器的照准部,然后使望远镜的视准轴水平,在墙面上标出十字丝中心点 P_1,松开水平制动螺旋,盘右位置再次照准高点 P,并置平望远镜,在墙上标出十字丝中心点 P_2,如果 P_1、P_2 重合,则说明条件满足,否则说明横轴不水平,倾斜了一个角,需要进行校正。水平轴垂直于竖轴的检验方法,如图 3-68 所示。

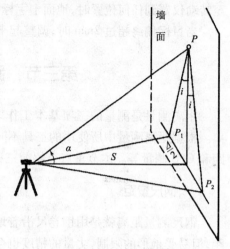

（2）校正方法

我国现行规范规定:当倾斜的角度大于 ±1′ 时,应进行校正。校正的具体方法是:打开仪器支架一侧的盖板,放松有关压紧螺钉,使横轴一端升高或降低,如此反复校正几次,直至符合要求为止。此项校正比较难,最好由技术熟练的专业维修人员进行。

5. 竖直度盘指标差的检校

（1）检验方法

图 3-68　水平轴垂直于竖轴的检验方法

竖直度盘指标差的检验方法是:在安置经纬仪后,盘左、盘右分别照准同一目标,整平竖直指标水准管,读取两个盘位的竖直度盘的读数 L 和 R,然后计算指标差 x。当指标差 x 的绝对值大于 1′ 时,则应进行校正。

（2）校正方法

对于竖直度盘指标水准管装置的经纬仪,主要是通过竖直度盘指标水准管校正螺钉来消除指标差。具体校正方法是:先计算盘左或盘右的正确读数,再转动竖直度盘指标水准管微动螺旋,使竖直度盘对准正确读数,此时竖直度盘指标水准管气泡不居中,用校正针拨动水准管一端的上、下两个校正螺钉,使气泡居中。如此反复检验与校正几次,直至符合要求。

在进行校正时应注意,校正螺钉不能松得太多,以免引起视准轴误差;如果指标差过大,通过调整十字丝上、下位置的方法不能消除时,应由专业仪器维修人员进行校正。

6. 光学对中器的检校

（1）检验方法

光学对中器检验的目的是使光学对中器的视准轴与通过水平度中心的铅垂线重合。检验的具体方法是:首先按要求整平仪器,在仪器的正下方水平放置一个十字标志,转动仪器基座的三个脚螺钉,使光学对中器分划板的中心与地面十字标志重合;将仪器转动 180°,观察光学对中器分划板的中心与地面十字标志是否重合。如果重合,则不需要校正;如果有偏移,则需要进行调整（如图 3-69 所示）。

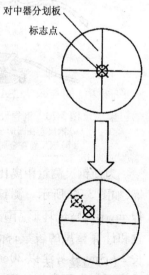

（2）校正方法

光学对中器的校正方法是:将仪器安置在三脚架上并固定好,在仪器正下方放置一个十字标志,转动仪器基座的三个脚螺钉,使光学对中器分划板的中心与地面十字标志重合,将仪器转动 180°,并拧下光学对中器目镜护盖,用校正针调整 4 个

图 3-69　光学对中器的检验

调整螺钉,使地面十字标志在分划板上的影像向分划板的中心移动一半,重复以上步骤,直至转动仪器到任何位置时,地面十字标志与分划板的中心始终重合为止。

当目标偏离超过2mm时,调整起来非常麻烦,应由专业仪器维修人员进行校正。

第三节　距离测量所用的仪器

距离测量是测量的三项基本工作之一。距离测量的目的就是测量两点之间的水平距离。根据距离测量中所使用的工具不同,常用的测量方法有:钢尺量距、视距测量、电磁波测距和GPS测量等。本节重点介绍前三种测量方法。

一、钢尺量距

钢尺测量距离就是用钢卷尺沿着地面丈量距离。这种方法适用于平坦地区的短距离量距,但易受地形的限制,丈量的精度也会受环境温度的影响。

（一）钢尺测量距离的工具

钢尺测量距离的工具主要包括钢尺和辅助工具。钢尺是按国家有关标准生产的钢尺,也称钢卷尺。钢尺的宽度一般为10～15mm,厚度约为0.3～0.4mm,长度有20m、30m、50m和100m等几种。尺子表面上最小刻画到毫米,有的钢尺仅在0～1dm之间刻画到毫米,其他部分刻画到厘米。在钢尺的米和分米刻画处,注有数字注记。为便于携带和使用,钢尺卷装在圆形金属盒中或金属尺子架内,如图3-70所示。

钢卷尺由于尺子的零点位置不同,有刻线尺和端点尺之分,如图3-71所示。刻线尺是在尺子上刻出零点的位置;端点尺是以尺子的端部、金属环的最外端为零点,从建筑物的边缘开始丈量时使用端点尺比较方便。

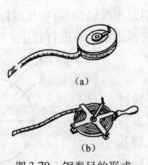

图3-70　钢卷尺的形式
(a)钢尺卷在圆形金属盒内;
(b)钢尺卷在金属尺子架中

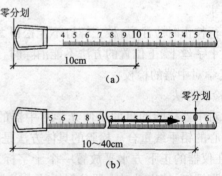

图3-71　刻线尺和端点尺
（a）端点尺;（b）刻线尺

为使钢尺测量距离比较精确,在测量中还需要配备辅助工具,主要有测钎、标杆、垂球等,如图3-72所示。测钎也称为测针,一般是用直径为5mm的粗钢丝制成,长度为30～40cm,上端弯成环形,下端磨尖,一般以11根为一组,穿在铁环中,用来标定尺子的端点位置和计算整尺的段数;标杆又称为花杆,一般用不变形的木棍或钢管制成,直径3～4cm,长2～3m,杆身涂以20cm间隔的红、白漆,下端装有锥形铁尖,主要用于标定直线方向;垂球用于在不平坦地面丈量时,将钢尺的端点垂直投影到地面。

进行精密测量距离时,除以上辅助工具外,还需要配备弹簧秤和温度计。弹簧秤用于对钢尺施加规定的拉力,温度计用于测定钢尺测量距离时的环境温度,以便对钢尺丈量的距离进行温度改正。测量用的弹簧秤和温度计,如图3-73所示。

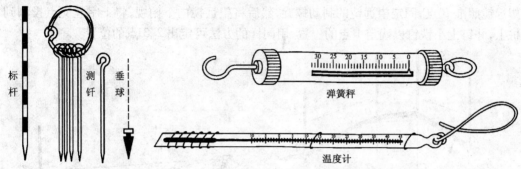

图3-72　测量距离用辅助工具　　　　图3-73　测量用的弹簧秤和温度计

（二）直线定线的方法

当地面两点之间的距离大于钢尺的一个尺子的长度或地势起伏较大时,为方便测量距离和达到要求的精度,应分成若干个尺子的长度进行丈量,这就需要在直线的方向上插上一些标杆或测钎,在同一直线上定出若干点,这项工作被称为直线定线。直线定线的方法,主要有目测法定线、过高地定线和经纬仪定线三种。

1. 目测法定线

目测法定线是一种最简单的定线方法,适用于钢尺测量距离。如图3-74所示,设A和B为地面上相互通视、待测量距离的两个点。为方便用钢尺丈量,在AB直线上定出1、2等分点。先在A、B两点上各竖立一根标杆,甲站在距标杆后约1m处,指挥中间的人（乙）左右移动标杆,直至甲在A点沿杆的同一侧看见A、1、B三点的标杆在同一直线上。用同样的方法可定出点2。

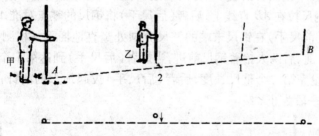

图3-74　目测法定线示意图

2. 过高地定线

过高地定线也是经常采用的一种定线方法,主要适用于A、B两点在高地两侧,且互相不通视情况下的距离测量。如图3-75所示,要在A、B两点间标定直线,可采用逐渐趋近法。先在A、B两点上各竖立一根标杆,甲、乙两人各持标杆分别选择C_1和D_2处站立,使B、D_1、C_1位于同一直线上,使甲能看到B点,乙能看到A点。可先由甲站在C_1处指挥乙移动至BC_1直线上的D_1处。然后,由站在D_1处的乙指挥甲移动至AD_1直线上的C_2处,要求甲站在C_2处能看到B点,接着再由站在C_2处的甲指挥乙移至能看到A点的D_2处,这样逐渐趋近,直到C、D、B在同一直线上,同时A、C、D也在同一直线上,这就说明A、C、D、B均在同一直线上。过高地定线也可以用于两座建筑物上A、B两点间的定线。

3. 经纬仪定线

对于直线定线精度要求较高时,可用经纬仪定线,这是建筑工程施工最常用的直线定线方法。如图 3-76 所示,要在 *AB* 直线精确定出 1、2、3 点的位置,可将经纬仪安置于 *A* 点,用望远镜照准 *B* 点,固定望远镜的制动螺旋,然后将望远镜向下俯视,将十字丝交点投测到木桩上,并钉上小铁钉以确定 1 点的位置,用同样的方法可定出 2、3 点的位置。

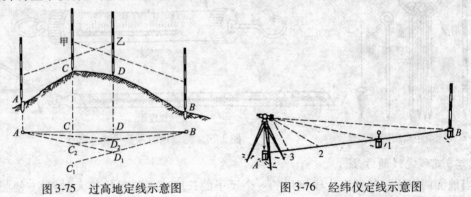

图 3-75　过高地定线示意图　　　　图 3-76　经纬仪定线示意图

(三)测量距离的方法

在地面测量两点之间的距离,经常遇到两种情况:平坦地面的距离丈量和倾斜地面的距离丈量。特别是倾斜地面的距离丈量,需要仔细、认真、规范,这样测量距离的精度才能符合规定的要求。

1. 平坦地面的距离丈量

平坦地面的距离丈量工作,一般由两个人配合操作,如图 3-77 所示。沿地面丈量水平距离时,可先在地面上定出直线的方向,丈量时后者(后尺手)持钢尺零点一端,前者(前尺手)持钢尺的末端和一组测钎沿着 *AB* 方向前进,行至一尺长度时停下,后者(后尺手)指挥前者(前尺手)将钢尺拉在 *AB* 直线上,后者(后尺手)将钢尺的零点对准 *A* 点,当两人同时把钢尺拉紧后,前者(前尺手)在钢尺末端的整尺分划处竖直地插下一根测钎,得到点 1,即量完一个整尺长度。前、后两人抬着钢尺前进,当后者(后尺手)到达第 1 个测钎处时停住,再重复上述操作,即量完第二个整尺长度,后者(后尺手)拔起地上的测钎,依次前进,直到量完 *AB* 直线的最后一段为止。

图 3-77　平坦地面的距离丈量

在丈量时应注意沿着直线方向进行,钢尺必须拉紧伸直且无卷曲。为防止丈量中发生错误,提高丈量精度,应当进行往返丈量。如果往返丈量符合要求,可取往返平均数作为丈量的最后结果。将往返丈量的距离之差与平均距离之比化成分子为 1 的分数,称为相对误差 *K*,可用相对误差来衡量丈量结果的精度。相对误差 *K* 的分母越大,则 *K* 值越小,丈量精度越高。现行规范规定:在平坦地区,钢尺测量距离的相对误差一般不应大于1/2000;在丈量距离比较困难的地区,钢尺测量距离的相对误差一般不应大于1/1000。

2. 倾斜地面的距离丈量

倾斜地面的距离丈量,根据地面的起伏情况不同,可分为水平测量法和倾斜测量法两种。当地面高低起伏不平,难以在地面上量出其平直的距离时,可将钢尺拉至水平分段进行丈量(如图3-78所示)。当倾斜地面的坡度比较均匀、地面上也比较平直时,可采用倾斜测量法(如图3-79所示)。

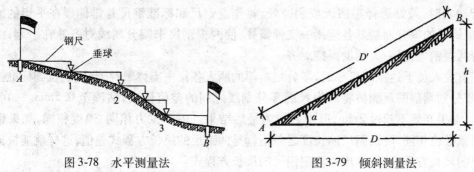

图3-78　水平测量法　　　　　　　　图3-79　倾斜测量法

水平测量法是由 A 点向 B 点进行,后者(后尺手)将钢尺的零点端对准 A 点,前者(前尺手)将钢尺抬高,并且目测使钢尺水平,用垂球尖将钢尺的末端投于 AB 方向线的地面上,再在地面上插上测钎。依次反复进行,即可丈量出 AB 的水平距离。如果地面的倾斜度较大,将整个钢尺拉至水平有困难时,可分段拉平丈量。

倾斜测量法可沿着地面斜坡直接丈量出 AB 的倾斜距离 D',测出地面倾斜角 α 或 A、B 两点之间的高差 h,按式(3-27)计算 AB 的水平距离 D:

$$D = D'\cos\alpha = (D'^2 - h^2)^{1/2} \tag{3-27}$$

(四)钢尺的检定

由于钢尺材料的质量及制造误差等因素的影响,其实际长度和名义长度(尺上所注长度)往往有些差别,钢尺在长期使用中因受到外界条件变化的影响,也会在长度上发生变化。因此,在精密测量距离中,尤其是当距离丈量精度要求达到1/10000～1/40000时,在丈量前必须对所用的钢尺进行检定,以便在丈量的结果中加入尺长改正。

1. 钢尺的尺长方程式

所谓钢尺的尺长方程式,即钢尺在标准拉力下(30m钢尺拉力为100N、50m钢尺拉力为150N),其实际长度与温度的函数关系式。表达式为:

$$l_t = l_0 + \Delta l + \alpha l_0(t - t_0) \tag{3-28}$$

式中　l_t——钢尺在温度 t 时的实际长度(mm);

　　　l_0——钢尺的名义长度(mm);

　　　Δl——钢尺的长度改正数,即钢尺在温度 t_0 时的改正数,等于实际长度减去名义长度;

　　　α——钢尺的线膨胀系数,一般取值为 $1.25 \times 10^{-5}/℃$;

　　　t_0——钢尺检定时的标准温度(20℃);

　　　t——在进行丈量时的温度(℃)。

每一根钢尺都有一个相应的尺长方程式,以便确定钢尺的真实长度,从而求得被丈量距离的真实长度。钢尺的长度改正数 Δl 因钢尺经常使用会产生不同的变化,所以在正式丈量前,必须检定钢尺,以确定其尺长方程式。

2. 钢尺的检定方法

钢尺的检定方法,主要有比长检定法和基线检定法两种。

(1)比长检定法。比长检定法是钢尺检定最简单的方法,这种方法是用一根已有尺长方程式的钢尺作为标准尺,使作业钢尺与其比较从而求得作业钢尺的尺长方程式的方法。在进行检定时,最好选择在阴天或阴凉处,将作业钢尺和标准钢尺并排伸展在平坦的地面上,两根钢尺的零分划端部各连接一支弹簧秤,使两根钢尺末端分划线对齐并在一起,由一人拉着两根钢尺,另一人辅助保持对齐。

当有关人员下达拉伸口令后,零分划端部的两人各拉一支弹簧秤,当钢尺拉到标准拉力时,在零分划端部的观测员将两根尺的零分划线之间的差值读出,估读至 0.5mm。如此反复 3 次,如果互差不超过 2mm,取中数作为最后结果。由于拉力相同、温度相同,如果钢尺的膨胀系数也相同,两根钢尺的长度之差值就是两钢尺的尺长方程式差值,这样就能根据标准钢尺的尺长方程式,计算出被检定钢尺的尺长方程式。

(2)基线检定法

如果钢尺的检定精度要求更高一些,可以在国家测绘机构已测定的已知精确长度的基准线场进行检定,用要检定的钢尺多次丈量的基线长度,推算出尺长改正数及尺长方程式。

设基线的长度为 D,丈量的结果为 D',钢尺的名义长度为 l_0,则尺长改正数 Δl 可用式(3-29)进行计算:

$$\Delta l = l_0 (D - D')/D' \tag{3-29}$$

再将式(3-27)计算的结果改正为标准温度 20℃ 时的尺长改正数,即可得到标准尺长方程式。

(五)钢尺丈量的误差分析与注意事项

1. 钢尺丈量的误差分析

工程测量实践证明:影响钢尺丈量距离精度的因素是多方面的,主要影响因素有:尺长误差、温度误差、拉力误差、倾斜误差、垂曲误差、定线误差和丈量误差等。

(1)尺长误差。钢尺的名义长度与实际长度不符,就会产生尺长误差,用这种钢尺所丈量的距离越长,则误差累积也越大。因此,新购买的钢尺必须进行检定,以求得尺长的改正值。

(2)温度误差。钢尺丈量距离时的温度与钢尺检定时的温度不同,将产生温度误差。试验证明:钢尺温度每变化 8.5℃,尺长将改变 1/10000,按照钢的线膨胀系数计算,温度每变化 1℃,丈量距离为 30m 时对距离的影响为 0.4mm。

在一般距离的丈量时,丈量温度与检定温度之差不超过 8.5℃ 时,可以不考虑温度误差。但对于精度要求较高的距离丈量,必须进行温度改正。

(3)拉力误差。钢尺在丈量时的拉力与检定时的拉力不同而产生误差。试验证明:拉力变化 68.6N,尺长将改变 1/10000。30m 长度的钢尺,当拉力改变 30 ~ 50N 时,引起的尺长误差为 1 ~ 1.8mm。

在用钢尺丈量距离的过程中,如果能保持拉力的变化在30N范围内,对于一般的距离丈量不必进行改正。对于精度要求较高的丈量,应使用弹簧秤,以保持钢尺的拉力与检定时的拉力基本相同。30m钢尺的拉力为100N,50m钢尺的拉力为150N。

(4)倾斜误差。在用钢尺丈量起伏地面、需要采用"水平测量法"时,钢尺不能达到水平状态,而出现一定的倾斜,它与真实的水平距离必然存在误差。因此,丈量时必须使钢尺真正达到水平。

(5)垂曲误差。在用钢尺丈量两点间的距离时,如果钢尺的中间下垂成曲线,必然会出现一定的误差。因此在用钢尺丈量时,必须注意悬空钢尺中间应有人托住。

(6)定线误差。由于在定线中线路不直,所量得的距离是一组折线而产生的误差称为定线误差。丈量30m的距离,如果要求定线误差不大于1/2000,则钢尺端部偏离方向线的距离就不应超过0.47m;如果要求定线误差不大于1/10000,则钢尺端部偏离方向线的距离就不应超过0.21m。

在一般的钢尺丈量中,用标杆目测定线就可以满足要求,但对于精度要求较高的距离丈量,必须采用经纬仪定线。

(7)丈量误差。在丈量时垂球落点不准或测钎位置不对、两个操作者配合不好及读数不准确等产生的误差均属于丈量误差。这种误差对丈量结果的影响可正可负,大小不定。因此,在操作时应认真仔细、配合默契,以尽量减少丈量误差。

2. 钢尺丈量的注意事项

(1)在伸展钢卷尺时,要小心缓慢拉,钢尺不可卷扭、打结。如果发现有扭曲、打结情况,应细心解开,不能用力拉扯和抖动,否则容易造成折断。

(2)在进行正式丈量前,应辨认钢尺的零点端和末尾端。在进行丈量时,钢尺应逐渐用力拉平、拉直、拉紧,不能突然猛拉。在丈量过程中,钢尺的拉力应始终保持规定的拉力。

(3)在转移钢尺时,两个操作者应将钢尺抬起,不应在地面上拖拉摩擦,以免磨损钢尺面上的分划;钢尺伸展开后,不能让车辆从钢尺上碾轧,否则很容易损坏钢尺。

(4)测钎应对准钢尺上的分划并垂直插入,如插入土中有困难,可在地面上标志一个明显记号,并把测钎尖端对准记号。

(5)单程丈量完毕后,两个操作者应检查各自手中的测钎数目,避免出现错误。一个测回丈量完毕,应立即检查限差是否合乎要求。如果不符合要求,应当重新进行丈量。

(6)丈量工作结束后,要认真检查所用钢尺的情况,有损坏的地方要维修好,再用软布擦干净钢尺上的灰尘和水,然后涂上机油,以防止生锈。

二、视距测量

视距测量是用望远镜内十字丝分划板上的视距丝及刻有厘米分划的视距标尺,根据光学和三角学原理测定两点间的水平距离和高差的一种方法。视距测量的特点是:操作简便、速度较快、不受地形限制,但测量的精度比较低,一般相对误差为1/300～1/200,高差测量的精度也低于水准测量和三角高程测量,它主要适用于地形测量中的碎部测量中。

(一)视距测量的原理

在水准仪和经纬仪等仪器的望远镜十字丝分划板上,有两条平行于水平横丝且与横丝等距的短丝,这两条横丝称为视距丝,也称为上下丝。利用视距丝、视距标尺和竖直盘可以进行视距测量,如图3-80所示。

视距测量根据测量时视线的状态不同,可分为视线水平时的视距测量和视线倾斜时的视距测量。

1. 视线水平时的视距测量

视线水平时的视距测量,要测出地面上A、B两点之间的水平距离及高差,先在A点处安置仪器,在B点立视距标尺。将望远镜视线调至水平位置瞄准标尺,这时视线与视距标尺垂直。下丝在标尺上的读数为a,上丝在标尺上的读数为b(设为倒像望远镜),上丝与下丝读数的差值称为视距间隔n,则$n = a - b$。视线水平时的视距测量,如图3-81所示。

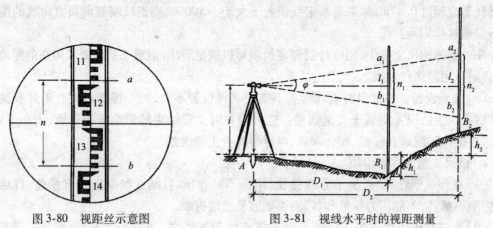

图3-80　视距丝示意图　　　　　图3-81　视线水平时的视距测量

由于视距间隔n是一个固定的值,因此,从两条视距丝引出去的视线在竖直面内的夹角φ是一个固定的角值,由图3-81中可知,视距间隔n和立标尺点离开测站的水平距离D成线性关系,如式(3-30)所示:

$$D = Kn + C \tag{3-30}$$

式中的K和C分别为视距乘常数和视距加常数,在仪器制造时,使$C = 0$、$K = 100$。因此,当视线水平时,水平距离可用式(3-31)进行计算:

$$D = Kn = 100n = 100(a - b) \tag{3-31}$$

从图3-81中还可以看出,量取仪器高i之后,便可以根据视线水平时的横丝读数l(也称中丝读数),用式(3-32)计算两点间的高差:

$$h = i - l \tag{3-32}$$

如果A点的高程H_A为已知,则可按式(3-33)计算B点的高程H_B:

$$H_B = H_A + i - l \tag{3-33}$$

2. 视线倾斜时的视距测量

当地面上的A、B两点的高差较大时,必须使视线倾斜一个竖直角α,才能在标尺上进行视距读数,这时视线不垂直于视距标尺,就不能用以上公式计算视距和高差。

如图 3-82 所示,设想将标尺以中丝读数 l 这一点为中心,转动一个 α 角,使标尺仍与视准轴垂直,此时上、下视距丝的读数分别为 b' 和 a',则其视距间隔 $n' = a' - b'$,倾斜距离为:

$$D' = Kn' = K(a' - b') \tag{3-34}$$

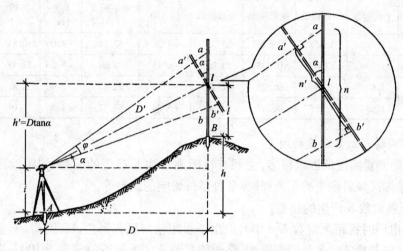

图 3-82　视线倾斜时的视距测量

将倾斜距离 D' 化为水平距离 D,可用式(3-35)进行计算:

$$D = D'\cos\alpha = Kn\,\cos\alpha \tag{3-35}$$

由于通过视距丝的两条光线的夹角 φ 很小,所以 $\angle aa'l$ 和 $\angle bb'l$ 可近似地视为直角,则可得式(3-36):

$$n' = n\,\cos\alpha \tag{3-36}$$

将式(3-36)代入式(3-35),可得到视准轴倾斜时水平距离计算公式(3-37):

$$D = Kn\,\cos^2\alpha \tag{3-37}$$

同理,由图 3-82 可知,A、B 两点之间的高差可用式(3-38)计算:

$$h = h' + i - l \tag{3-38}$$

(二)视距测量的观测和计算

(1)如图 3-82 所示,在 A 点处安置仪器,量取仪器高 i,在 B 点处竖立视距标尺。

(2)用盘左或盘右,转动望远镜瞄准 B 点上的视距标尺,分别读取上、中、下丝在标尺上的读数 b、l、a,计算出视距间隔 $n = a - b$。

在实际视距测量操作中,为了使计算方便,在读取视距时,可使下丝或上丝对准标尺上一个整分米处,直接在尺上读出标尺的间隔 n,或者在瞄准读中丝时,使中丝读数 l 等于仪器高 i。

(3)转动竖直度盘指标水准管的微动螺旋,使竖直度盘指标水准管气泡居中,读取竖直度盘读数,并计算竖直角 α。

(4)将上述观测数据分别记入视距测量计算表中相应的栏内,见表 3-7。再根据视距标尺间隔 n、竖直角 α、仪器高 i 和中丝读数 l,按式(3-37)和式(3-38)计算出水平距离 D 和高差 h。最后根据 A 点的高程 H_A 计算出测点 B 的高程 H_B。

表 3-7　视距测量计算表

测站：　　　　　　　　　　　测站高程：　　　　　　　　　仪器高：　　　　　　　　　仪器：

日期：　年　月　日　　　　　视线高：　　　　　　　　　　观测者：　　　　　　　　　记录者：

点号	下丝读数	上丝读数	中丝读数	视距间隔	竖盘读数	竖直角	水平距离（m）	高差（m）	高程（m）	备注
1	1.718	1.192	1.455	0.526	85°32′	+4°26′	52.28	+4.06	10.51	
2	1.944	1.346	1.645	0.598	83°45′	+6°15′	59.09	+5.26	12.71	$\alpha = 90° - L$
3	2.153	1.627	1.890	0.526	92°13′	−2°13′	52.52	−2.46	3.96	
4	2.226	1.684	1.955	0.542	84°36′	+5°24′	53.72	+4.56	11.01	

（三）影响视距测量精度的因素

影响视距测量精度的因素很多，主要有视距乘常数 K 产生的误差、视距丝读取标尺间隔误差、测量标尺倾斜产生的误差、外界各种条件影响的误差等。

1. 视距乘常数 K 产生的误差

在仪器出厂时视距乘常数 $K = 100$，但由于视距丝间隔有误差，视距标尺有系统性的刻画误差，以及仪器检定的各种因素影响，都会使视距乘常数 K 不一定等于 100。视距乘常数 K 值的误差对视距测量的影响比较大，不能用相应的观测方法予以消除，所以在使用新仪器前，应认真检定视距乘常数 K 值。

2. 视距丝读取标尺间隔误差

视距丝的读数是影响视距精度的重要因素，视距丝的读数误差与标尺最小分划的宽度、距离的远近、成像的清晰情况等有关。在视距测量中一般是根据测量的精度要求来限制最远视距，并选择与精度要求相应的标尺。

3. 测量标尺倾斜产生的误差

视距计算的公式是在视距标尺严格垂直的条件下得到的。如果视距标尺因未垂直而发生倾斜，将给测量带来不可忽视的误差影响。因此，测量时竖立的标尺一定要竖直。在山区测量作业时，由于地表有一定坡度往往给人一种错觉，使标尺不易竖立垂直，所以应选用带有水准装置的视距标尺。

4. 外界各种条件影响的误差

（1）大气竖直折光的影响。在一般情况下大气密度是不均匀的，特别在晴天接近地面部分的密度变化更大，这样很容易使视线产生弯曲，给视距测量带来误差。测量实践证明：只有在视线离开地面超过 1m 时，大气竖直折光的影响才比较小。

（2）空气对流使视距标尺成像不稳定。空气对流现象一般发生在晴天，视线通过水面上空和视线离地表太近时较为突出，成像不稳定造成读数的误差增大，对视距精度的影响也必然很大。

（3）风力使标尺产生抖动。在测量中如果风力较大，尺子很可能因立不稳而发生抖动，当分别在两根视距丝上读数，但又不可能严格在同一个时间时，对视距间隔将产生较大影响。

减少以上外界各种条件影响的唯一办法，是根据对视距精度的要求而选择合适的天气进行测量作业。

三、电磁波测距

电磁波测距仪是高精度测距常用的仪器之一。它与传统的测距工具和方法相比,具有高精度、高效率、测程长、作业快、强度低、不受地形限制等优点。

按测距的精度不同,测距仪可分为超高精度测距仪、高精度测距仪和一般精度测距仪。《城市测量规范》(CJJ 8—2011)规定,可将测距仪精度类型划分为一、二、三级:其测距中误差均为15mm;其测角中误差分别为不大于5mm、8mm 和12mm。电磁波测距仪分为微波测距仪和光电测距仪。目前,测量工程中主要采用以红外光作载波的电磁波测距仪,即红外测距仪。

按测距的方式不同,测距仪可分为脉冲式测距仪、相位式测距仪和混合式测距仪,最常见的是脉冲式测距仪和相位式测距仪。征波测距仪、激光测距仪、红外测距仪和多载波测距仪,均属于相位式测距仪。

(一)电磁波测距的原理

目前,电磁波测距仪的品种和型号很多,但它们的测距原理基本相同,分为脉冲式和相位式两种。

1. 脉冲式光电测距仪测距的原理

脉冲式光电测距仪是通过直接测定光脉冲在待测距离两点间往返传播的时间 t,从而测定测站至目标的距离 D,其原理如图 3-83 所示。

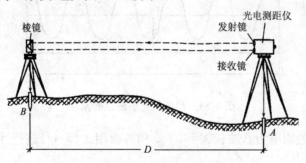

图 3-83　脉冲式光电测距仪测距原理

用脉冲式光电测距仪测定 A、B 两点间的距离 D 时,在 A 点处安置测距仪,在 B 点处安置反射棱镜。由测距仪发射的光脉冲经过距离 D 到达反射棱镜,再反射回仪器的接收系统,如果设所需时间为 t,则所测得的距离可按式(3-39)求得:

$$D = C t/2 \tag{3-39}$$

式中　C——光波在大气中的传播速度,$C = C_0/n$;

　　C_0——光波在真空中的传播速度,为一常数,$C_0 = (299792458 \pm 1.2)$m/s;

　　n——大气的折射率,是温度、湿度、气压和工作波长的函数,即 $n = f(t_1, e_1, p_1, \lambda)$。

由以上可得:
$$D = C_0 t/2 n \tag{3-40}$$

从式(3-40)中可以看出,在能精确测定大气折射率 n 的条件下,光电测距仪的测距精度取决于测定光波的往返传播时间的精确度。由于精确测定光波的往返传播时间比较困难,因此脉冲式光电测距仪的精度很难提高。目前我国生产的脉冲式光电测距仪,一般多为厘米精度范围,对于精度要求较高的测距,应采用相位式光电测距仪。

2. 相位式光电测距仪测距的原理

相位式光电测距仪是通过光源发出连续的调制光,通过往返传播产生相位差,间接地计算出传播的时间,从而再计算出两点间的距离。我国常用的相位式光电测距仪,主要是红外测距仪。

红外测距仪以砷化镓(GaAs)发光二极管作为光源。如果给砷化镓发光二极管注入一定的恒定电流,它所发出的红外光的光强恒定不变;如果改变注入电流的大小,砷化镓发光二极管发射的光强也会随之变化,注入的电流大,光强就强,注入的电流小,光强就弱。如果在发光二极管上注入的是频率为 f 的交变电流,则其光强也将按频率 f 发生变化,这种光称为调制光。相位式光电测距仪发出的光就是连续的调制光。

调制光波在待测距离上往返传播,其光强变化一个整周期的相位差为 2π,将仪器从 A 点发出的光波在测距方向上展开,如图 3-84 所示。很显然,返回 A 点时的相位比发射时延迟了 φ 角,其中包含了 N 个整周($2\pi N$)和不足一个整周的尾数 $\Delta\varphi$,φ 角可用式(3-41)计算:

$$\varphi = 2\pi N + \Delta\varphi \tag{3-41}$$

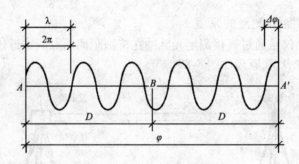

图 3-84　相位式光电测距的原理

如果调制光波的频率为 f,波长 $\lambda = C/f$,φ 角可改用式(3-42)进行计算:

$$\varphi = 2\pi Ct/\lambda \tag{3-42}$$

将式(3-41)代入式(3-42),可得:

$$t = \lambda/C(N + \Delta\varphi/2\pi) \tag{3-43}$$

将式(3-43)代入式(3-39),可得:

$$D = \lambda/2(N + \Delta\varphi/2\pi) \tag{3-44}$$

(二)红外测距仪及其使用

目前国内外生产的红外测距仪型号很多,虽然其基本工作原理和结构大致相同,但具体操作方法是有所差异的。在建筑工程测量中,最常用的是日本索佳 REDmini2 测距仪、ND3000 红外相位式测距仪。

1. 日本索佳 REDmini2 测距仪

(1)REDmini2 测距仪的构造

日本索佳 REDmini2 测距仪,常安置在经纬仪上同时进行使用。测距仪的支架座下有插孔及制动螺旋,可以使测距仪牢固地安装在经纬仪的支架上。测距仪的支架上有垂直制动螺旋和微动螺旋,可以使测距仪在竖直面内俯仰转动。测距仪的发射接收目镜内有十字分划板,可用来瞄准反射棱镜。REDmini2 测距仪的构造,如图 3-85 所示。

反射棱镜通常与照准觇牌一起安置在单独的基座上,如图 3-86 所示。当测程较近时(通常在 500m 以内)用单棱镜,当测程较远时(超过 500m)可换三棱镜组。

(2)REDmini2 测距仪的安置

1)在测站点上首先安置好经纬仪,其安置高度应比单纯测量角度时低 25cm 左右,以便再安置测距仪。

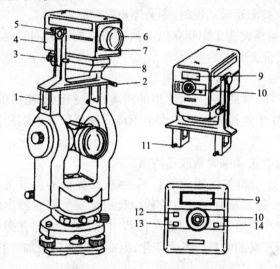

图 3-85 REDmini2 测距仪的构造
1—支架座;2—水平方向调节螺旋;
3—垂直微动螺旋;4—测距仪主机;
5—垂直制动螺旋;6—发射接收镜物镜;
7—数据传输接口;8—电池;9—显示窗;
10—发射接收镜目镜;11—支架固定螺旋;
12—测距模式键;13—电源开关;14—测量键

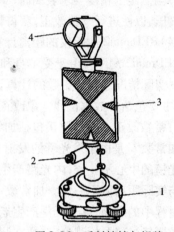

图 3-86 反射棱镜与觇牌
1—基座;2—光学对中目镜;
3—照准觇牌;4—反射棱镜

2)将测距仪安装到经纬仪的上方,安装时要将支架座上的插孔对准经纬仪支架上的插栓,并确实拧紧固定螺旋。

3)在主机底部的电池夹内装入电池盒,然后按下电源的开关键,当显示窗内显示"8888888"约 2s 时,表明仪器开始自检;当再显示出"-30.000"时,表示自检结果正常。

4)在待测距的测点上安置反射棱镜,用基座上的光学对中器对中,整平基座,使觇牌面和棱镜面对准测距仪所在的方向。

5)在以上安装和操作完成后,还要对每个步骤进行仔细检查,特别是测距仪安装在经纬仪上是否确实固定牢靠、基座是否整平、觇牌和棱镜面是否对准测距仪。

(3)REDmini2 测距仪的距离测量

1)用经纬仪望远镜中的十字丝中心瞄准目标点上的觇牌中心,读取竖直度盘读数,计算出竖直角 α 的大小。

2)上、下转动测距仪,使其望远镜的十字丝中心对准棱镜的中心,在左、右方向上如果未对准棱镜中心,则调整支架上的水平方向调节螺旋,使其必须对准。

3）在测距仪开机后，如果仪器收到足够的回光量，则会在显示窗的下方显示"﹡"号。如果"﹡"号不显示，或者显示暗淡，或者忽隐忽现，则表示未收到回光或回光不足，应重新瞄准棱镜。

4）当显示窗的下方显示"﹡"后，可以按测量键，发出短促的音响，表示正在进行测量，显示测量记号"Δ"，并不断地闪烁，测量结束时，又发出短促的音响，显示测得斜距。

5）初次测距显示后，应继续进行距离测量和斜距数值显示，直至再次按测量键，即可停止测量。

6）如果要进行跟踪测距，则在按下电源开关键以后，再按测距模式键，则每 0.3s 显示一次斜距值（其最小显示单位为 cm），再次按测距模式键时，则会停止跟踪测量。

7）当测距的精度要求较高时（即相对精度为 1/10000 以上），则应在测距的同时测定气温和气压，以便进行气象改正，获得精度符合要求的测距。

（4）REDmini2 测距仪的距离计算

REDmini2 测距仪由于受本身和外界因素的影响，所测得的距离只是斜距的初步值，还要根据实际情况进行改正数的计算，这样才能得到正确的水平距离。测距仪对所测距离的改正，主要包括常数改正和气象改正。

1）常数改正。常数改正包括加常数改正和乘常数改正两项。

加常数 C 是由于发光管的发射面、接收面与仪器的中心不一致；反光镜的等效反射镜与反光镜的中心不一致；内光路产生相位延迟及电子元件的相位延迟使得测距仪测出的距离值与实际距离值不一致。加常数一般在仪器出厂时预置在仪器中，但由于仪器在搬运和使用过程中的震动、电子元件产生老化等，其加常数会发生变化，因此还会有剩余加常数，这个常数要经过仪器检测确定，并在测距中加以改正。

仪器的乘常数 R 主要是指仪器实际的测尺频率与设计的频率有了变化，使测出的距离存在着随距离而变化的系统误差，其比例因子称为乘常数。仪器的乘常数 R 也应通过检测确定，并在测距中加以改正。

2）气象改正。当测量距离大于 2km 或环境温度变化较大时，应当进行气象改正计算。由于各类测距仪采用的波长及标准温度不尽相同，气象改正公式中的个别系数也略有不同。REDmini2 红外测距仪以 $t = 15℃$、$P = 101.3kPa$ 为标准状态。在一般大气状态下，REDmini2 红外测距仪的气象改正可按式（3-45）计算：

$$\Delta D = D(278.96 - 0.3872p)/(1 + 0.00366t) \tag{3-45}$$

式中　ΔD——距离的改正值（mm）；

　　　D——测量的斜距（km）；

　　　p——气压值（mmHg，1mmHg = 133.322Pa）；

　　　t——摄氏温度（℃）。

2. ND3000 红外相位式测距仪

ND3000 红外相位式测距仪是我国研制生产的一种先进测距仪，这种测距仪自带望远镜，望远镜的水平视准轴、发射光轴和接收光轴同轴，有垂直制动螺旋和微动螺旋，可以安装在光学经纬仪上或电子经纬仪上。

在测量距离时，测距仪瞄准棱镜进行测距，经纬仪瞄准棱镜测量竖直角，通过测距仪面板上的键盘,将经纬仪测量出的天顶距输入到测距仪中,可以计算出水平距离和高差。ND3000 红外相位式测距仪的外表,如图 3-87 所示。

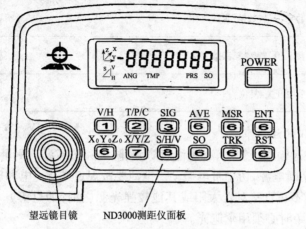

图 3-87　ND3000 红外相位式测距仪示意图

ND3000 红外相位式测距仪具有单次、连续、平均、跟踪等功能,仪器的测距精度比较高,其跟踪测量时间为 0.8s、连续测量时间为 3s。在输入温度和气压数值后,仪器可自动进行气象修正。大气折光和地球曲率的影响,可以在水平距离和高差测量中自动补偿。

ND3000 红外相位式测距仪的键盘操作,如表 3-8 所示。

表 3-8　ND3000 红外相位式测距仪的键盘操作

键　盘	功　能	说　明
V/H 1	数字"1"置数键、竖直角和水平角输入	
T/P/C 2	数字"2"置数键、温度、气压、棱镜常数、手动减光"－"	
SIG 3	数字"3"置数键、电池电压、光强	
AVE 4	数字"4"置数键、平均测距、手动减光"＋"	
MSR 5	数字"5"置数键、连续测距	
ENT —	送负号、置数、清除输入键	
POWER —	开机、关机	
$X_0Y_0Z_0$ 6	数字"6"置数键、输入测站坐标	
X/Y/Z 7	数字"7"置数键、显示未知点坐标(以测站为参考点)	
S/H/V 8	数字"8"置数键、斜距 S、平距 H、高差 V 转换	

键　盘	功　　能	说　明
SO 9	数字"9"置数键、定线放样	
TRK 0	数字"0"置数键、跟踪测量	
RST ▢	照明开关、复位	

（三）使用测距仪的注意事项

（1）测距仪器在运输和保管中，必须注意防潮、防振和防高温。测量距离完成后应立即关机。迁站时应先切断电源，切忌带电搬动。电池要按规定进行充电和放电保养。

（2）测距仪物镜不可直接对着太阳或其他较强光源（如探照灯等），以免损坏光敏二极管，在阳光下进行测距时必须用伞遮光。

（3）要特别注意雨水淋湿仪器，以免发生短路，烧毁电气元件。

（4）设置的测站应远离变压器和高压线等，以防止强电磁场的干扰，影响测量的精度。

（5）在测量距离的作业中，应避免测线两侧及镜站后方有反光物体，如房屋门窗玻璃、汽车挡风玻璃等，以免因反光干扰产生较大的测量误差。

（6）测量的线路应高出地面和离开障碍物 1.3m 以上。

（7）要选择有利的观测时间，在一般天气情况下，一天的上午日出后 0.5～1.5h，下午日落前 0.5～3h，为最佳观测时间。在阴天和有微风时，全天都可以进行观测。

第四章　民用建筑施工的测量

民用建筑是指供人们居住、生活和进行社会活动用的建筑物,如住宅、医院、办公楼和学校等,也是在建筑工程中占比例最大的一类建筑。民用建筑按其层数多少,分为单层、低层、多层和高层四类。

第一节　民用建筑施工测量概述

为使民用建筑按照设计要求进行施工,以确保其工程质量,在整个施工过程中都要进行施工测量。由于民用建筑的类型、结构和层数各不相同,因而施工测量的方法和精度要求也有所不同。民用建筑的施工测量,就是在施工中按照设计要求将民用建筑的平面位置和高程测设出来。

工程实践证明,民用建筑施工测量的过程,主要包括建筑物定位、细部轴线放样、基础施工测量和墙体工程施工测量等。在进行施工测量之前,除了按要求检验好所用的测量仪器工具外,还应当做好一些必要的准备工作。

一、熟悉建筑工程设计图纸

设计图纸是工程施工测量和竣工验收的主要依据。在进行施工测量前,应充分熟悉各种有关的设计图纸,了解施工建筑物与相邻地物的相互关系,了解施工建筑物的形状、规格、尺寸及本身内部关系,了解与相邻建筑物之间的相互关系,从设计图纸中准确无误地获取测量工作所需要的各种定位数据。

根据民用建筑施工测量的实践,与施工测量工作有关的设计图纸,主要包括建筑总平面图、建筑平面图、基础平面图及基础详图、立面图及剖面图等。

(一)建筑总平面图

建筑总平面图是表明一项建筑工程总体布置情况的图纸,它是在建设基地的地形图上,把已有的、新建的和拟建的建筑物、构筑物以及道路、绿化等,按照与地形图同样比例绘制出来的平面图。某建筑工程总平面图,如图4-1所示。

在建筑总平面图中给出了建筑场地上所有建(构)筑物和道路的平面位置及其主要点的坐标,标出了相邻建(构)筑物之间的尺寸关系,注明了各建筑室内地坪的设计高程,是确定建筑物总体位置和高程的重要依据。

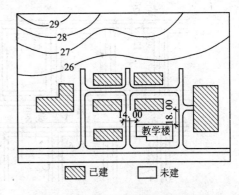

图4-1　某建筑工程建筑总平面图

(二)建筑平面图

建筑平面图是建筑施工图的基本样图,它是假想用一个水平的剖切面沿门窗洞位置,将房屋剖切后,对剖切面以下部分所作的水平投影图。建筑平面图反映出房屋的平面形状、大小和布置,墙、柱的位置、尺寸和材料,门窗的类型和位置等。

在建筑平面图中标明了建筑物首层、标准层等各楼层的总尺寸,以及楼层内部各轴线之间的尺寸关系,如图 4-2 所示。建筑平面图是测设建筑物细部轴线的依据。

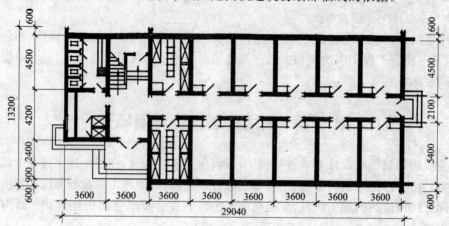

图 4-2　某建筑工程建筑平面图

(三)基础平面图及基础详图

假想在建筑物底层室内地面下方作一个水平剖切面,将剖切面下方的构件向下作水平投影,则为建筑物的基础平面图。基础详图主要表明基础各组成部分的具体形状、大小、材料及基础埋深等,通常用断面图表示,并与基础平面图中被剖面的相应符号和代号一致。

在基础平面图及基础详图中,标明了基础形式、基础平面布置、基础中心(中线)位置、基础横断面形状及大小、基础不同部位的设计标高等,它是测设基槽(坑)开挖边线和开挖深度的依据,也是基础定位及细部放样的依据。某工程基础平面图及基础详图,如图 4-3 所示。

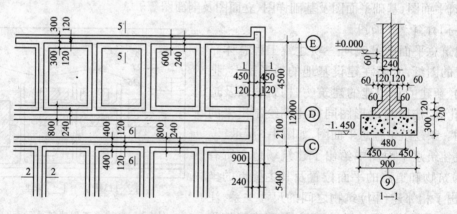

图 4-3　某工程基础平面图及基础详图

(四)立面图和剖面图

在建筑工程的立面图和剖面图中,标明了室内地坪、门窗、楼梯平台、楼板、屋面及屋架等部位的设计高程,这些高程通常是以 ±0.000 标高作为起算点的相对高程,它是测校建筑物各部位高程的依据。某建筑工程立面图和剖面图,如图 4-4 所示。

熟悉设计和施工图纸是施工测量的重要技术准备工作,也是对设计工作质量的检查和评价。在熟悉以上各类图纸的过程中,应当认真核对各种图纸上相同部位的尺寸是否一致,同一图纸上总尺寸与各有关部位尺寸之和是否一致,以免在施工测量中发生错误。

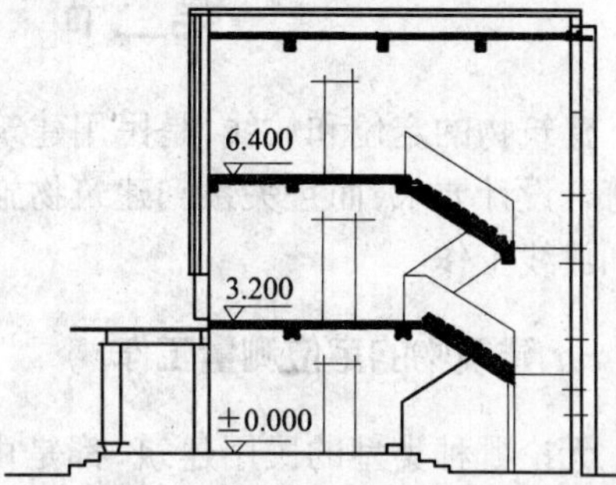

图 4-4 某建筑工程立面图和剖面图

二、进行施工现场踏勘工作

进行施工现场踏勘工作是施工测量前的一项非常重要的基础工作。施工现场踏勘工作主要是了解建筑施工现场上的地物、地貌及原有测量控制点的分布情况,并对建筑施工现场上的平面控制点和高程水准点进行校核,通过检测查明各点位与资料是否一致,若发现矛盾或不符应查明原因,以便获得正确的测量数量。

三、确定测量方案和测设数据

在熟悉设计图纸、掌握施工计划和工程进度的基础上,结合施工现场条件和实际情况,在满足《工程测量规范》(GB 50026—2007)的建筑物施工放样的主要技术要求的前提下,拟订施工测量方案。施工测量方案主要包括:测设方法、测设步骤、采用的仪器工具、测量精度要求、测量时间安排等。

在每次进行施工现场测设之前,应根据设计图纸和测量控制点的分布情况,准备好相应的测设数据,并对数据进行校核,需要时还要绘制出测设略图,并将测量的数据标注在略图上,使现场测设时更方便、快速,并减少出错的可能。

定位测量一般是测设建筑物的四个大角,即如图 4-5(a)所示的 1、2、3、4 点,其中第 4 个点是虚点。首先应根据有关数据计算其坐标,然后根据 A、B 点的已知坐标和 1 ~ 4 点的设计坐标,计算出各点的测量角度值和距离值,以备施工现场测设用。如果采用全坐标法进行测设,只需要准备好各角点处的坐标即可。

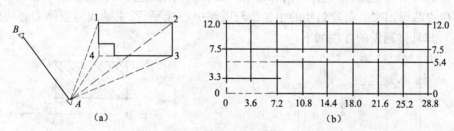

图 4-5 测设数据草图
(a)测设建筑物的 4 点;(b)绘标有测设数据的草图

在测设细部轴线点时,一般要用经纬仪进行定线,然后以主轴线点为起点,用钢尺依次测设次要轴线点。在准备测设数据时,应根据其建筑平面的轴线间距(如图 4-2 所示),计算每条次要轴线至主轴线的距离,并绘出标有测设数据的草图,如图 4-5(b)所示。

第二节　建筑物的定位和放线

建筑物的定位和放线,是民用建筑施工测量中的重要内容,不仅关系到建筑物的位置是否符合设计要求,而且关系到建筑物施工成败和施工安全。因此,必须高度重视建筑物的定位和放线工作。

一、建筑物的定位测量工作

无论哪种类型的民用建筑,都是由若干条轴线组成的,其中控制整个建筑物的一条轴线,通常称为主轴线。工程施工实践证明,只要建筑物的主轴线确定,建筑物的位置也随之确定。因此,建筑物的定位测量,实际上就是根据设计条件,将建筑物四周外轮廓轴线的交点测设到地面上,作为基础放线和细部轴线放线的基本依据。

由于建筑物的设计要求和现场条件不同,其定位测量方法也有所不同。归纳起来,建筑物的定位测量方法,主要有以下几种。

（一）根据建筑红线进行定位

建筑红线也称"建筑控制线",指在城市建设的规划管理中,控制城市道路两侧沿街建筑物或构筑物(如外墙、台阶等)靠临街面的界线。这是规划部门给设计单位或施工单位规定新建筑物的边界位置,任何临街建筑物或构筑物不得超过建筑红线。

如图 4-6 中的Ⅰ、Ⅱ、Ⅲ三点,为由规划部门在地面上标定的建筑边界点,这三个点的连线Ⅰ—Ⅱ、Ⅱ—Ⅲ称为建筑红线。建筑物的主轴线 AB 和 BC 就是根据建筑红线而进行测设的。由于建筑物的主轴线和建筑红线一般相平行或垂直,所以用直角坐标法来测设建筑物的主轴线是比较方便的。

如果 A、B、C 根据建筑红线在地面上标定以后,还应在 B 点处架设经纬仪,复核检查角度 $\angle ABC$ 是否为直角或等于设计的角度,距离 AB、BC 也要进行测量,检查是否等于设计长度。如果误差在容许范围内,可以进行合理调整。

（二）根据道路中心进行定位

如果设计图上只给出新建筑物与道路的相互关系,而没有提供建筑物定位点的坐标,其周围也没有测量控制点、建筑方格网和建筑基线可供利用,这样可根据道路中心线将新建筑物的定位点测设出来。新建筑物的主轴线与道路中心线平行,主轴线与道路中心线的距离见图 4-7,其具体测设的方法如下:

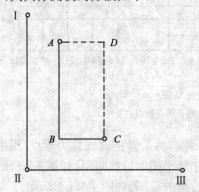

图 4-6　根据建筑红线测设建筑物主轴线

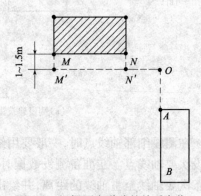

图 4-7　根据原有道路的关系定位

（1）在每条道路上选两个合适的位置，分别用钢尺测量出该处道路的宽度，并找出道路的中心点 C_1、C_2、C_3 和 C_4。

（2）分别在 C_1、C_2 这两个中心点上安置经纬仪，测设出 $90°$ 的角度，用钢尺测设水平距离 $12m$，在地面上得到道路中心线的平行线 T_1T_2。用同样的方法，可以做 C_3 和 C_4 的平行线 T_3T_4。

（3）用经纬仪向内部延长或向外部延长这两条线，它们的交点即为拟建建筑物的第一个定位点 P_1，再从 P_1 沿长轴方向量取 $50m$ 做 T_3T_4 的平行线，即得到第二个定位点 P_2。

（4）分别在定位点 P_1 和 P_2 点处安置经纬仪，测设 $90°$ 角和水平距离 $20m$，在地面上定出 P_3 和 P_4 点。分别在 P_1、P_2、P_3 和 P_4 点上安置经纬仪，检查复核角度是否为 $90°$，用钢尺丈量四角轴线的长度，检查复核长轴是否为 $50m$，短轴是否为 $20m$。

（三）根据测量的控制点定位

当建筑施工场地上已布设有测量控制点，并且知道新建筑物主轴线点的坐标，就可以根据测量控制点测设建筑物的主轴线。

当建筑施工场地上的控制网为矩形网或建筑方格网时，可用直角坐标法测设建筑物的主轴线。

当建筑施工场地上的控制网为三角网、导线网或其他形式的控制网时，可采用极坐标法、角度前方交会法、长度交会法等方法测设建筑物的主轴线。

（四）根据原有建筑物进行定位

在现有的建筑群内新建或扩建时，设计图上通常给出了拟建建筑物与原有建筑物的位置关系，拟建建筑物的主轴线就可以根据给定的数据在现场测设。根据原有建筑物进行定位，如图4-8所示。

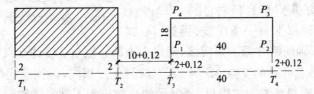

图 4-8　根据原有建筑物进行拟建建筑物定位示意

图4-8中，拟建建筑物的外墙边线与原有建筑物的外墙边线在同一条直线上，两栋建筑物的间距为 $10m$，拟建建筑物四周长轴为 $40m$，短轴为 $18m$，轴线与外墙边线间距为 $0.12m$。可按下述方法测设建筑物的四条主轴线：

（1）沿着原有建筑物的两侧外墙拉线，用钢尺顺着拉线从墙角往外量出一段较短的距离（这里设为 $2m$），在地面上定出 T_1 和 T_2 点，T_1 和 T_2 的连线即为原有建筑物的平行线。

（2）在 T_1 点处安置经纬仪，照准 T_2 点，用钢尺从 T_2 点沿着视线方向量取 $10m + 0.12m$，在地面上定出 T_3 点，再从 T_3 点沿着视线方向量取 $40m$，在地面上定出 T_4 点，T_3 和 T_4 的连线即为拟建建筑物的平行线，其长度即等于长轴的尺寸。

（3）在 T_3 点处安置经纬仪，照准 T_4 点，逆时针测设 $90°$，在视线方向上量取 $2m + 0.12m$，在地面上定出 P_1 点，再从 P_1 点沿着视线方向量取 $18m$，在地面上定出 P_4 点。同理，在 T_4 点处安置经纬仪，照准 T_3 点，顺时针测设 $90°$，在视线方向上量取 $2m + 0.12m$，在地面

上定出 P_2 点,再从 P_2 点沿着视线方向量取 18m,在地面上定出 P_3 点。则 P_1、P_2、P_3 和 P_4 点即为拟建建筑物的四个定位轴线点。

(4)在 P_1、P_2、P_3 和 P_4 点上安置经纬仪,检查校核四个大角是否为 90°,用钢尺丈量四条轴线的长度,检查校核长轴是否为 40m,短轴是否为 18m。

二、建筑物的施工放线工作

建筑物的主轴线测设好以后,建筑物的位置已经确定。建筑物的施工放线是根据建筑物的主轴线控制点或其他控制点,首先将建筑物的外墙轴线交点测设到实地上,并用木桩进行固定,桩顶上钉上小铁钉作为标志,然后再测设出其他各轴线交点位置,再根据基础宽度和放坡,标出基槽开挖线的边界。建筑物的施工放线方法如下。

(一)测设细部轴线交点

如图 4-9 所示,Ⓐ轴、Ⓔ轴、①轴和⑦轴是建筑物的四条外墙主轴线,其轴线交点Ⓐ1、Ⓔ7、Ⓔ1 和Ⓔ7 是建筑物的定位点,这些定位点已在地面上测设完毕,各主次轴线间隔如图 4-9 所示,现在要测设次要轴线与主轴线的交点。其具体的测设步骤如下:

(1)在Ⓐ1 点处安置经纬仪,照准Ⓐ7 点,把钢尺的零点端对准Ⓐ1 点,沿着视线的方向拉钢尺,在钢尺上读数等于①轴和②轴间距(4.2m)的地方打下木桩,打木桩时要经常用仪器检查桩顶部是否偏离视线方向,钢尺读数是否还在桩顶上,如果有偏移要及时进行调整。

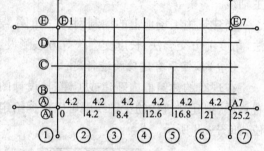

图 4-9　测设细部轴线交点示意图

(2)将木桩打好并检查合格后,用经纬仪视线指挥在桩的顶部上画一条纵线,再拉好钢尺,在读数等于轴间距处画一条横线,两线交点即Ⓐ轴与②轴的交点Ⓐ2。

(3)在测设Ⓐ轴与③轴的交点Ⓐ3 时,其方法与上述相同,但注意仍然要将钢尺的零点端对准Ⓐ1 点,并沿着视线方向拉钢尺,而钢尺的读数应为①轴和③轴间距(8.4m),这种做法可以减小钢尺对点误差,避免轴线总长度增长或减短。

(4)重复以上做法,依次测设Ⓐ轴与其他有关轴线的交点。测设完最后一个交点后,用钢尺检查各相邻轴线桩的间距是否等于设计值,误差应小于 1/3000。

(5)测设完Ⓐ轴上的轴线后,用同样的方法测设Ⓔ轴、Ⓔ1 轴和Ⓔ7 轴的轴线点。

(二)龙门板的定位测设

在一般的民用建筑中,常在基槽开挖线外的一定距离处设置龙门板,作为施工中的基本依据。如图 4-10 所示,测设龙门板的步骤和要求如下:

(1)根据地基的土质和开挖槽的深度,在建筑物的四角和中间定位轴线基槽开挖线 1.5~3.0m 处设置龙门桩,桩要钉得竖直、牢固,桩外侧面应与基槽平行。

(2)根据施工场地内设置的水准仪,用水准仪将 ±0.000 标高测设在每个龙门桩的外侧上,并画出横线标志。如果施工现场条件不允许,也可以测设比 ±0.000 标高低一些或高一些的标高线,同一建筑物最好采用一个标高,如果因地形起伏较大必须用两个标高时,一定要标注清楚,以免使用时发生错误。

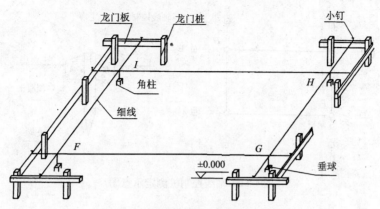

图 4-10　测设龙门板与龙门桩示意图

（3）在相邻两个龙门桩上钉上木板（龙门板），龙门板的上沿应和龙门桩上的横线对齐，并使龙门板的顶面标高在一个水平面上，其标高均为 ±0.000，或者比 ±0.000 高低一定数值，龙门板顶面标高的误差应控制在 ±5mm 以内。

（4）将经纬仪安置在 F 点，瞄准 G 点，沿着视线方向在 G 点附近的龙门板上定出一点，并钉上小铁钉标志（称轴线钉）。倒转经纬仪上的望远镜，沿着视线在 F 点附近的龙门板上钉上一个小铁钉。用同样的方法可将各轴线都引测到各相应的龙门板上。所测的轴线点的误差应小于 ±5mm。如果建筑物较小，则可用垂球对准桩点，然后沿着两垂球线拉紧线绳，把轴线延长并标记在龙门板上。

（5）用钢尺沿着龙门板顶面检查轴线钉之间的距离，其精度应达到 1：2000 ~ 1：5000。经检查合格后，以轴线钉为准，将墙边线、基础边线、基槽开挖边线等标定在龙门板上。标定基槽上口开挖宽度时，应按有关规定考虑边坡的尺寸。

（三）轴线控制桩的测设

由于龙门板需要较多的木料，且需要占用较大的场地，使用机械开挖时容易被破坏，因此也可以在基槽或基坑外备轴线的延长线上测设轴线控制桩，作为以后恢复轴线的依据。即使采用了龙门板，为了防止在施工中被碰动，对于主要轴线也应测设轴线控制桩。

轴线控制桩也称为引桩，可以作为以后恢复轴线的依据。轴线控制桩的位置应避免施工干扰和便于引测，一般设置在开挖边线 4m 以外的地方，并用水泥砂浆进行加固；如果是附近有固定建筑物和构筑物，应将轴线设置在这些物体上，使轴线更容易得到保护，以便今后能方便恢复轴线。

为了保护轴线控制桩，先在设计的位置打下木桩，在木桩的顶部钉上小铁钉，准确地标定轴线位置（如图 4-11 所示）。轴线控制桩的引入测量主要采用经纬仪法，当引测到较远的地方时，要注意两次测量取中数法来引测，以减少引入测量误差和避免错误的出现。

（四）撒开挖边线

基槽开挖宽度如图 4-12 所示。先按基础剖面图绘出的设计尺寸，用公式（4-1）计算基槽开挖宽度 2d。

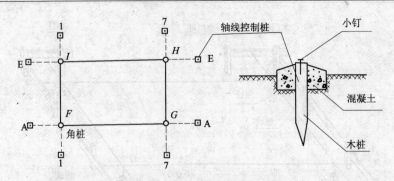

图 4-11 轴线控制桩测定示意图

$$d = D + m \cdot h \qquad (4-1)$$

式中 D——基底的宽度（m），可由基础剖面图中查取；

m——边坡坡度的分母数；

h——基槽的深度（m）。

根据计算结果，在地面上以轴线为中线往两边各量出 d，拉线并撒上白灰，即为基槽的开挖边线。如果是基坑开挖，则只需按最外围墙体的基础宽度、深度及边坡确定开挖边线。

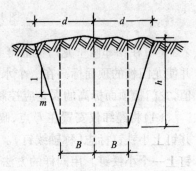

图 4-12 基槽开挖边线示意图

第三节 建筑物基础施工测量

建筑物基础是指建筑物的入土部分，它的作用是将建筑物的总荷载传递给地基。基础的埋置深度是设计部门根据多种因素确定的，因此，基础施工测量的任务就是控制基槽的开挖深度和宽度，在基础施工结束后，还要测量基础是否水平，其标高是否达到设计要求，检查四角是否符合图纸中的规定等。

建筑物基础施工测量，主要包括基槽开挖深度控制、基础垫层的弹线、基础标高的控制、基础面标高检查和基础面直角检查。

一、基槽深度的控制

为了控制基槽的开挖深度，当基槽开挖到接近槽底设计高程时，应在槽壁上测设一些水平桩，使水平桩的顶表面离槽底设计高程为某一整分米数（如 5dm），用以控制开挖基槽深度，也可作为槽底部清理和浇筑基础垫层时掌握标高的依据。

一般是在基槽各拐角处、深度变化处和基槽壁上每隔 3 ~ 4m 测设一个水平桩，然后拉上白线，线下 0.50m 即为槽底的设计高程。基槽水平桩的测设如图 4-13 所示。

测设水平桩时，以画在龙门板或周围固定地物的 ±0.000 标高线为已知高程点，用水准仪进行测设，小型建筑物也可用连通水管法进行测设。水平桩上的高程误差应在 ±10mm 以内。在进行测设时，沿着基槽壁上下移动水准尺，当读数达到计算的数值时，沿尺子的底部水平地将桩打进槽壁，然后检查校核水平桩的标高，如超限便进行调整，直至误差在规定范围以内。

二、基础垫层的弹线

基础垫层面标高的测设,可以水平桩为依据在基槽壁上弹线,也可在基槽底打入垂直桩,使桩顶标高等于垫层面的标高。如果垫层需要安装模板,可以直接在模板上弹出垫层面的标高线。

基础垫层浇筑完毕后,根据轴线控制桩或龙门板上的中心铁钉、墙边线、基础边线等标志,用经纬仪把上述轴线测设到垫层上,如图 4-14 所示。在基槽挖至规定的标高并清理后,将经纬仪安置在轴线控制桩上,瞄准轴线另一端的控制桩,即可把轴线测设到槽底,作为确定槽底边线的基准线,根据这些基准线在垫层上用墨线弹出墙体边线。由于这些线是基础施工的基准线,此项工作非常重要,不得出现差错,弹线后要严格进行校核。

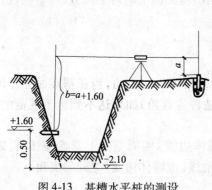

图 4-13　基槽水平桩的测设

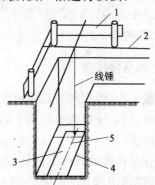

图 4-14　基槽底口和垫层轴线测设

1—龙门板;2—细线;3—垫层;
4—基础边线;5—墙体中线

三、基础标高的控制

建筑物基础(±0.000 以下)的高程控制,是用基础上设置的木杆(即皮数杆)来控制的,如图 4-15 所示。基础上的木杆用一根木杆制成,在上注明 ±0.000 的位置,按照设计尺寸将砖和灰缝的厚度在杆子上一一标注出来,此外还应注明防潮层和预留洞口的标高位置。

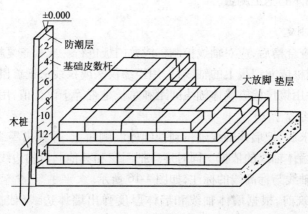

图 4-15　基础皮数杆

在立皮数杆时,可先在立杆处打一个木桩,用水准仪在木桩侧面测设一条高于垫层设计标高某一数值的水平线,然后将皮数杆上标高相同的一条线与木桩上的水平线对齐,并用大铁钉把皮数杆和木桩钉在一起,作为砌筑基础墙的标高依据。对于采用钢筋混凝土的基础,可用水准仪将设计标高测设于模板上。

四、基础面标高检查

基础施工结束后,应检查基础面是否水平,其标高是否满足设计要求。检查的方法是:在基础上适当位置安置水准仪,分别在基础的四角和其他轴线交点竖立水准仪,如果水准仪上的读数相同,则说明基础面是水平的,否则基础面是不平的。

将水准仪安置在一个位置,同时观测若干点之间的高差,从而判断所有测点是否水平,这在施工测量中称为"找平"或"抄平"。水准仪测出基础面上的若干高程,与基础设计标高相比较,允许误差为±10mm。

五、基础面直角检查

设计实践证明,绝大部分建筑物都呈矩形,其四角应当为直角,当在基础面上弹出了轴线或墙体边线以后,应检查基础面上的轴线四角是否为直角,如果达不到施工规范的要求,应及时进行纠正。

基础面直角检查的具体方法是:在轴线(或墙体边线)四周交点上安置经纬仪,以一个边的轴线(或墙体边线)定向,测定另一个边上的轴线(或墙体边线)之间的夹角。

第四节　建筑墙体的施工测量

墙体工程的施工测量是建筑物施工测量的重要组成,是确保建筑位置和层高准确的关键。在墙体工程的施工测量中,主要是掌握墙体轴线测定、墙体标高测设、墙体轴线投测和墙体标高传递。墙体轴线测定和墙体标高测设是一层所进行的工作,墙体轴线投测和墙体标高传递是二层以上所进行的工作。

一、一层楼房墙体的施工测量

(一)墙体轴线测定

基础工程经检查合格后,应对轴线控制桩或龙门板进行一次检查复核,经复核确实无误后,可根据轴线控制桩或龙门板上的轴线钉,用经纬仪法或拉线法把首层楼房墙体的轴线测设到防潮层上,然后用钢尺检查墙体轴线间距和总长是否等于设计值,用经纬仪检查外墙轴线四个主要交角是否等于90°。

经检查符合要求后,把墙体轴线延长到基础外墙侧面上,并弹出墨线和做出标志,作为向上测量各层楼房墙体轴线的依据。同时还应把门窗和其他洞口的边线也在基础外墙侧面上做出标志。墙体轴线与标高线的标注,如图4-16所示。

在进行墙体砌筑前,根据墙体轴线和墙体厚度弹出墙体边线,依据此线进行墙体砌筑。砌筑到一定高度后,用吊线将基础外墙侧面上的轴线引测到地面以上的墙体上,以免基础覆土后看不见轴线标志。如果轴线处是钢筋混凝土柱子,则在拆除柱子模板后将轴线引测到柱子上。

（二）墙体标高测设

在进行墙体砌筑时，其标高用墙身"皮数杆"控制。在"皮数杆"上根据设计尺寸，按照砖和灰缝的厚度画线，并标明门窗、过梁和楼板等的标高位置。杆上标高注记应从 ±0.000 向上增加。墙身"皮数杆"的设置，如图 4-17 所示。

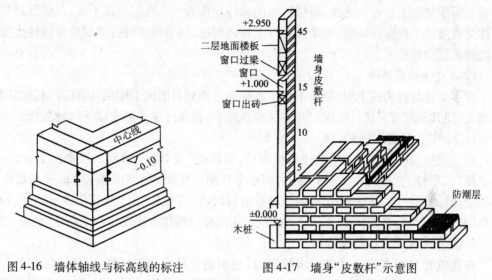

图 4-16 墙体轴线与标高线的标注　　　图 4-17 墙身"皮数杆"示意图

墙身"皮数杆"一般立在建筑物的拐角和内墙处，固定在木桩或基础墙上。为了施工方便，采用里脚手架时，墙身"皮数杆"应立在墙的外边；当采用外脚手架时，墙身"皮数杆"应立在墙的里边。在立墙身"皮数杆"时，先用水准仪在立杆处的木桩或基础墙上测设出 ±0.000 标高线，测量误差在 ±3mm 以内，然后把墙身"皮数杆"上的 ±0.000 与该线对齐，用垂直线校正后用铁钉钉牢，必要时可在墙身"皮数杆"上加两根斜撑，以保证其稳定和牢固。

墙体砌筑到一定高度后（一般为 1.5m 左右），应在内、外墙面上测设出 +0.500 标高的水平墨线，称为" +50 线"。外墙的" +50 线"作为向上传递各楼层标高的依据，内墙的" +50 线"作为室内地面施工及室内装修的标高依据。

二、二层以上墙体的施工测量

（一）墙体轴线投测

在每层楼面施工完成后，为了保证继续往上砌筑墙体，使墙体的轴线均与基础的轴线在同一铅垂面上，应将基础或一层墙面上的轴线测设到楼面上，并在楼面上重新弹出墙体的轴线，经过检查无误后，以此作为弹出墙体的边线，以便依此往上进行砌筑。

对于多层建筑，从下往上进行轴线测设的基本方法是：将较重的垂球悬挂在楼面的边缘，并慢慢地进行移动，使垂球的尖对准地面上的轴线标志，或者使垂球线下部垂直墙面方向与底层墙面上的轴线标志对齐，垂球线的上部楼面边缘的位置就是墙体轴线位置，在此画一条短线作为标志，便在楼面上得到轴线的一个端点，用同样的方法测设另一个端点，两个端点的连线即为墙体的轴线。

建筑物的主轴线一般都要测设到楼面上来,在弹出墨线之后,再用钢尺检查轴线间的距离,其相对误差不得大于1/3000。经检查符合要求后,再以这些主轴线为依据,用钢尺测设出其他细部的轴线。在测量比较困难的情况下,至少要测设两条垂直相交的主轴线,经检查交角确实达到90°时,再用经纬仪和钢尺测定其他主轴线,然后根据主轴线测设细部轴线。

由于垂球悬挂受风的影响比较大,因此应在无风或风小的时候作业,测设时应等待垂球稳定后再在楼面上定点。此外,每层楼面的轴线均应直接由底层测设上来,以保证建筑物的总体竖直度。工程实践证明,只要注意以上所讲问题,用垂球法进行多层楼房的轴线测设其精度能满足设计要求。

(二)墙体标高传递

在多层建筑物的施工中,要由下往上将标高传递到新的施工楼层,以便控制新楼层的墙体施工,使其标高符合设计要求。在多层建筑物中,标高传递一般有以下两种方法:

1. 利用"皮数杆"传递标高

在一层楼房墙体砌筑完毕并建好楼面后,可以把"皮数杆"移到二层楼面上继续使用。为了使"皮数杆"立在同一个水平面上,用水准仪测定楼面四个角的标高,取平均值作为二楼的地面标高,并在立杆处绘出标高线。在立杆时将"皮数杆"的±0.000线与该线对齐,然后以"皮数杆"为标高的依据进行墙体砌筑。用同样的操作方法逐层往上传递高程。

2. 利用钢尺丈量法传递标高

在建筑物对标高传递精度要求较高时,可用钢尺从底层的+50标高线起往上直接丈量,把标高传递到第二层上,然后根据传递上来的高程测设第二层的地面线,以此为依据立"皮数杆"。在墙体砌筑到一定高度后,用水准仪测设该层的+50标高线,再往上一层的标高可以此为准用钢尺传递。

第五章　工业建筑施工的测量

工业建筑施工的测量是工程施工测量的重要组成部分,实质上是把图纸上设计好的各种工业建筑,按照设计的要求测设到相应的地面上,并设置相应的各种标志,作为施工的基本依据,用以衔接和安排各工序的施工,使建成的工程符合设计的要求。

第一节　工业建筑施工测量概述

根据我国现有的工业建筑工程,工业建筑的类型可分为单层和多层、装配式和现浇整体式。单层工业厂房以装配式为主,采用预制的钢筋混凝土柱子、吊车梁、屋架、大型屋面板等构件,在施工现场进行安装。

为保证工业建筑各种构件就位的正确性,在工业建筑施工中应进行以下测量工作:(1)厂房矩形控制网的测设;(2)厂房柱子轴线的放线;(3)杯形基础的施工测量;(4)厂房构件及设备安装测量等。工业建筑测量的准备工作,与民用建筑基本相同。此外,还应做好"制定厂房控制网的测设方案"和"绘制厂房控制网的测设略图"等工作。

一、制定厂房控制网的测设方案

工业厂房一般是跨度和空间较大的建筑,对于预制构件的安装精度要求比较高。因此,工业建筑厂房测设的精度要高于民用建筑,而厂区已有控制点的密度和精度,往往不能满足厂房测设的要求。因此,对于每个厂房,还应在原有控制网的基础上,根据厂房施工对测量精度的要求,设置独立的矩形控制网,作为厂房施工测量的基本控制。

厂房矩形控制网的测设方案,通常是根据厂区的总平面图、厂区控制网、厂房施工图和现场地形情况等资料来制定的。工程实践证明:对于一般的中小型工业厂房,测设一个单一的厂房矩形控制网,就可以满足施工中测设的需要;对于大型工业厂房或设备基础复杂的工业厂房,为保证厂房各部分精度一致,一般应先测设一条主轴线,然后以这条主轴线测设出矩形控制网。

为使测量用的控制网点能在整个施工过程中应用,在确定主轴线点及矩形控制网的位置时,要考虑到控制点在施工中不被破坏,能够长期保存和使用,应避开地上和地下的管线,其位置应距离厂房基础开挖边线之外。

在测设矩形控制网的同时,还应测出距离指标桩的位置,距离指标桩的间距一般为厂房柱子距离的倍数,但不要超过测量中所用钢尺的整尺长度。

二、绘制厂房控制网的测设略图

厂房控制网的测设略图是厂房施工中的重要标准和基本依据,是决定厂房各预制构件安装精度的关键。厂房控制网的测设略图是依据厂区的总平面图、厂区控制网、厂房施工图等技术资料,按照一定的比例绘制的,如图 5-1 所示。

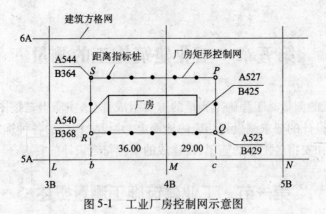

图 5-1　工业厂房控制网示意图

第二节　厂房矩形控制网的测设

厂房矩形控制网的测设,是工业厂房建筑测量中重要的环节,也是确保整个厂房施工质量的关键。不同类型的工业厂房,对矩形控制网的测设要求也不同。

一、中型及小型工业厂房矩形控制网的测设

单层工业厂房构件安装和生产设备安装,要求测设的厂房柱子轴线有较高的精度,因此,在进行厂房施工放样时,应先建立厂房矩形施工控制网,以此作为轴线测设的基本控制。

工程实践充分证明,对于单一的中型和小型工业厂房,测设一个简单矩形控制网即可满足施工放线的要求。工业厂房简单矩形控制网的测设,可以采用直角坐标法、极坐标法和角度交会法等。现以直角坐标法为例,介绍依据建筑方格网建立厂房控制网的具体方法(如图 5-2 所示)。

图中 M、N、Q、P 为厂房边轴线的四个交点,其中 M、Q 两点的坐标在总平面图上已标出。E、F、G、H 是布设在厂房基坑开挖线以外的厂房控制网的四个角桩,称为厂房控制桩。

在进行测设前,先由 M、Q 两点的坐标推算出控制点 E、F、G、H 的坐标,然后以建筑方格网 C、D 的坐标值为依据,计算测设数据 CJCKJEJFKHKG。在进行测设时,根据施工放样数据,从建筑方格网点 C 起始在 CD 方向上定出 J、K 点,然后将经纬仪分别放置在 J、K 点上,采用直角坐标法测设 JEF、KHG 的方向,根据测设数据定出厂房控制点 E、F、G、H,并用大木桩标定,同时测出距离指标桩。反复校核 $\angle EFG$、$\angle FGH$ 是否为 90°,其误差不应超过 10″;并精密丈量 EH、FG 的距离,与设计长度进行比较,其相对误差不应超过 1/10000。

二、大型及要求较高工业厂房矩形控制网的测设

对于大型工业厂房、机械化程度较高或有连续生产设备的工业厂房,需要建立主轴线较为复杂的矩形控制网。这种方法是先根据厂区控制网定出矩形控制网的主轴线,然后根据主轴线测设矩形控制网。其具体的测设步骤如下:

(1)主轴线的测量设置。以图 5-3 的十字轴线为例,首先将长轴 AOB 测定于地面,再以长轴为基线测 COD,并进行方向校正,使纵横两轴线必须达到垂直。轴线的方向调整好以

后,应以 O 点为起点,进行精密丈量距离,以确定纵横轴线各端点位置,其具体测量设置的方法与误差处理和主轴线法相同。

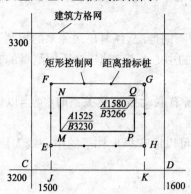

图 5-2　简单矩形控制网的测设

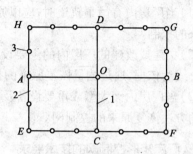

图 5-3　主轴线的测设

(2)矩形控制网的测设。在纵横轴线的端点 A、B、C、D 分别安置经纬仪,都以 O 为后视点,分别测设直角交会定出 E、F、G、H 四个角点。然后再精密丈量 AH、AE、BG……各段距离,其精度要求与主轴线相同。如果角度交会与测量距离的精度良好,则所测量距离的长度与交会定点的位置能相适应,否则应按照轴线法中所述方法进行调整。

为了便于以后进行厂房细部的施工放线,在测定矩形控制网的各边长度时,应按照测量方案确定的位置与间距测量设置距离指标桩。距离指标桩的间距一般是厂房柱子间距的整倍数,使指标桩正好位于厂房柱子行列线或主要设备中心线方向上。在距离指标桩上直线投点的容许偏差为 ±5mm。图 5-4 为某厂房建立的矩形控制网。

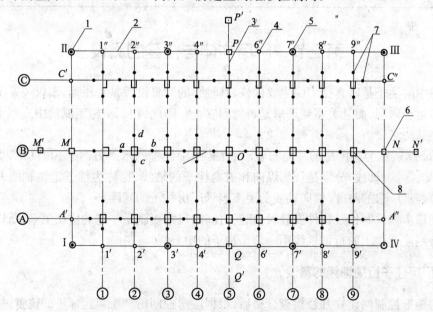

图 5-4　某厂房矩形控制网

1—矩形控制网的角柱;2—矩形控制网;3—主轴线;4—柱列轴线控制桩;
5—距离指标桩;6—主轴线桩;7—柱基中心线桩;8—柱基

119

在旧厂房进行扩建或改建时，最好能找到原有厂房施工时的控制点，作为扩建或改建时进行控制测量的依据；但原有的控制点必须与已有的吊车轨道及主要设备中心线联测，将实测的结果提交设计部门参考。

如果原厂的控制点都已经不存在，应按照下列不同情况，恢复厂房原来的控制网：

（1）当厂房内有吊车轨道时，应以原有吊车轨道的中心线为依据，然后用测量的方法恢复原来的控制网。

（2）扩建或改建的厂房内的主要设备与原有设备有联动或衔接关系时，应当以原有设备中心线为依据，通过测量恢复原来的控制网。

（3）当厂房内无大型或重要设备及吊车轨道时，可以原有厂房柱子的中心线为依据，用测量的方法恢复原来的控制网。

三、厂房矩形控制网的技术要求

厂房矩形控制网的测设，可分为Ⅰ、Ⅱ、Ⅲ三个等级，要求的技术指标包括：主轴线、矩形边长精度，主轴线交角容许差，矩形角容许差。厂房矩形控制网应满足表5-1中的技术要求。

表5-1　厂房矩形控制网的技术指标

矩形网的等级	矩形网的类别	厂房类别	主轴线、矩形边长精度	主轴线交角容许差	矩形角容许差
Ⅰ	主轴线矩形图	大型	1：500000、1：300000	±3″～±5″	±5″
Ⅱ	单一矩形网	中型	1：200000		±7″
Ⅲ	单一矩形网	小型	1：100000		±10″

第三节　厂房柱体与柱基的测设

厂房中的柱子是垂直受力的主要构件，其轴线的测量设置是否正确，不仅关系到厂房整体的安装是否顺利，而且关系到厂房是否稳固安全。因此，在厂房施工测量中应当十分重视柱体与柱基的测设。

如图5-5所示为某厂房的平面布置示意图，图中设置的水平方向Ⓐ、Ⓑ、Ⓒ轴线及垂直方向①、②、③、…轴线，分别是厂房纵向和横向柱子的轴线，也称为柱子定位轴线。纵向轴线的距离表示厂房的跨度，横向轴线的距离表示厂房柱子的间距。

由于厂房构件制作及构件安装时，相互之间的尺寸要满足一定的协调关系，所以柱基测设时要特别注意柱子的行列轴线不一定是柱子的中心线。

一、厂房柱子行列轴线的测设

厂房矩形控制网建立并经检查合格后，根据厂房控制桩和距离指标桩的位置，按照厂房的跨度和柱子间距，沿矩形控制网各边逐段测设出各柱子行列轴线端点的位置，并设轴线控制木桩，作为柱子基础测设和施工的依据，如图5-6所示。

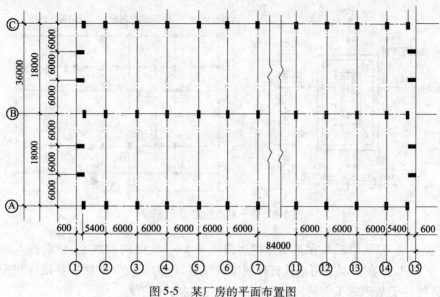

图 5-5 某厂房的平面布置图

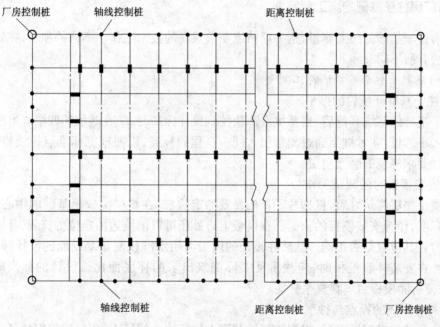

图 5-6 厂房轴线定位示意图

二、厂房柱子基础的测量设置

柱子基础的测设应以柱子行列轴线为基准线,按基础施工图中基础与柱子行列轴线的关系尺寸进行。现以图 5-7 中所示ⓒ轴与⑤轴交点处的基础详图为例,说明柱子基础的测设方法。首先将两台经纬仪分别安置在ⓒ轴与⑤轴一端的轴线控制桩上,瞄准各自轴线另一端的轴线控制桩,交会定出轴线交点作为这个基础的定位点,但这个定位点不一定是基础的中心点。

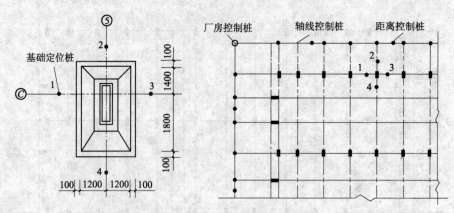

图 5-7　柱子基础的定位示意图

在定位点确定后,沿轴线在基础开挖边线以外 1～2m 处的轴线上,分别打入四个基础定位桩 1、2、3、4,并在桩顶上用小铁钉标明准确位置,作为基坑开挖后恢复轴线和安装模板的依据,并按柱子基础施工图的尺寸用白灰标出基础的开挖线。

三、厂房柱子基础的施工测量

厂房柱子基础的施工测量,是一项精度要求很高的技术工作。不同的柱子,在施工测量中的方法有所不同。

(一)混凝土杯形基础的施工测量

1. 柱子基坑开挖后的抄平

柱子基础的基坑开挖后,当基坑底部快挖到设计标高时,应在基坑的四壁或坑底边沿及中央打入小木桩,在木桩上通过测量引入同一高程的标高,以便根据标准点拉线修整坑底,并按设计要求浇筑混凝土垫层。

2. 安装模板时的测量工作

混凝土垫层浇筑好后,根据柱子基础设置的定位桩,在垫层上放出基础的中心线,并弹上墨线标明,作为安装模板的依据。在模板上口处还可以由坑边的定位桩拉线,并用吊垂球的方法检查其位置是否正确。然后在模板的内表面用水准仪测量基础面的设计标高,并画线标明。在安装杯底模板时,应注意使实际浇筑出来的杯底面比原设计的标高略低 3～5mm,以便拆除模板后填料修平杯底。

3. 杯口中线的投点与抄平

在柱子基础模板拆除后,根据矩形控制网上柱子中心线端点,用经纬仪把柱子中心投到杯口的顶面,并绘制上标志加以标明,以准备吊装柱子时使用(如图 5-8 所示)。

中线投点有两种方法:一种是将中线投到杯口上;另一种是将仪器置于中线上的适当位置,照准控制网上柱子基层中心线的两端点,采用"正倒镜法"进行投点。

为了将杯底修整平整,应在杯口内壁测设一标高线,该标高线应比基础顶面略低 3～5mm。与杯底设计标高的距离应为整分米数,以便根据这个标高修平杯底。

(二)钢质柱子基础的施工测量

钢质柱子定位与基坑底层修平的方法,均与混凝土杯形基础相同,特点是基坑较深而且基础下面有垫层和埋设地脚螺栓。其施工测量的方法与步骤如下:

1. 垫层中线投点和抄平

待垫层混凝土凝结并达到一定强度后,应在垫层面上测量定出中线点,并根据中线点弹出墨线,确定出地脚螺栓固定架的位置(如图5-9所示),以便下一步安置固定架,并根据中线安装模板。

在测量确定中线时,经纬仪必须安置在基坑一旁,仪器的视线才能看到坑底;然后照准矩形控制网上基础中心线的两端点,用"正倒镜法"先将经纬仪的中心导入中心线内,而后再进行投点。

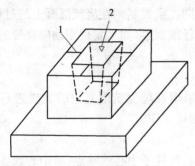

图5-8　桩基中线投点与抄平
1—柱子中心线;2—标高线

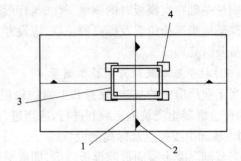

图5-9　地脚螺栓固定架的位置确定
1—墨线;2—中线点;
3—螺栓固定架;4—垫层找平位置

螺栓固定位置在垫层上绘出后,即在固定架的外框四角处测出四点的标高,以便用来检查并整平垫层混凝土表面,使混凝土垫层符合设计标高的要求,便于固定架的安装。如果基础过深,从地面上测定的基础底面标高尺寸不够长时,可以采取挂钢尺法解决。

2. 固定架中线投点与抄平

钢柱基础固定架的中线投点与抄平,是一项要求较高的工作,主要包括固定架的安置、固定架的抄平和中线的投点。

(1)固定架的安置。固定架是用钢材按要求制作的,用以固定地脚螺栓及其他埋设件的框架,使它们的位置准确(如图5-10所示)。根据垫层上的中心线和所画的位置,将固定架安置在垫层上,然后根据垫层上测定的标高点,用以找平地脚,将高出的混凝土凿去一部分,低的地方垫以小块钢板并与底层钢筋网焊牢,使其符合设计标高的要求。

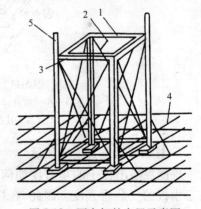

图5-10　固定架的安置示意图
1—固定架中线投点;2—拉线;
3—横架抄平位置;4—钢筋网;5—标高点

(2)固定架的抄平。固定架安置完毕后,用水准仪测出四根横梁的标高,以检查固定架的标高是否符合设计要求,其允许偏差为 −5mm,但不应高于设计标高。固定架标高满足要求后,将固定架与底层钢筋网焊牢,并加焊钢筋支撑,如果是深坑固定架,在其脚下需浇灌混凝土,使固定架稳固。

(3)中线的投点。在进行中线投点前,应对矩形边上的中心线端点进行检查,然后根据相应两端点,将中线投影测定于固定架的横梁上,并刻制上相应的标志。中线投点的偏差(相对于中线端点),一般控制在 ±1 ~ ±2mm 范围内。

3. 地脚螺栓的安装与标高测量

根据垫层上和固定架上测量确定的中心点，把地脚螺栓安放在设计位置。为了测定地脚螺栓的标高，在固定架的斜对角处焊上两根小角钢，在两角钢上通过测量确定同一数值的标高点，并刻画上相应的标志，其高度应比地脚螺栓的设计标高稍微低一些。然后在角钢两标点处拉一根细钢丝，以确定出地脚螺栓的安装高度，待螺栓安装好以后，测出螺栓第一丝扣的标高。地脚螺栓不宜低于设计标高，允许偏差控制在 +5 ～ +25mm 范围内。

4. 支模板与浇筑混凝土时的测量

钢柱基础在支模板时的测量工作，与杯形基础相同。重要基础在浇筑混凝土的过程中，为了保证地脚螺栓位置及标高的正确，应设专人进行仔细观察，如果发现变动应立即通知施工人员及时处理。

（三）柱子基础及柱身的施工测量

当工业厂房中的基础、柱身和上面的每层平台，采用现场浇筑混凝土的方法进行施工时，为配合混凝土浇筑施工顺利进行，应当进行下列测量工作。

1. 基础中线投点及标高测设

当基础混凝土凝固拆除模板以后，即根据控制网上的柱子中心线端点，将中心线投影测定在靠近柱子底部的基础面上，并在露出的钢筋上测定出标高点，以供在安装柱子模板时确定柱身的高度及对正中心之用，如图 5-11 所示。

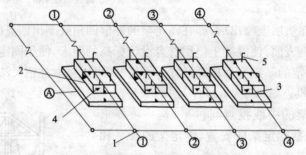

图 5-11　柱基础投点及标高测量示意图

1—中线端点；2—基础面上中线点；3—柱身下端中线点；

4—柱身下端标高点；5—钢筋上标高点

2. 柱子模板垂直度的测量

现浇混凝土柱子的垂直度如何，关键在于模板的安装垂直度。因此，在柱子模板支好后，必须用经纬仪检查柱子的垂直度。工程实践证明，由于施工现场通视困难，所以一般采用平行线投点法来进行检查，并将不符合要求的模板纠正。纠正模板的具体步骤如下：

（1）先在柱子模板的上端根据外框量出柱子的中心点，和柱子下端的中心点相连弹以墨线（如图 5-12 所示）。

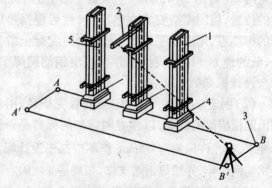

图 5-12　柱身模板垂直度校正

1—模板；2—木尺；3—柱中线控制点；

4—柱下端中线点；5—柱子中线

124

（2）以上步骤完成后，再根据柱子中心控制点 A、B 测设 AB 的平行线 A'B'，其间距为 1.0～1.5m。

（3）将经纬仪安置在 B' 点，并对准 A' 点。此时由一人在柱上拿着木尺，并将木尺横放，使尺子的零点水平地对正模板上端中心线。

（4）纵向转动望远镜仰视木尺，如果十字丝正好对准 1.0m 或 1.5m 处，则柱子模板正好垂直，否则应将模板向左或向右移动，达到十字丝正好对准 1.0m 或 1.5m 处为止。

如果因为施工现场通视困难，不能应用平行线法进行投点校正时，可先按照上述方法校正一排或一列首末两根柱子，中间的其他柱子可根据柱子各行或各列间的设计距离，丈量其长度加以校正。

3. 柱顶及平台模板的抄平

柱子模板经校正完全合格后，应再选择不同行列的二、三根柱子，从柱子下面已测好的标高点，用钢尺沿着柱身向上量距，测定二、三个同一高程的点于柱子上端模板上，然后在平台模板上设置水准仪，以测定的任一标高作为后视，进行柱子顶部标高的测定，再闭合于另一个标高点加以校核。

平台模板支好后，必须用水准仪检查平台模板的标高和水平情况，其具体操作方法与柱子顶部模板的校核基本相同。

4. 高层标高测定与柱中线投点

在第一层柱子与平台混凝土浇筑好以后，必须将中线及标高引到第一层的平台上，以作为施工人员安装第二层柱身模板和第二层平台模板的依据，依此类推。

高层的标高可根据柱子下面已有的标高点，用钢尺沿着柱身向上进行量距，直至符合设计要求的标高。向高层柱顶测定中线，其方法一般是将仪器置于柱子中心线端点上，照准柱子下端的中线点，然后仰视向上投点（如图 5-13 所示）。如果经纬仪与柱子之间的距离过短，仰角不便于中线投点时，可以将中线端点 A 用"正倒镜法"延长至 A'，然后将仪器置于 A' 处向上投点。

标高的测定及中线投点的测设，必须符合施工规范和设计的要求。其允许测量误差为：标高的测量为 ±5mm；纵横中心线投点，当投点高度在 5m 及 5m 以下时为 ±3mm，当投点高度超过 5m 时为 ±5mm。

（四）设备基础的施工测量

1. 设备基础的施工程序

工业厂房中设备基础施工一般有两种程序：一种是在厂房柱子基础和厂房部分建成后，再进行设备基础的施工。如果采用这种施工方法，必须将厂房外面的测量控制网在厂房墙体砌筑之前，引进厂房的内部并校正，重新布设一个内控制网，作为设备基础施工和设备安装放线的依据。

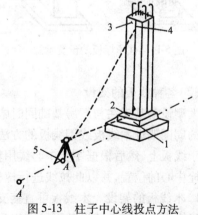

图 5-13 柱子中心线投点方法
1—柱子下端标高点；2—柱子下端中心线；
3—柱子上端标高点；
4—柱子上端中线投点；5—柱子中心线控制点

另一种是厂房柱子基础与设备基础同时施工，这样可以不建立内控制网，一般是将设备基础主要中心线的端点测定在厂房矩形控制网上。当设备基础安装模板或地脚螺栓时,局部架设木线板或钢线板,以测设地脚螺栓组的中心线。

2. 设备基础控制的设置

(1)内控制网的设置

厂房内控制网的设置应根据厂房矩形控制网测定,其投点的容许误差为 ±2 ~ ±3mm,内控制网标点一般应选在施工中不易被破坏稳定的柱子上,标点的高度最好一致,以便于测量距离及通视。标点的稀密程度,应根据厂房大小及设备分布情况而定,在满足施工定线的要求下,尽可能减少布点,尽量减少工作量。

不同规格的设备基础,其对内控制网的设置要求是不同的。在一般情况下,可按以下要求进行设置:

1)中小型设备基础内控制网的设置。这类设备基础内控制网的标志,一般采用在柱子上预埋标板,如图5-14所示。然后将柱子中心线测定于标板之上,以便构成内控制网。

2)大型设备基础内控制网的设置。大型连续生产设备基础中心线及地脚螺栓组的中心线很多,为便于施工放线,将槽钢水平地焊接在厂房钢柱上,然后根据厂房矩形控制网,将设备基础主要中心线的端点,测定于槽钢之上,以建立内控制网。

图5-15为内控制网的立面布置图。先在设备内控制网的厂房钢柱上测定相同高程的标点,其高度以便于测量距离为原则,用边长为 50mm × 100mm 的槽钢或 50mm × 50mm 的角钢,将其水平地焊牢于柱子上。为了使其牢固,可加焊角钢于钢柱上。柱子间的跨距较大时,钢材会发生一定的挠曲,可在中间加一木支撑。

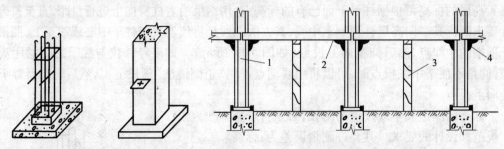

图5-14 柱子标板的设置示意

图5-15 内控制网的立面布置
1—钢柱;2—槽钢;3—木支撑;4—角钢

(2)各种线板的架设

大型设备基础在与厂房基础同时施工时,不可能再设置内控制网,而可采用在靠近设备基础的周围架设木线板或钢线板的方法。根据厂房矩形控制网,将设备基础的主要中心线测定于线板上,然后根据主要中心线用精密测量距离的方法,在线板上定出其他中心线和地脚螺栓中心的位置,并以此拉线进行螺栓的安装。

1)木线板的架设。木线板可直接支架在设备基础的模板外侧的支撑上,支撑必须安装牢固稳定。在支撑上铺设截面尺寸为 5cm × 10cm 表面刨光的木线板(如图5-16所示)。为了便于施工拉线安装地脚螺栓,木线板的高度应比基础模板高 5 ~ 6cm,同时纵横两方向的高度必须相差 2 ~ 3cm,以免在拉线时纵横两根钢丝在相交处相碰。

2)钢线板的架设。钢线板的架设是用预制钢筋混凝土小柱子作为固定架,在浇筑混凝土垫层时,将预制好的混凝土小柱埋设在垫层内(如图5-17所示)。在埋设混凝土小柱前,先在规定的位置将混凝土小柱表面凿开,露出钢筋,然后在露出的钢筋处焊上角钢斜撑,再在斜撑上焊上角钢作为线板。在架设钢线板时,最好靠近设备基础的外模,这样可依靠外模的支架顶托,以增加其稳固性。

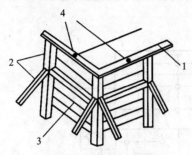

图 5-16　木线板的架设

1—5cm×10cm 木线板;2—支撑;3—模板;

4—地脚螺栓组的中心线点

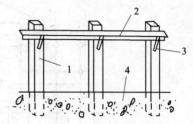

图 5-17　钢线板的架设

1—钢筋混凝土预制小柱子;2—角钢;

3—角钢斜撑;4—垫层

3. 设备基础的定位

(1)中小型设备基础的定位

中小型设备基础的定位方法与厂房基础的定位方法基本相同。在基础平面上,设备基础的位置是以基础中心线与柱子中心线关系来表示,这时测设的数据需将设备基础中心线与柱子中心线的关系,换算成与矩形控制网上距离指标桩的关系式,然后在矩形控制网的纵横对应边上测定基础中线的端点。对于采用封闭式施工的设备基础工程(即先建厂房而后进行设备基础施工),则根据内控制网进行基础的定位测量。

(2)大型设备基础的定位

大型设备基础的中心线较多,为了便于其测定,防止产生错误,在定位以前应根据设备基础设计原图绘制中心线测设图。将全部中心线及地脚螺栓组的中心线统一进行编号,并将设备基础与柱子中心线和厂房控制网上距离指标桩的尺寸关系注明。在进行大型设备基础的定位放线时,按照中心线测设图,在厂房控制网或内控制网对应边上测出中心线的端点,然后在距离基础开挖边线 1.0～1.5m 处定出中心桩,以便于设备基础的开挖。

4. 设备基础上层的放线工作

设备基础上层的放线工作,是一项非常重要的基础施工准备。这项工作主要包括:固定架设点、地脚螺栓安装抄平和模板标高测设等,其测设的方法与前面有关内容相同。但大型设备基础不仅地脚螺栓很多,而且大小类型和标高不一样,为使安装地脚螺栓时其位置和标高都符合设计要求,必须在测定前绘制地脚螺栓平面布置图(如图 5-18 所示),作为进行地脚螺栓测定的依据。

地脚螺栓平面布置图可直接从原图上描下来,也可根据工程实际重新绘制。如果此图只供检查螺栓标高用,上面只需要绘制出主要地脚螺栓组的中心线,地脚螺栓与中心线的尺寸关系可以不注明,只将同类的地脚螺栓进行分区编号,并在图的一侧绘制出地脚螺栓标高表,注明地脚螺栓的号码、数量、标高和混凝土面标高。

5. 设备基础中心线标板的埋设与投点

为便于设备的安装和确保施工质量,作为设备安装或砌筑依据的重要中心线,应按照下列规定埋设牢固的标板：

（1）对于联动设备基础的生产轴线，应埋设必要数量的中心线标板。

（2）对于重要设备基础的主要纵横中心线，应当埋设必要数量的标板。

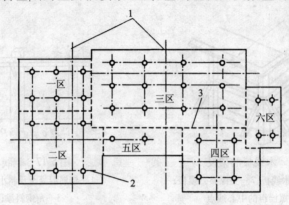

图 5-18 地脚螺栓平面布置及分区编号示意图

1—螺栓组的中心线；2—地脚螺栓；3—区界

（3）对于结构复杂工业炉的基础纵横中心线、环形炉及烟囱的中心位置等，应埋设必要数量的标板。

中心线标板可采用小钢板下面加焊两个锚固脚的型式（如图 5-19a 所示），或者采用直径为 18～22mm 的钢筋制作卡钉（如图 5-19b 所示），在基础混凝土未凝固前，将其埋设在中心线的位置（如图 5-19c 所示）。在埋设标板时，应使其顶面露出基础面 3～5mm，到基础的边缘为 50～80mm。如果主要设备中心线通过基础凹形部分或地沟时，则应埋设 50mm×50mm 的角钢或 100mm×50mm 的槽钢（如图 5-19d 所示）。

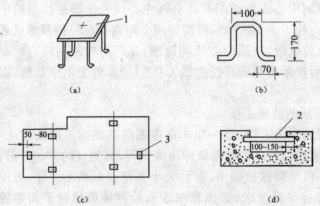

图 5-19 设备基础中心线标板的埋设（单位：mm）

1—60mm×80mm 钢板加焊钢筋脚；2—角钢或槽钢；3—中心线标板

中线投点的方法与柱子基础中线投点相同，即以控制网上中线端点为后视点，采用"正倒镜法"，将仪器移置于中线上，然后进行投点；或者将仪器置于中线一端点上，照准另一个端点，进行投点。

第四节 厂房预制构件安装测量

在单层工业厂房中,一般是先预制柱子、吊车梁、屋架和屋面板等构件,而后运至施工现场进行安装。工程实践证明,预制构件安装就位的准确度,不仅直接影响厂房的施工速度和质量,而且还影响厂房能否正常使用。因此,在厂房预制构件的安装中,关键的问题是搞好定位测量,以确保构件准确安装。工业厂房预制构件安装的允许误差见表5-2。

表5-2 工业厂房预制构件安装的允许误差

项 目			允许误差(mm)
杯形基础	中心线对轴线偏移		±10
	杯底安装标高		±10
柱子	中心线对轴线偏移		±5
	上下柱子接口中心线偏移		±3
	垂直度	≤5m	±5
		>5m	±10
		≥10m 多节柱	1/1000 柱子高度,且不大于20
	牛腿面和柱子高	≤5m	±5
		>5m	±8
梁或吊车梁	中心线对轴线偏移		±5
	梁上表面标高		±5

一、柱子的安装测量

工程实践充分证明:在工业厂房所有预制构件的安装过程中,预制柱子的安装就位是非常关键的,柱子的安装测量自然就成为非常重要的工序。

(一)柱子吊装前的准备工作

1. 基础杯口顶面及柱身弹线

柱子的平面就位及校正是利用柱身的中心线和基础杯口顶面的中心线进行对位实现的。因此,柱子在进行正式吊装前,应当根据轴线的控制桩,用经纬仪将柱子各列的轴线测设到基础杯口顶面上(如图5-20所示),并弹出墨线用红漆画上"▶"标志,作为柱子吊装时确定轴线的依据。

当柱子各列轴线不通过柱的中心线时,应在杯形基础顶面上加弹柱子中心线,同时,还要在杯口的内壁测设出比杯形基础顶面低10cm的一条 H_1 标高线,弹出墨线并用"▼"标志表示。

柱子在吊装之前,将柱子按轴线位置进行编号,并在柱子的三个侧面上弹出柱子的中心线,在每条中心线的上端和靠近杯口处画上"▶"标志,供校正垂直度时用。

2. 柱身长度的检查及杯底找平

柱子的牛腿是柱子最主要的承力面,其顶面要放置吊车梁和钢轨,还要吊运一定重量的物体,吊车运行时要求轨道要有严格的水平度,因此柱子牛腿顶面标高应符合设计标高的要求。如图5-21所示,检查时沿着柱子中心线,根据牛腿顶面标高 H_2 用钢尺量出 H_1 标高的位置,并量出 H_1 处到柱子最下端的距离,使之与杯口内壁 H_1 标高线到内壁底部的距离相比较,从而确定杯底需要找平的厚度。同时根据牛腿顶面标高在柱子下端量出 ±0.000 位置,并画出标志线。

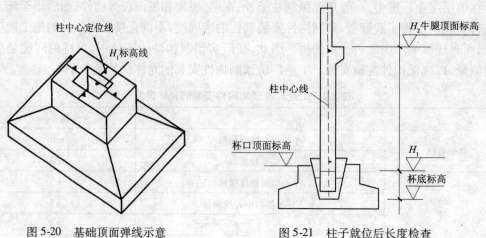

图 5-20　基础顶面弹线示意　　　　　　　图 5-21　柱子就位后长度检查

(二)柱子安装时的测量工作

当柱子被吊入基础的杯口里时,使柱子的中心线与杯口顶面柱中心定位线相吻合,并使柱身大体垂直后,用钢楔或硬木楔插入杯口中,用水准仪检测桩身已标定的 ±0.000 位置线,并复核中心线的对位情况,经检查符合精度要求后将楔块打紧,将柱子临时固定,然后再进行垂直度的校正。

如图 5-22 所示,在进行柱子垂直度校正时,应同时在纵、横柱子两列轴线上,与柱子的距离不小于 1.5 倍柱子高度的位置,分别放置一台经纬仪,先瞄准柱子的下部中心线,立即固定仪器的照准部,再仰视柱子上部的中心线,此时柱子中心线应在一条竖向视线上,如果有一定偏差,则说明柱子不垂直,应同时在纵、横两个方向上进行垂直度校正,直至双向都满足为止。

在柱子的实际吊装操作中,一般是先将成排的柱子吊入杯口并临时固定,然后再逐根进行垂直度的校正。如图 5-23 所示,先在一列柱子轴线的一端与轴线成 $\beta \leqslant 15°$ 的方向上安置经纬仪,在一个位置可先后进行多个柱子的校正。校正时应注意经纬仪瞄准的是柱子中心线,而不是基础杯口顶面的柱子定位线。对于变截面的柱子,校正时经纬仪必须安置在相应的柱子轴线上。

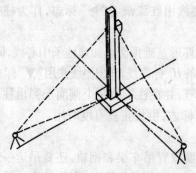

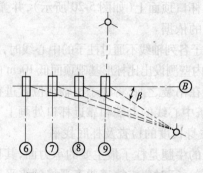

图 5-22　柱身垂直度的校正　　　　　　　图 5-23　多柱子垂直度的校正

柱子校正完毕后,应在柱子纵、横两个方向检测柱子的垂直度偏差,其偏差满足表5-2中的要求后,立即浇灌水泥砂浆或小石子混凝土固定柱子。

考虑到过强的日照会使柱子产生弯曲变形,在柱子顶部发生位移,当对柱子垂直度要求较高时,柱子垂直度的校正应尽量选择在早晨无阳光直射时进行。

二、吊车梁吊装测量

在吊车梁进行安装时,测量工作的任务是使柱子牛腿上的吊车梁的平面位置、顶面标高及梁端中心线的垂直度都必须符合要求。

为正确安装吊车梁,在吊车梁吊装之前,先在吊车梁的两个端面及顶面上弹出梁的中心线,然后将吊车轨道中心线测定于柱子牛腿侧面上,测定的方法如图5-24所示。

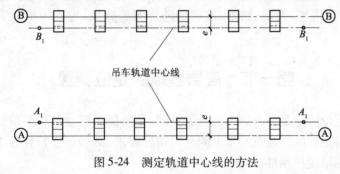

图 5-24　测定轨道中心线的方法

先计算出轨道中心线到厂房纵向柱子轴线的距离 e,再分别根据纵向柱子轴线两端的控制桩,采用平移轴线的方法,在地面上测设出吊车轨道中心线 A_1A_1 和 B_1B_1。将经纬仪分别安置在 A_1A_1 和 B_1B_1 一端的控制点上,严格进行对中整平,照准另一端的控制点,然后仰视望远镜,将吊车轨道中心线测定于柱子的牛腿侧面上,并弹出墨线。同时根据柱子 ±0.000 位置线,用钢尺沿着柱子侧面向上量出吊车梁顶面设计标高线,画出标志线作调整吊车梁顶面标高用。

在进行吊车梁吊装时,将梁上的端面就位中心线与柱子牛腿侧面的吊车轨道中心线对齐,则可完成吊车梁的平面就位。平面就位完成后,应进行吊车梁顶面标高的检查,即将水准仪置于吊车梁面上,根据柱子上吊车梁顶面设计标高线检查吊车梁顶面标高,不符合设计要求时应进行调整。

在进行吊车梁的位置校正时,应先检查、校正厂房两端的吊车梁平面位置,然后在已校正好的两端吊车梁间拉上细钢丝,以此来校正中间的吊车梁,使中间吊车梁顶面的就位中心线与钢丝线重合,两者的偏差应不大于 $\pm5\text{mm}$。在校正吊车梁平面位置的同时,用吊垂球的方法检查吊车梁的垂直度,不符合设计要求时应在吊车梁支座处加铁垫校正。

第六章　高层建筑的施工测量

随着城市化的飞速发展和科学技术的进步,人们的生活水平和居住条件不断提高,各种高建筑如雨后春笋快速发展。由于高层建筑具有体形大、层数多、高度高、造型多样、结构复杂、施工困难、设备繁多和装修标准高等特点,所以对施工测量提出了更高的要求。

在高层建筑工程施工测量中,对建筑物各部位的水平位置、轴线尺寸、垂直度和标高的要求都十分严格,对施工测量的精度要求也很高。为确保施工测量符合精度要求,应事先认真研究和制定测量方案,选用符合精度要求的测量仪器,拟订出各种误差控制措施,并密切配合工程进度,及时、快速、准确地进行测量放线,为下一步施工提供平面和标高依据。

第一节　高层建筑的定位测量

高层建筑的定位测量是整个施工测量的关键,是确保高层建筑平面位置和进行基础施工的重要环节。为达到高层建筑对施工测量的精度要求,必须建立符合施工放线要求的施工测量方格网和主轴线控制桩。

一、测设施工测量方格网

施工控制网的建立与高层建筑的施工方法密切相关,一般应在总平面布置图上进行设计。由于打桩、基础开挖和浇筑基础等施工环节对于控制网的影响较大,所以施工测量控制网应测设在基坑开挖范围以外一定距离,不仅要经常复测校核控制网,还要随着施工的进行,逐渐将控制点延伸到施工影响区域外和测量比较方便的地方。

目前,在高层建筑施工中,一般采用"升梁提模法"和钢结构吊装双梁平台整体同步提升等施工工艺。这时应根据控制点将控制轴线及时投测到建筑平面上,以便供安装模板和浇筑混凝土用。

图 6-1 为某高层建筑工程的施工控制网。图中的"○"为施工控制点,"▶"为轴线控制标志,作为施工控制方向。随着建筑物的不断升高,在施工控制点上设站测量轴线有困难,这时可利用延长至远方的轴线标志,再设站测设轴线。

为简化设计点的坐标计算和现场施工放样的方便,一般应建立独立的直角坐标系统,即高层建筑的施工坐标系,其坐标轴的方向应严格平行于建筑物的主轴线。

高层建筑施工现场上的高程控制点,应符合稳定、坚固和便于使用的原则,同时应联测到国家水准点或城市水准点上。为保证高程的准确性,在施工过程中应定期对水准点进行复测校核,以便发现问题及时纠正。

二、测设主轴线的控制桩

在施工控制方格网的四边上,根据建筑物主要轴线与方格网的间距,测定主要轴线的控制桩。在进行测设时,要以施工控制方格网各边的两端控制点为准,并用经纬仪定线和钢尺丈量距离来打桩定点。测设好这些轴线控制桩后,在高层建筑的施工过程中,便可方便、准确地确定建筑物的四个主要角点。

除了建筑物的四廊轴线外,建筑物的中轴线等重要的轴线,也应在施工控制方格边线上测设出来,与四廊的轴线一起称为施工控制方格网中的控制线,一般要求控制线的间距为30～50m。控制线的增多可为以后测设细部轴线带来方便,施工控制方格网控制线的测距精度应不低于1/100000,测角精度应不低于±10″。

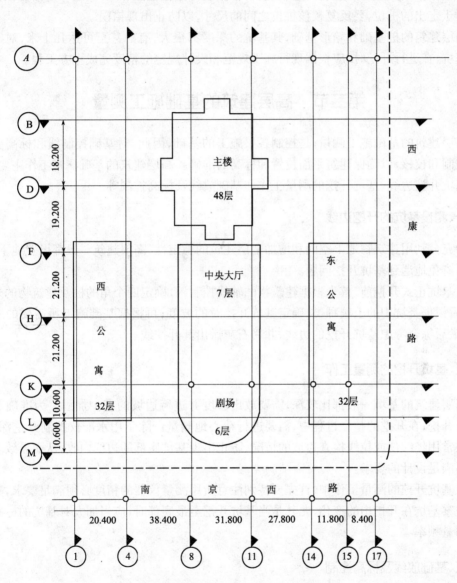

图 6-1　某高层建筑施工控制网示意图

如果高层建筑施工中准备采用经纬仪法进行轴线的测设,还应把测定轴线的控制桩,向更远处、更安全稳固的地方引测,这些控制桩与建筑物的距离应大于建筑物的高度,以避免用经纬仪测设时仰角太大,不便于进行观测。

三、建筑物主要轴线定位

软土地基地区的高层建筑常采用桩基，一般打入钢管桩或钢筋混凝土方桩。由于高层建筑的上部荷载主要由桩基承担，所以对于桩基位置要求比较高，按规定，钢管桩和钢筋混凝土桩的定位偏差不得超过 $0.5D$（D 为圆柱桩的直径或方桩边长）。为了准确地定出桩位，首先应根据控制点定出建筑物的主轴线，再根据设计的桩位图和尺寸，逐一定出各根桩的桩位。对于定出的桩位，要反复校核桩位之间的尺寸，以防止出现错误。

高层建筑的桩基础和箱形基础，其基坑的深度都很大，有的甚至可达几十米，对于这样的深基坑，在进行开挖时，应根据现行施工规范和设计规定的精度完成土方工程。

第二节　高层建筑的基础施工测量

高层建筑的基础施工测量，是控制各层施工的基础，因此，对基础控制线和标高要进行严格控制和校核，以确保建筑平面位置和标高的准确。高层建筑的基础测量工作主要包括：测设基坑开挖边线、基坑开挖的测量工作和基础放线及标高控制等。

一、测设基坑的开挖边线

为充分利用建筑物地下空间和增加上层建筑的稳定性，高层建筑一般都设置地下室，这就不可避免地遇到基坑开挖问题。

在基坑正式开挖前，首先根据建筑物的轴线控制桩，确定四个角的桩及建筑物的外围边线；然后根据基坑中的土壤种类，确定基坑开挖时的坡度；再根据基础施工所需要的工作面宽度，最后综合考虑基坑开挖的边线，并用石灰撒出其开挖线。

二、基坑开挖的测量工作

高层建筑的基坑一般都比较深，需要放出坡度并进行边坡的支护加固。为准确和科学地进行开挖，在开挖的整个过程中，需要进行精心地测量。除了用水准仪控制开挖深度外，还应经常用经纬仪或拉线检查边坡的情况，防止出现基坑底部的边线内收，从而导致基础的尺寸不满足设计的要求。

在基坑开挖的测量工作中，首先要特别注意所用测量仪器的精度必须满足要求，其次要随时观察基坑在开挖中的变化，尤其是当基坑开挖至最底部时，应当加大对基坑的标高和尺寸的测量频率。

三、基础放线及标高控制

高层建筑的基础施工测量，除了基础的边线测设和开挖测量外，更重要的工作还有基础放线及标高控制。

（一）基础施工放线

基坑开挖完成后，要按照设计要求进行检查，完全符合设计要求后，可按以下三种方法对基坑进行处理，并做好测量工作：

（1）在基坑内直接打垫层，然后做箱形基础或筏形基础，这时要求在垫层上测定基础的各条边界线、梁轴线、墙体宽度线和桩位线等。

（2）在基坑底部按设计要求打桩或挖孔，进行桩基础的施工，这时要求在基坑底部测设各条轴线和桩孔的定位线，桩基完成后，还要测设桩承台和承重梁的中心线。

（3）先在基坑内做桩基础，然后在桩上做箱形基础或筏形基础，从而组成复合基础，这时的测量工作是前两种情况的结合。

在测设轴线时，有时为了通视和测量距离的方便，不一定是测定真正的轴线，而是测设轴线的平行线，这种做法在施工现场必须标注清楚，以避免在施工中用错。另外，一些基础桩、梁、柱、墙的中线不一定与建筑轴线重合，而是偏移某个尺寸，因此要认真按照图纸进行测定，防止出现错误，如图6-2所示。

如果是在垫层上进行放线，可把有关轴线和边线直接用墨线弹在垫层上，由于基础轴线的位置决定整个高层建筑的平面位置和尺寸，因此在测量放线时要严格校核，以便确保其测量精度。如果是在基坑底部做桩基，在测设轴线和桩位时，宜在基坑护壁上设置立轴线控制桩，以便能保留较长时间，也便于施工时用来复核桩位和测设桩顶上的承台和基础梁等。

从地面上往基坑内测定轴线时，一般是采用经纬仪投测法。由于此种投测法的俯角较大，为了减少测量误差，每个轴线的点均按盘左、盘右方法各测量一次，然后取其中数。

（二）基础标高测设

在基坑开挖完成后，应及时用水准仪根据地面上的±0.000水平线，将高程引测到基坑的底部，并在基坑护坡的钢板或混凝土桩上做好标高为负的整米数的标高线。对于深度较深的基坑，在引测时应多设几站进行观测，也可以用悬吊钢尺代替水准尺进行观测。

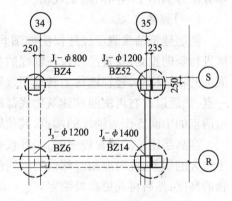

图6-2　有偏心桩的基础平面图

第三节　高层建筑的轴线投测

随着建筑结构施工高度的上升，要将首层的轴线逐层往上投测，以便作为上层施工的依据。在各种轴线测定中，建筑物主轴线的测定最为重要，这些主轴线是各层放线和结构垂直度控制的基本依据。因此，在高层建筑的轴线测定中，要严格按照有关标准，采用相应的测量方法。

一、高层建筑轴线测定的精度要求

随着高层建筑物设计高度的增加，在施工中对竖向偏差的控制要求也不断提高，轴线竖向测定的精度必须与其相适应，以保证工程的施工质量。

我国现行的高层建筑施工规范中，不同结构和不同施工方法的高层建筑，对于竖向精度有不同的要求，施工时应符合表6-1中的规定。

表6-1 高层建筑竖向及标高施工偏差限差   mm

结构类型	竖向施工偏差限差		标高偏差限差	
	每层	全高	每层	全高
现浇混凝土	8	$H/1000$（最大30）	±10	±30
装配式框架	5	$H/1000$（最大20）	±5	±30
大模板施工	5	$H/1000$（最大30）	±10	±30
滑动模板施工	5	$H/1000$（最大50）	±10	±30

注：H 为建筑物的总高度。

为了保证总的竖向施工误差不超限，层间的垂直度测量偏差不应超过3mm，建筑物全高垂直度测量偏差不应超过$3H/10000$，同时还应满足下列限值：当$30m < H \leqslant 60m$时，不应超过±10mm；当$60m < H \leqslant 90m$时，不应超过±15mm；当$90m < H$时，不应超过±20mm。

二、高层建筑轴线测定的基本方法

在高层建筑轴线测定中，常用的基本方法有：经纬仪法、吊线坠法、垂准仪法等。这些基本方法分别用于不同的施工现场。

（一）经纬仪法

高层建筑轴线测定经纬仪法如图6-3所示。当施工场地比较宽阔时，可以选用经纬仪法进行竖向投测，安置经纬仪在轴线的控制桩上，严格将仪器对中整平。以盘左照准建筑物底部的轴线标志，轻轻地往上转动望远镜，用镜中的竖向丝线指挥在施工层楼面的边缘上画一点，然后以盘右再次照准建筑物底部的轴线标志，同样在该处楼面的边缘上画出另一点，取两点的中间点作为轴线的端点，其他轴线端点的测定与此法相同。

当高层建筑的层数较多时，经纬仪在观测时的仰角较大，操作起来很不方便，也容易产生较大的误差，此时应用经纬仪将轴线的控制桩测定至较远且稳固的地方，一般应大于建筑物的高度，然后再向更高处测定。

如果施工现场的空地很小，经纬仪在地面上无法进行竖向轴线测定，可以将控制桩测定至工地附近的房顶上，如图6-4所示。先在轴线控制桩A_1上安置经纬仪，照准建筑物底部的轴线标志，将轴线投测到楼面上A_2点处，然后在A_2点处安置经纬仪，照准A_1点，将轴线投测到附近建筑物的屋顶上A_3点处，以后在A_3点处安置经纬仪，就可以测定更高楼层的轴线。

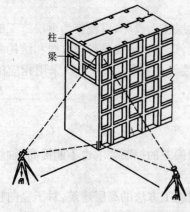

图6-3 经纬仪法轴线竖向测定

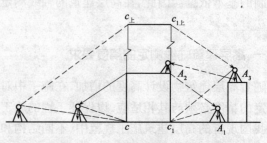

图6-4 减小经纬仪仰角的方法

当采用经纬仪法进行高层建筑轴线测定时，应注意如下事项：

（1）在向每高一层楼层进行传递时，每次应向下观测以下各层的传递点标记是否在同一条竖向垂直线上。经检查发现异常，或偏离竖直线较大，应立即查找原因，如仪器是否正常、对中和调平有无问题等。查明原因后应立即纠正，防止传递偏差增大而造成高层施工垂直度偏差超过规范允许值。

（2）在采用经纬仪传递时，应选用测量精度较高的经纬仪，最好将此经纬仪作为轴线和标高传递的专用仪器，不能再用来进行其他方面的测量。另外，在每次观测传递时，对于仪器对中、调平的操作应认真细致、严格要求，以达到精确无误。

（3）传递观测要选择在无风及日光不强烈的天气进行，避免因自然条件差而给观测带来困难，防止传递精度下降。

（4）结合结构施工高度的上升、荷载的增加，还应配合建筑的沉降进行观测。如发现有不均匀沉降，应立即报告有关部门，以便采取适当措施。

当所有的主轴线测定上来后，应进行角度和距离的检查复核，合格后再以主轴线为依据测定其他的轴线。为了保证轴线测定的质量，所用的仪器必须经过严格的检验和校正，测定时宜选择阴天、早晨和无风的时候进行，以尽量减少日照及风力带来的不利影响。

（二）吊线坠法

当施工工地周围建筑物密集，场地非常窄小，无法在建筑物以外的轴线上安置经纬仪时，可以采用吊线坠法进行竖向测定。实质上，吊线坠的方法与一般的吊锤线法的原理是一样的，只是线坠的质量更大一些，吊线（细钢丝）的强度要求更高。为了减少风力的不良影响，应将吊锤线的位置设置在建筑物的内部，如图6-5所示。

这种方法首先在一层地面上埋设轴线点的固定标志，轴线之间应构成矩形或十字形，作为整个高层建筑的轴线控制网。各个标志上方的每层楼板都要预留孔洞，供吊锤线通过。进行投测时，在施工层楼面的预留孔上安置挂有吊线坠的十字架，慢慢移动十字架，当吊锤尖静止地对准地面的固定标志时，十字架的中心就是投测定的点，用这种方法也测设出其他轴线点。

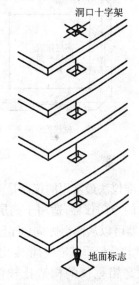

图6-5　吊线坠法投测轴线示意

使用这种方法进行轴线的投测，具有经济、简单、直观等特点，精度也能满足要求，但在投测时费力、费时，各层楼板上都要预留孔洞。

为正确采用吊线坠法测定轴线，使测定的轴线符合设计的要求，在进行测设中应注意以下事项：

（1）首层地面设置的控制基准点的定位必须十分精确，并且应与房屋轴线位置的关系尺寸定至毫米整数。经反复校核无误后，才可在该处确定桩位，并定出基准点，同时应很好地加以保护。

（2）挂吊线锤的细钢丝必须在使用前进行检查，应无曲折、死弯和圈结；使用尼龙细线时，应选用能够承受线锤重量、受力后伸长度较小的线。

（3）层数增多后，在挂吊线锤时应上下呼应，一般可用对讲机或电筒光亮示意。上部移动支架时要缓慢进行，避免下部的线锤摆动较大而不容易进行对中。

（4）遇到大风下雨天气时，不宜再进行竖向传递，如果工程进展急需，则应在传递处采取避雨措施，事后应进行再次检查校核，一旦有误差可以及时进行纠正。

（三）垂准仪法

垂准仪法就是利用能提供铅直向上或向下视线的专用测量仪器，进行竖直方向的投测。常用的仪器有垂准经纬仪、激光经纬仪和激光铅垂仪等。用垂准仪法进行高层建筑的轴线投测，具有占地小、精度高、速度快等优点，在高层建筑施工中得到广泛应用。

垂准仪法需要事先在建筑底层设置轴线控制网，建立稳固的轴线标志，在标志上方每层楼板都要预留 30cm × 30cm 的孔洞，以便供视线通过，如图 6-6 所示。

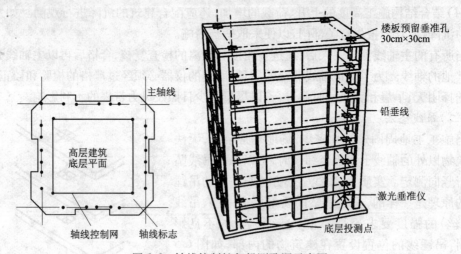

图 6-6　轴线控制桩与投测孔洞示意图

垂准仪法最常用的仪器是激光铅垂仪，这是一种铅垂定位的专门仪器，适用于高层建筑的铅垂定位测量。这种仪器可以从两个方向（向上或向下）发射铅垂激光束，以此作为铅垂基准线，精度比较高，操作也简单。

激光铅垂仪的构造比较简单，主要由氦氖激光器、竖轴发射望远镜、水准管、基座等部分组成（如图6-7所示）。激光器通过两组固定螺钉固定在套筒内。竖轴是一个空心筒轴，两端有丝扣用来连接激光器套筒和发射望远镜，激光器装在下端，发射望远镜装在上端，即构成向上发射的激光铅垂仪。倒过来安装即成为向下发射的激光铅垂仪。仪器上配有专用激光电源，使用时必须熟悉说明书。

用这种方法必须在首层面层上做好平面控制，并选择四个比较合适的位置作为控制点（图6-8所示）式用中心"＋"字进行控制。

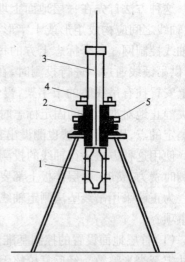

图 6-7　激光铅垂仪构造示意图
1—氦氖激光器；2—竖轴；3—发射望远镜；
4—水准管；5—基座

为方便激光铅垂仪的测量,在浇筑上升的各层楼面时,必须在相应的位置预留 200mm × 200mm 与首层上控制点相对应的小方孔,以保证能使激光束垂直向上穿过预留孔。

采用激光铅垂仪进行测量时,在首层控制点上架设激光铅垂仪,将仪器对中、整平后启动电源,使激光铅垂仪发射出可见的红色光束,投射到上层预留孔的接收靶上,查看红色光斑点离靶心最小之点,此点即为第二层上的一个控制点。其余的控制点用同样方法向上进行传递。

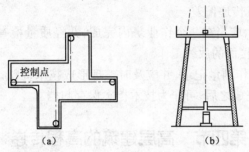

图 6-8 激光铅垂仪测量内控制布置示意图
(a)控制点设置;(b)垂向预留孔设置

激光铅垂仪的投点操作具体要求,如图 6-9 所示。在采用激光铅垂仪进行轴线传递时,应注意以下事项:

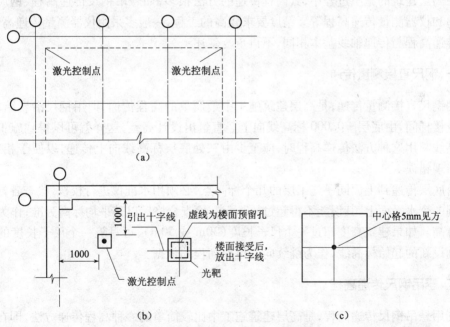

图 6-9 激光投点操作示意图(单位:mm)
(a)平面布置;(b)放大一角;(c)光靶放大

(1)激光束要通过地方的楼面处,施工时安装模板预留孔洞的大小,以能放置靶标盘大小为限,千万不能太大,过大靶标盘放置比较麻烦。预留孔洞应留成倒锥形,以便完工后进行堵塞。平时不用时,应用钢板或木盖将洞盖好,保证施工安全。

（2）用来做激光靶标盘的材料应是半透明的，以便在上面形成光斑，使在楼面上的人看得清楚。靶标盘应做成 5mm 方格网，使光斑居中后可以按线引入洞口，作为形成楼面坐标控制网的依据。

（3）要检查复核楼面传递点形成的坐标控制网与首层坐标控制网的尺寸、关系是否一致。如有差错或误差，应找出原因，并及时加以纠正，从而保证测量精度。

（4）当高层建筑施工至五层以上时，应结合建筑沉降观测的数据，检查沉降是否均匀，以免因不均匀沉降而造成传递偏差。

（5）每一楼层的传递，应当在一个作业班内完成，并经质量检查员等有关人员复核，确认确实无误后，方可进行楼面的放线工作。

（6）每层的传递均应作测量记录，并应及时整理形成技术资料，妥善保存，以便检查、总结和研究用。整个工作完成之后，可作为技术档案保存归档。

第四节　高层建筑的高程传递

在高层建筑的设计图纸中，均标注有建筑所有结构（或构件）的位置标高，这是施工的基本依据，而各个施工层的标高，是由底层 ±0.000 标高线传递上来的。因此，高层建筑的高程传递精度高低，不仅直接影响高层建筑的施工质量，而且直接影响建筑物的使用功能。

在高层建筑的施工过程中，其高程传递的方法很多，如悬吊钢尺传递高程、钢尺直接测量传递和仪器测量传递高程等。精度要求较高的工程，一般多采用仪器测量传递高程，仪器测量传递高程与传递轴线基本相同，不再重复叙述。

一、钢尺直接测量传递

用钢尺直接测量传递，是高层建筑施工中最简单的高程传递，即用钢尺沿着结构外墙、边柱或楼梯间，由底层 ±0.000 标高线向上竖直量出设计高差，这样就可以得到施工层的设计标高线。用这种方法传递高程时，应至少由三处底层标高线向上传递，以便于相互校核，防止出现错误。

由底层传递到上面同一施工层的几个标高点，必须用水准仪进行校核，检查各标高点是否在同一个水平面上，其误差不得超过 ±3mm。检查合格后以其平均标高为准，作为该层地面的标高。如果建筑高度超过一个尺子长度（30m 或 50m），可每隔一个尺子长度的高度再精确测设新的起始标高线，作为继续向上传递高程的依据。

二、悬吊钢尺传递高程

利用悬吊钢尺传递高程，是高层建筑施工中比较简单的一种高程传递方法，即在外墙或楼梯间悬吊一根钢尺，分别在地面和楼面上安置水准仪，将标高传递到楼面上。用于高层建筑传递的钢尺必须经过检验，测量高差时尺子应保持铅直，下部要施加规定的拉力，并应进行温度改正。一般需要 3 个底层标高点向上传递，最后用水准仪检查传递的高程点是否在同一水平面上，误差不超过 ±3mm。

悬吊钢尺传递高程的做法如图 6-10 所示。当一层墙体砌筑到 1.5m 标高后，用水准仪在内墙上测设一条 +50mm 的标高线，作为首层地面施工及室内装修的依据。以后每砌筑一层,就通过悬吊钢尺从下层的 +50mm 标高线处向上量出设计层高,再测出上一层的 +50mm 标高线,以此逐层向上测设。

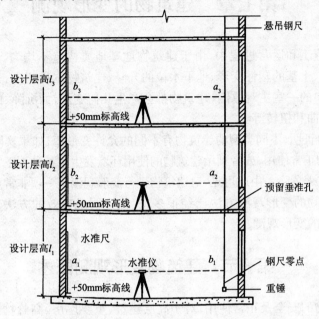

图 6-10　悬吊钢尺传递高程示意图

第七章　建筑物的变形观测

在建筑物的施工和运营过程中,由于建筑物地基地质构造不均匀、土壤的物理性质不同、大气温度变化、土基的塑性变形、地下水位的升降、建筑物本身荷重、其他动荷载的作用,还有设计与施工中的一些主观原因,建筑物都会产生几何变形,如沉降、位移和倾斜等,并会由此产生裂缝、挠曲和扭转等。

工程实践充分证明,不同类型的建筑物有不同的允许变形值,如果实际变形超过了限值,就会危害建筑物的正常使用,或者预示建筑物的使用环境发生了某种不正常变化,人们的生活和工作环境就存在着危险。由此可见,对建筑物进行变形观测是一项非常重要的工作。

目前,对建筑物的变形观测方法已经很多,实践证明最有效的方法仍然是工程测量方法,也就是建筑物的变形观测。

第一节　建筑物变形观测概述

为保证建筑物的安全及正常使用,对于高层建筑、重要厂房、高耸构筑物和地质不良地段上的建筑物,都要进行较长时期的、系统的沉降观测和倾斜观测,以查明沉降、倾斜、位移、裂缝开展等的严重程度及其随时间的发展情况,为分析产生的原因提供依据,以便及时采取正确的预防和加固措施。

一、建筑物变形观测的意义和目的

所谓变形观测,是对建筑物以及地基的变形进行的测量工作,是用测量仪器或专用仪器测定建筑物在自身荷载和外力作用下随时间变形的技术工作。在进行变形观测时,一般在建筑物的特征部位埋设变形观测标志,在变形影响范围之外埋设测量基准点,定期测量观测标志相对于基准点的变形量,从历次观测结果的比较中,了解变形随时间发展的情况。

建筑物变形观测具有实用上和科学上两方面的意义。在实用上的意义,主要是检查各种工程建筑物和地质构造的稳定性,及时发现异常变化,对其稳定性和安全性作出判断,以便采取技术措施,防止事故的发生。

在科学上的意义,主要是积累变形观测分析资料,更好地理解变形的机理,验证变形的基本假说,为研究灾害预报建筑物变形的理论和方法服务,检验工程设计的理论是否正确、合理,为以后修改设计、制定设计规范提供依据。

建筑物变形观测的总体目的是获得工程建筑物的空间状态和时间特性,同时还要解释变形的原因,以便采取正确、科学的处理方法。

二、建筑物变形观测的内容与方法

建筑物的变形,按其类型可分为静态变形和动态变形两种。静态变形通常是指变形观测的结果只是表示在某一期间内的变形值,这种变形没有其他外力的作用,只是时间的函数,又可分为长周期变形和短周期变形。动态变形是指在外力影响下而产生的变形,它以外力为函数表示动态系统对于时间的变化,其观测的结果是表示建筑物在某个时刻的瞬时变形。

（一）建筑物变形观测的内容

建筑物变形观测的内容很多,主要包括:建筑物的沉降观测、建筑物的位移观测、建筑物的倾斜观测、建筑物的裂缝观测和建筑物的挠度观测等。

1. 建筑物的沉降观测

建筑物的沉降是地基、基础和上层结构共同作用的结果。沉降观测和资料的积累是研究解决复杂地基沉降问题的基础,也是改进地基设计的重要手段。同时,通过沉降观测可以分析相对沉降是否有差异,以监视建筑物的安全。

2. 建筑物的位移观测

建筑物的位移观测是指其水平位移观测,主要测定建筑物整体平面位置随时间变化的移动量。建筑物平面产生移动的原因,主要是基础受到水平应力的影响,如地基处于滑坡地带或受地震的影响等。

3. 建筑物的倾斜观测

高大建筑物上部和基础的整体刚度较大,地基产生的倾斜（如差异沉降）即反映出上部主体的倾斜。建筑物倾斜观测的目的是验证地基沉降方面出现的差异,并通过倾斜观测来监视建筑物的安全。

4. 建筑物的裂缝观测

当建筑物基础局部产生不均匀沉降时,其墙体往往出现大小不一的裂缝。系统地进行裂缝变化的观测,根据裂缝观测和沉降观测,来分析变形的规律、特征和原因,以采取措施保证建筑物的安全。

5. 建筑物的挠度观测

建筑物的挠度观测是测定建筑物构件受力后的弯曲程度。对于水平放置的构件,在两端及中间设置沉降点进行沉降观测,根据测得某时段内这三点的沉降量,计算其挠度。对于直立的构件,要设置上、中、下三个位移观测点,进行位移观测,利用三点的位移量可计算出构件的挠度。

在建筑物变形观测中,除以上五种变形观测外,另外还有扭转观测、振动观测、弯曲观测、偏距观测等。但其最基本的内容是沉降观测、位移观测、倾斜观测、裂缝观测和挠度观测。建筑物的以上五种变形观测,并不是每座建筑物都必须进行,对于不同用途的建筑物,其变形观测的重点也有所不同。

（二）建筑物变形观测的方法

建筑物变形观测的方法,要根据建筑物的性质、规模大小、使用功能、观测精度和周围环境等综合考虑确定。

在一般情况下,对建筑物的沉降变形多采用精密水准测量、液体静力水准测量或微水准测量等方法进行观测。

对于水平位移,如果是直线形建筑物,一般采用基准线法观测;如果是曲线形建筑物,一般采用导线法观测。

对于建筑物的裂缝或建筑物的伸缩缝变形,可采用专门的测量缝隙的仪器或其他方法进行观测。

（三）变形观测的数据处理

要使变形观测起到监视建筑物安全使用和充分发挥工程效益的作用,除了进行现场观测取得第一手资料外,还必须对所获得的观测资料进行整理分析,即对变形观测的数据做出正确处理。

1. 对变形观测数据处理的目的

变形观测的数据处理,应当仔细、全面、科学,符合试验数据处理的原则。进行变形观测数据处理的目的主要是:

（1）将实际工程的变形观测资料加以整理,绘制成便于实际应用的图表。

（2）探讨变形的成因,给出变形值与荷载（引起变形的有关因素）之间的函数关系,从而对建筑物运营状态作出正确判断和进行变形预报,并为修改设计参数提供依据。

2. 对变形观测数据分析的内容

变形观测数据分析主要包括两个方面的内容:第一是对建筑物的变形进行几何分析,即对建筑物的空间变化给出科学的几何描述;第二是对建筑物的变形进行物理解释,即解释建筑物的变形原因。

三、建筑物变形观测的精度要求

建筑物变形观测的精度要求,取决于允许变形值的大小和观测目的。建筑物的允许变形值多数是由设计单位提供或按现行规范中的规定。

建筑物变形观测按不同的工程要求分为四个等级,各等级的精度要求见表7-1。

表 7-1　变形观测的等级划分及精度要求

变形观测等级	垂直位移测量		水平位移测量	适用范围
	变形点的高程中误差（mm）	相邻变形点的高程中误差（mm）	变形点的点位中误差（mm）	
一等	±0.3	±0.1	±1.5	变形特别敏感的高层建筑、工业建筑、高耸构筑物、重要古建筑物、精密工程设施等
二等	±0.5	±0.3	±3.0	变形比较敏感的高层建筑、高耸构筑物、古建筑物、重要工程设施和重要建筑场地的滑坡监测等
三等	±1.0	±0.5	±6.0	一般性高层建筑、工业建筑、高耸构筑物、滑坡监测等
四等	±2.0	±1.0	±12.0	观测精度要求较低的建筑物、构筑物和滑坡监测等

四、建筑物变形观测的周期要求

建筑物变形观测的周期,不同的工程和不同的目的是不同的,一般应符合下列要求:

（1）对于单一层次布网,观测点与控制点应当按变形观测周期进行观测;对于两个层次布网,观测点及联测的控制点应按变形周期进行观测,控制网部分可按复测周期进行观测。

（2）变形观测周期应当以能够系统反映所测变化过程,且不遗漏其变化时刻为原则,根据单位时间内变形量的大小及外界因素影响而确定。当观测中发现变形异常时,应及时增加观测的次数。

（3）为确保建筑物变形观测的精度,对控制网也应定期进行复测,复测的周期应根据测量目的和点位的稳定情况确定,一般宜每半年复测一次。建筑施工过程中应适当缩短观测时间间隔,当点位的稳定性可靠后,可适当延长观测时间间隔。当复测成果或检测成果出现异常,或测区受到如地震、爆破、洪水等外界因素影响时,应及时进行复测。

（4）在建筑物变形观测的首次(即零周期)观测时,为提高其初始值的可靠性,应适当增加观测量。

（5）不同周期观测时,宜采用相同的观测网和观测方法,并使用相同类型的测量仪器。对于测量精度要求较高的变形观测,还应固定观测人员、选择最佳观测时段、在基本相同的环境和条件下观测。

第二节　变形观测控制网的建立

变形观测控制网是进行各种变形观测的控制基础,它主要包括垂直位移观测控制网(简称高程控制网)和水平位移观测控制网(简称平面控制网),必要时也可建立三维控制网。变形观测控制网一般采用绝对网(即控制点全部在变形区以外)的形式;当建筑物位于不稳定的地区(如膨胀土、滑坡等)时,应采用相对网(即控制点全部在变形区以内)的形式。

在绝对网中,一般将变形观测控制点分为基准点和工作基点。基准点是检查工作基点稳定性的依据,通常埋设在比较稳固的基岩上或变形影响范围之外,尽可能地进行长期保存,使其稳定不动。由于基准点一般设置在距离变形建筑物上行观测点较远的地方,所以在建筑物的周围还应设置工作基点,用以建立基准点和变形观测点之间的联系。图 7-1 和图 7-2 为两个不同用途的变形观测控制网。

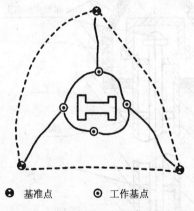

⊗ 基准点　　◉ 工作基点

图 7-1　垂直位移观测控制图示意图

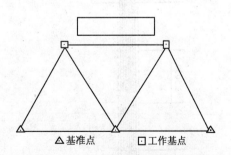

△基准点　　□工作基点

图 7-2　水平位移观测控制图示意图

根据变形观测要求精度确定的等级,也就是控制网的等级。为确保变形观测的精度,控制网的复测周期应根据观测目的、点位的稳定情况确定,一般情况下每年复测一次。对于重点监测区的控制点,可根据需要缩短复测周期。如果对变形观测结果产生怀疑,应随时对控制点进行检验校核观测。

一、高程控制网的建立

（一）高程控制点的选设要求

高程控制网根据观测任务要求和施工现场条件,可以设置成为闭合网和附合水准网等形式。在一个变形观测区内,至少应有三个固定高程控制点。高程控制网点的选设应符合下列要求:

(1)为确保基准点长久保存、永久使用,必须将其埋设坚固,应选在变形观测区以外的岩石、坚硬土质或古老的建筑物上等稳固的地方。

(2)工作基点既要考虑以方便观测为主,又要考虑到其长期使用和稳定性,一般应选在二倍于建筑物宽度或三倍于基础深度和影响范围以外的稳固位置。

(3)在观测过程中,水准测量路线的坡度要小,这样不仅便于测量,而且可以避免出现测量误差。

(4)高程控制点的设置,要避开交通干线、地下管线、仓库、水井、河岸、新堆土、堆料处,埋设的标志也要避开受振动影响范围内易遭破坏和影响其稳定性的地方。

(5)为使埋设的标志充分完成沉降而稳固,高程控制点的埋设应在基坑开挖前至少15天完成。

（二）高程控制点的标志埋设

高程控制点可按照工程实际需要,分别采用深埋标志和浅埋标志,其型式一般有:深埋钢管标志、浅埋钢管标志、岩层标石、混凝土标石、墙上标志等类型。在一般情况下,每个观测区域内应至少埋设一个深埋式标志。深埋钢管标志的型式如图7-3和图7-4所示,浅埋钢管标志如图7-5所示。

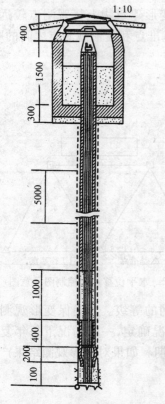
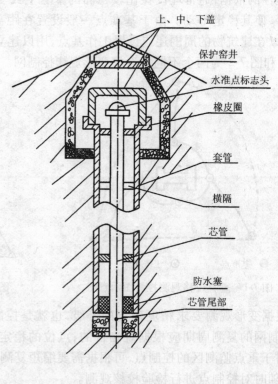

图7-3　深埋钢管标志

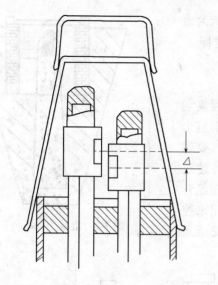

图 7-4 深埋双金属管标志(单位:mm)

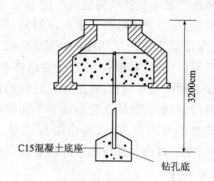

图 7-5 浅埋钢管标志

　　基准点是建筑物沉降变形观测的依据,所有建筑物及其基础的沉降均根据基准点来确定,因此基准点的构造与埋设必须保证稳定可靠和长久保存。

　　基准点应尽可能埋设在基岩上,此时,如果地面的覆盖层很浅,则基准点可采用如图 7-6 所示的地表岩石标类型。

　　对于测量精度要求很高的建筑物,为了避免温度变化的影响,有时可以采用平峒岩石标,如图 7-7 所示。工作时将水准仪安置在平峒内,关闭过渡室的外门,等到过渡室的温度与平峒内的温度一致时,将室内标点的高程传至室外标点。此后关闭内门,开启外门,将仪器置于平峒外,待过渡室内的温度与外界温度调和后,将高程传至平峒外,这样可避免由于通过不同温度的空气而产生的折光影响。

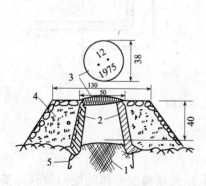

图 7-6 岩层标石(单位:cm)
1—标志;2—钢筋混凝土井圈;
3—井盖;4—土丘;5—保护层

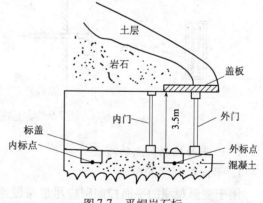

图 7-7 平峒岩石标

　　如果在观测区域内地质条件许可,也可以采用图 7-8 所示的浅埋标志。高程工作基点一般可采用地表岩石标。当建筑物附近的覆盖土层比较深时,也可以采用浅埋式标志。

　　当建筑物修建的时间很长,通过长时间的观察或进行测量,证明已经非常稳定时,测量

147

所用的基准点和工作基点,也可采用如图7-9所示的墙上标志。墙上标志的各种型式一般供变形观测选择。

二、平面控制网的建立

平面控制网是各项测量工作的基础。在工程规划设计阶段,要建立地形测图平面控制网,用来控制整个测区,保证最大比例尺测图的需要;在施工阶段,要建立施工平面控制网,以控制工程的总体布置和各建筑物轴线之间的相对位置,满足施工放样的需要;在经营管理阶段,根据需要建立变形观测平面控制网,用来控制建筑物的变形观测,以鉴定工程质量,保证安全运营,分析变形规律和进行相应的科学研究。

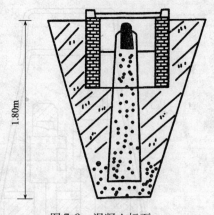

图7-8　混凝土标石

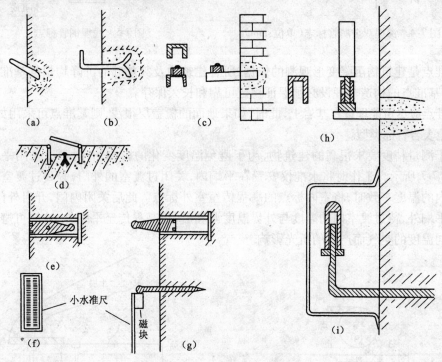

图7-9　墙上各种标志示意图

(一)平面控制网点的布设

1. 平面控制网的布设

用于变形观测的平面控制网应尽量布设绝对网,以便求得变形体的绝对位移。基准点的埋设一定要稳固,不能受到变形的影响,一般可在"深埋"和"远离"两种措施中选择,如果地质条件允许,最好将基准点建在基岩上。工作基点的选择应以其对变形点观测方便为主考虑,这与具体工程建筑物的特点及变形观测方法有关。

结合基准点和工作基点的选择,以及外界影响和观测条件,还要考虑到平面控制图的布设。在一般情况下,变形测量控制网都具有某一特定方向精度要求最高,因此控制网的图形应以提高这一特定方向的精度为原则进行设计。

变形控制网是一种高精度控制网,在以上所述的条件下,应给出尽可能多的观测方向,这样不仅有利于提高控制网的精度,还能显著地增加控制网的可靠性。当然,这种做法必然会使控制网的网形变得复杂,也会增加平差计算的工作量。图 7-10、图 7-11 和图 7-12 是变形观测平面控制网的几个示例,可供同类工程参考。

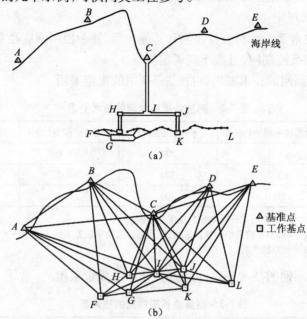

图 7-10　某原油码头变形观测平面控制网

(a)码头平面布置略图;(b)控制网布设方案

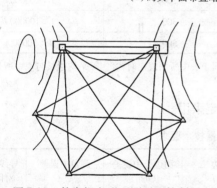 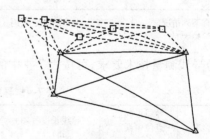

图 7-11　某水坝变形观测平面控制网　　图 7-12　某建筑物变形观测平面控制网

变形观测控制网的布设目的,是为了求得变形点的绝对变形值。一般来说,变形观测更重视相对变形,因此并不对控制网提出更高的精度要求,可按与变形点相应的精度进行施测。

2. 平面控制网的精度要求

变形观测平面控制网的要求比较高,一般应符合下列要求:

(1)测角网、测边网或边角网的最弱边边长中误差,不应大于所选等级的观测点坐标中误差。

（2）工作基点相对于邻近基准点的点位中误差，不应大于相应等级的观测点点位中误差（点位中误差约定为坐标中误差的 1.4142 倍，下同）。

（3）导线网和单一导线的最弱点点位中误差，不应大于所选等级的观测点点位中误差。

（4）基准线法的偏差值测定中误差，不应大于所选等级的观测点点位中误差。

（5）为测定区段变形独立布设的测站点、基准线端点等，可不考虑其点位误差。

3. 测量技术要求规定

平面控制网的技术要求除特级控制网和其他大型、复杂控制网应经专门设计确定外，对一般工程的一、二、三级控制网，可按下列规定执行。

（1）测量角度控制网的技术要求，可按表 7-2 中的规定采用。

表 7-2 测量角度控制网的技术要求

测量等级	最弱边边长中误差（mm）	平均边长（m）	测角中误差（°）	最弱边边长相对中误差
一级	±1.0	200	±1.0	1：200000
二级	±3.0	300	±1.5	1：100000
三级	±10.0	500	±2.5	1：50000

注：（1）最弱边边长相对中误差中未计及基线边长误差的影响。
（2）有下列情况之一时，不宜按表中的规定采用：①最弱边边长中误差不同于表中所列规定时；②实际平均边长与表中所列数值相差较大时。

（2）测量边长控制网的技术要求，可按表 7-3 中的规定采用。

表 7-3 测量边长控制网的技术要求

测量等级	测距中误差（mm）	平均边长（m）	测距相对中误差
一级	±1.0	200	1：200000
二级	±3.0	300	1：100000
三级	±10.0	500	1：50000

注：有下列情况之一时，不宜按上表中的规定采用：①不同于表中所列规定时；②实际平均边长与表中所列数值相差较大时。

（3）导线测量技术要求，可按表 7-4 中的规定采用。

表 7-4 导线测量技术要求

测量等级	导线最弱点点位中误差（mm）	导线长度（m）	平均边长（m）	测边长中误差（mm）	测角中误差（″）	导线全长相对闭合差
一级	±1.4	$750C_1$	150	±$0.6C_2$	±1.0	1：100000
二级	±4.2	$1000C_1$	200	±$2.0C_2$	±2.0	1：45000
三级	±14.0	$1250C_1$	250	±$6.0C_2$	±5.0	1：17000

注：（1）C_1、C_2 为导线类别系数。对于附合导线：$C_1 = 1$，$C_2 = 1$；对于独立单一导线：$C_1 = 1.2$，$C_2 = 1.4142$；对于导线网，导线长度系指附合点与结点或结点间的导线长度，取 $C_1 \leq 0.7$，$C_2 = 1.0$。
（2）有下列情况之一时，不宜按表中的规定采用：①导线最弱点点位中误差不同于表中所列规定时；②实际平均边长与表中所列数值相差较大时。

（二）平面控制网中的控制点

平面控制网中工作基点的标石，可采用图 7-13 和图 7-14 中所示的钢筋混凝土标石。当有浅露的坚硬基岩可利用时,基准点也可采用这种型式的标石,否则可以将钢管埋深至基岩处,如图 7-15 所示。

平面控制网中的基准点还可采用倒锤的型式,倒锤的结构示意图如图 7-16 所示,在工程中已使用深度大于 40m 的倒锤。无论采用何种型式的基准点,基准点的标石要避免受地表土层的变形影响,要保持良好的平面位置稳定性。

变形观测平面控制网一般要求边长较短而精度很高,所以采用普通工程对中设备(如垂球对中、光学对中器对中)是不满足要求的。一般的做法是控制点标志兼作观测墩(如图 7-13 ～图 7-16 所示),在其上面可安置观测仪器和照准标志,同时采用强制对中装置。

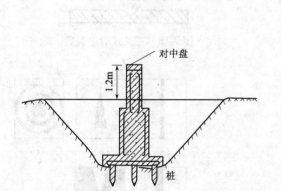

图 7-13　埋在土体中的钢筋混凝土标石

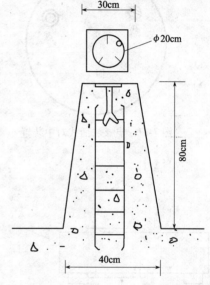

图 7-14　混凝土建筑物上的钢筋混凝土标石

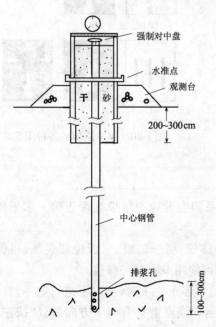

图 7-15　基岩上的平面标石

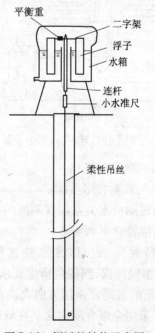

图 7-16　倒锤的结构示意图

强制对中装置埋设于观测墩的顶面,它有多种形式,如埋设中心螺杆和强制对中盘等。图 7-17、图 7-18 和图 7-19 是测量中三种常见的对中盘,前两者在使用时需要将基座的底板去掉,后者可使仪器的对中误差小于 0.05mm。

照准标志多采用觇牌,觇牌的图案可从图 7-20 中进行选择。

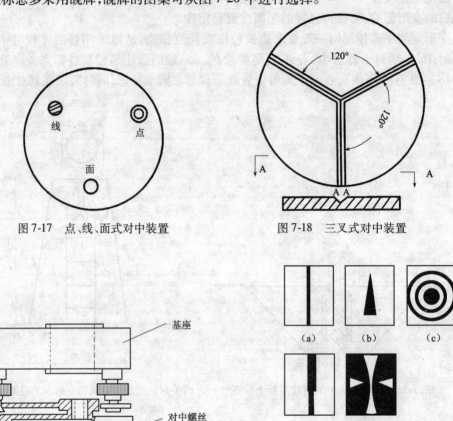

图 7-17　点、线、面式对中装置　　　　图 7-18　三叉式对中装置

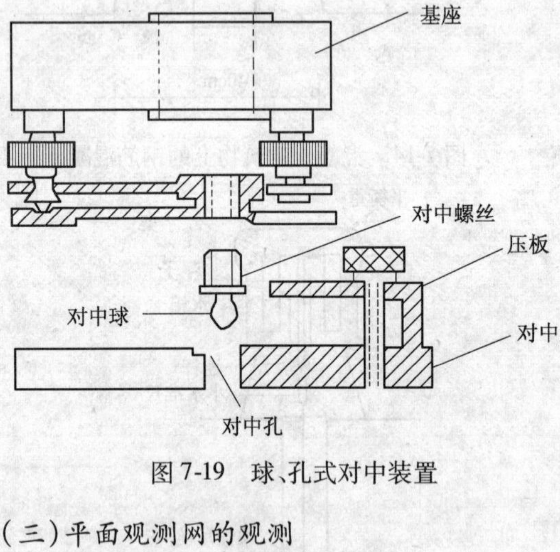

图 7-19　球、孔式对中装置 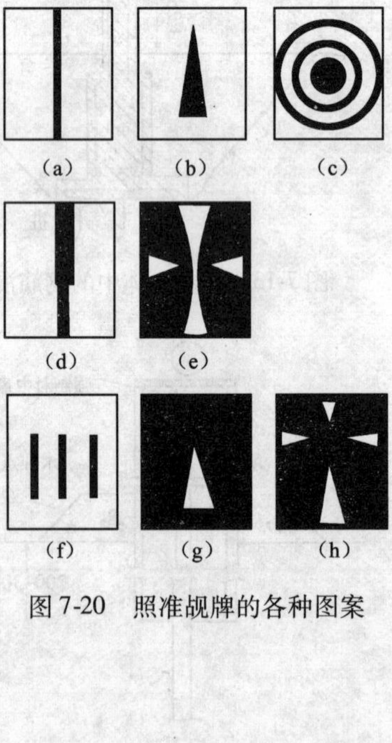　　　　图 7-20　照准觇牌的各种图案

（三）平面观测网的观测

1. 水平角的观测技术要求

水平角的观测精度关系到观测网的精度,更关系到变形观测结果是否正确。水平角的观测技术要求应符合下列要求:

（1）对于特级、一级位移观测,应选用 DJ1 型经纬仪;对于二级、三级位移观测,可使用 DJ1 型或 DJ2 型经纬仪;当测量精度要求较低时,也可使用 DJ6 型经纬仪。

（2）水平角的观测宜采用方向观测法,当方向数不多于 3 个时,可以不进行归零;特级、一级网点也可采用全组合测角法。在导线测量中,当导线点上只有两个方向时,应按左、右角进行观测;当导线点上多于两个方向时,应按方向法观测,观测的操作方法按有关规范要求进行。

当采用方向观测法进行角度观测时,平面控制网角度观测限差,应符合表7-5中的规定。

表7-5　平面控制网角度观测限差

仪器类型	二次照准目标读数差(″)	半测回归零差(″)	一个测回内2c互差(″)	测回互差(″)
DJ1	4	5	8	5
DJ2	6	8	13	8
DJ6	—	18	20	—

2. 测角与测距的操作要求

为确保平面控制网的测量精度,在进行平面控制网的角度和距离观测中,平面控制网测角与测距的操作应按下列要求进行:

(1)角度观测应在通视良好、成像清晰的有利时间内进行,为避免强烈光线和温度对观测精度的影响,晴天中午前后一般不进行观测作业。

(2)在测量角度时,仪器不能受阳光的直接照射,气泡置中偏离不应超过一格,如果偏离一格应在测回间重新安置仪器。

(3)角度观测一般宜采用全组合法、全圆观测法。观测时要尽量减少仪器照准误差和调焦误差的影响,如果控制网的边长有较大悬殊,有关方向必须进行调焦时,则宜采用"正倒镜"同时观测法,可不考虑$2c$变动范围。

(4)在进行测量边长时,测站、镜站仪器对中误差应小于1mm,基座不水平引起对中偏差时,应加以置平改正。为提高测距的精度,仪器可离开测站采用双镜站分二段测距,以便削弱仪器的常差。

(5)测线离地面或障碍物宜在1.3m以上,并要注意选择有利地形,尽量避开干扰因素。

(6)测距结果应进行仪器常数、气象、倾斜、周期误差、频率、测站归心等方面的改正。变形观测控制网平差计算,可以按照一般控制网的方法进行。

(7)电磁波测距仪测量距离的技术要求,除了特级及其他有特殊要求的边长必须专门设计确定外,对一、二、三级位移观测的边长测量,可按表7-6中的规定执行。

表7-6　电磁波测量距离的技术要求

等级	仪器精度档次(mm)	每边最少测回数		一个测回读数间较差限值(mm)	单程测回间较差限值(mm)	气象数据测定的最小读数		往返或时段间较差限值
		往	返			温度(℃)	气压(mmHg)	
一级	≤1	4	1	1.4	0.1	0.1	0.1	
二级	≤3	4	3	4.0	0.2	0.2	0.5	1.4142 $(a+b\cdot D\cdot 10^{-6})$
三级	≤5	2	5	7.0	0.2	0.2	0.5	
	≤10	4	10	14.0	0.2	0.2	0.5	

注:(1)仪器精度档次,系根据仪器标称精度$(a+b\cdot D\cdot 10^{-6})$,以各等级平均边长$D$代入计算的测距中误差划分。
(2)时段较差超过限值时,应分析产生的原因,重测单方向的距离。如果重新测量后仍超过限值,应重新测往、返两个方向或不同时段的距离。

3. 丈量距离的技术要求

丈量距离的技术要求,除了特级及其他有特殊要求的边长必须专门设计确定外,对一、二、三级位移观测的边长丈量,可按表7-7中的规定执行,并应符合下列要求。

表7-7　丈量距离的技术要求

等级	尺别	作业尺数	丈量总次数	定线最大偏差（mm）	尺段高差较差（mm）	读数次数	最小估读数（mm）	最小温度读数（℃）	同尺各次或同段各尺的较差（mm）	成果取值精确至（mm）	经各项改正后的各次或各尺全长较差（mm）
一级	铟瓦尺	2	4	20	3	3	0.1	0.5	0.3	0.1	$2.5D^{1/2}$
二级	铟瓦尺	1 2	2 4	30	5	3	0.1	0.5	0.5	0.1	$3.0D^{1/2}$
	钢尺	2	8	50	5	3	0.5	0.5	1.0	0.1	$3.0D^{1/2}$
三级	钢尺	2	6	50	5	3	0.5	0.5	2.0	1.0	$5.0D^{1/2}$

注:(1)表中的 D 是以100m为单位计的长度。
　　(2)表列规定所适应的边长丈量相对中误差为:一级 $1:200000$,二级 $1:100000$,三级 $1:50000$。

(1)铟瓦尺、钢尺在使用前应进行检验和校核。丈量二级边长的钢尺,检验精度不应低于尺长的 $1:200000$,丈量三级边长的钢尺,检验精度不应低于尺长的 $1:100000$。

(2)各级边长测量应采用往返悬空丈量方法。使用的重锤、弹簧秤和温度计,均应进行检定。丈量时,牵引的张拉力值应与检定时相同。

(3)自然条件对丈量精度有较大的影响,当下雨、尺的横向有二级以上风,或作业时的温度超过尺子膨胀系数检定时的温度范围时,不应再进行丈量作业。

(4)控制网的起算边长或基线宜选成尺长的整倍数。用零尺段时,应改变拉力或进行拉力改正。

(5)对于精度要求较高的测量,在正式测量距离时,应在尺子的附近测定温度。

(6)安置轴杆架或引架时,应使用经纬仪进行定线。尺段之间的高差可采用水准仪中丝法往返测或单程双测站观测。

(7)丈量结果应加入尺长、温度、倾斜改正,铟瓦尺还应加入悬链线不对称、分划尺倾斜等改正。

采用铟瓦尺测距的主要技术要求,应符合表7-8的规定。

表7-8　铟瓦尺测距的主要技术要求

相对中误差	作业次数	丈量总次数	定线最大偏差（mm）	尺段高差较差（mm）	读数次数	估读值至（mm）	温度读数值至（℃）	同尺各次或同段各尺的较差（mm）	成果取值精确至（mm）	经各项修正后,各次或各尺全长较差（mm）
$1:300000$	2～3	4～6	≤20	≤3	3	0.1	0.5	≤0.3	0.1	$5S^{1/2}$
$1:200000$	2	4	≤25	≤3	3	0.1	0.5	≤0.3	0.1	$8S^{1/2}$
$1:100000$	1～2	2～4	≤30	≤5	3	0.1	0.5	≤0.3	1.0	$10S^{1/2}$

注: S 为测量距离的长度(km)。

第三节 建筑物的沉降观测

工程建(构)筑物产生一定的沉降,是地基、基础和上部结构共同作用的结果,其沉降量特别是差异沉降超过一定限度,就会影响建(构)筑物的正常使用和安全。为了监视建筑物的安全或验证设计参数,应对有关建筑物进行沉降观测。

建筑物沉降观测是用水准仪等仪器,根据水准基点,定期对建筑物上设置的沉降观测点进行水准测量,测得其与水准点之间的高差,并计算观测点的高程,从而确定其下沉量及其下沉规律。

一、水准点和观测点的设置

(一)测量水准点的设置

建筑物的沉降量是通过多次水准测量建筑物上的观测点与水准点之间的高差变形值来决定的。因此,观测值的可靠性在很大程度上取决于水准点位置的稳定性。在水准点位的选择方面,应满足下列基本要求:

(1)为便于测量数据的校核,防止出现意外和过大的偏差,布设水准点的数目不得过少,一般应不少于3个。

(2)水准点应埋设在建筑物和构筑物基础沉降影响范围之外,要离开铁路、公路、地下管道至少5m以上,埋设深度至少应在冰冻线以下0.5m,同时还要避开有振动作业的地区。

(3)水准点与建筑物的距离一般在30~60m为宜,这样的测量距离不仅较适宜,而且观测中不需要再转站,可以提高测量的精度。

(4)在进行水准点布设时,要全面考虑其设置的位置是否合适,应避免由于施工而遭到损坏,也不要放置在观测时视线受阻挡的方向上。

(二)沉降观测点的设置

沉降观测点是固定在拟观测建筑物上的测量标志,也是评价建筑物沉降的重要基准点。观测点的数量和位置,应根据建筑物的大小、基础形式、荷载分布、重要程度及地质条件等因素综合考虑,以能全面反映建筑物沉降的真实情况为原则。

在一般情况下,沉降观测点可布置在沉降变化可能显著的地方。对于民用建筑而言,可沿房屋四周每隔10~15m设一个观测点,其中房屋转角及变形缝两侧必须布置观测点;对于工业建筑而言,除房屋转角及变形缝两侧外,还应在设备基础和柱子基础处加设观测点;对于烟囱、水塔、筒仓等构筑物,可在基础轴线对称部位设置观测点,每个构筑物不得少于4个观测点。另外,在地质条件变化处也应布设观测点。图7-21所示为建筑物、烟囱的观测点布置示意图。

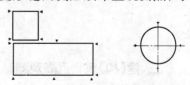

图7-21 观测点布设位置示意图

沉降观测点的布设,除了按以上基本规定设置外,观测点的点位还应符合下列要求:

(1)建筑物的四角、拐角及沿外墙每隔8~12m立柱的柱基上。

(2)高低层建筑物、新旧建筑物、纵横墙等的交接处两侧。

(3)建筑物裂缝、沉降缝两侧,基础埋深相差悬殊处,人工地基和天然地基接壤处,结构不同的分界处。

（4）宽度大于 15m 或宽度小于 15m 而地质比较复杂,以及膨胀土地区的建筑物内部承重墙（柱）纵横轴线上。

（5）建筑物邻近堆放重物处,受振动影响的部位,基础下有暗沟处。

（6）框架结构建筑物的每个（或部分）柱基上。

（7）筏形基础或箱形基础底板或接近基础的结构部分四角处及其中部位置。

（8）重型设备基础和动力基础四角,基础形式或埋深改变处和地质条件变化的两侧。

（9）烟囱、水塔、油罐、炼油塔、高炉及其他类似构筑物,应沿周边在其基础的对称轴线上布点,并且不得少于 4 个点。

观测点应埋设牢固,不易受到干扰和损坏,且能长期保存。观测点的高度、朝向要便于立观测尺和进行观测。沉降观测点的标志,要根据建筑物的结构类型和建筑材料而定,图 7-22 为基础上的水准标志,图 7-23 所示为隐蔽式标志。

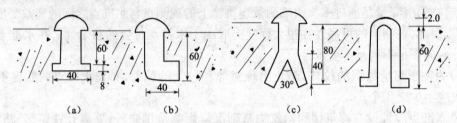

图 7-22　基础上的水准标志
（a）垫板式;（b）弯钩式;（c）燕尾式;（d）U 字式

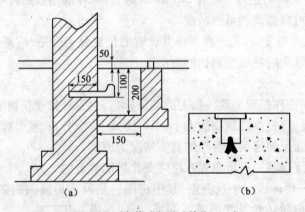

图 7-23　隐蔽式标志（单位:mm）

二、建（构）筑物沉降观测

（一）沉降观测的周期

确定沉降观测的合理周期,对于建筑物的沉降观测至关重要,应根据建（构）筑物的特征、观测精度、变形速率及工程地质情况等综合因素考虑,并根据沉降量的变化情况适当调整。无论是什么样的建（构）筑物,沉降观测的次数不能少于 5 次。

在建筑物的施工期间,当观测点安置稳定后,应及时进行第一次沉降观测。之后,在每当增加较大荷载之前和之后,如基础回填土、墙体每砌筑一层楼、屋架安装、设备安装与运行、塔体加高一层、烟囱每加高 10m 等情况,都应当进行沉降观测。

在建筑物施工的过程中,如果因故停工时间较长,应在停工时和复工前各进行一次沉降观测。工程竣工后应根据沉降量的大小,确定其沉降观测的时间间隔。

在一般情况下,建筑物从投入使用开始,每隔一个月进行一次沉降观测,连续观测 3~6 次,其后一年观测 2~4 次。工程沉降观测实践表明,建筑物竣工后,沉降的规律一般是由快速逐渐变缓慢,最后趋于稳定。如果半年内的沉降量不超过 1mm 时,便可认为建筑物的沉降趋于稳定。

（二）沉降观测的方法

在观测前应检查水准点的高程是否发生变化,检查时应将水准点组成闭合水准路线。在保证水准点的高程无变化的情况下进行沉降观测。

建筑物沉降观测的精度要求,是根据建筑物的重要性及建筑物对变形的敏感程度来确定的。对于连续生产设备基础和动力设备基础、高层建筑和深基坑开挖的沉降观测,应采用精密水准仪按二等水准技术要求观测,沉降观测的水准闭合差不应超过 $\pm 0.6 n^{1/2}$（n 为观测的站数）。在不转测站的情况下,每次观测完后视水准点及前视各观测点以后,再回视后视水准点,两次后视读数之差不应大于 ± 1mm。

对于一般厂房的基础和构筑物的沉降观测,可以按三等水准技术要求观测,水准闭合差不应超过 $\pm 1.4 n^{1/2}$（n 为观测的站数）,同一后视点先后两次后视读数之差不应大于 ± 2mm。

在保证建筑物沉降观测精度要求的前提下,观测中还应注意如下事项:

（1）在正式进行沉降观测前,应对测量仪器进行严格的检查校正,精度要求较高时应采用 DS1 级或 DS0.5 级精密水准仪及与之配套的水准尺,一般精度要求的沉降观测可采用 DS3 级水准仪。

（2）在条件允许的情况下,应尽可能采用不转站测出各观测点的高程,前后视距应尽量相等且视线长度不超过 50m,整个观测过程最好用同一根水准尺,观测应选择在气候环境良好的条件下进行,避免因阳光直射而造成测量误差。

（3）在测量的过程中要尽量做到"五固定":观测人员固定、测量仪器固定、水准点固定、测量路线固定、测量方法固定。

三、观测资料的整理与分析

建筑物沉降观测不应当单纯指沉降点处数据的采集,还应包括对观测采集得到的原始数据进行整理分析、存档保管和进一步利用。等沉降观测资料积累到一定数量后,要利用它们进行分析,以便研究沉降的规律和特征。观测资料的整理与分析,实际上是一个去粗取精、去伪存真、由表面现象探索内在机理的提炼过程,通过整理与分析才能从原始数据中归纳出能指导实际的意见和规律性结论。

建筑物沉降观测应在每次观测时详细记录观测点上的加载情况,描述有无倾斜和裂缝现象,并应在现场及时计算各观测点的前后视点高差,检查各数据是否正确、各项误差是否在允许限度内。根据水准点的高程和改正后的高差计算出各观测点的高程,用观测点本次测得的高程减去上次观测得到的高程,其差值即为本次观测点的沉降量,每次沉降量相加即为累计沉降量。某学校 10 号教学楼沉降观测的成果见表 7-9。

表 7-9　沉降观测的成果记录表

观测次数	各观测点的沉降情况						施工进展情况	荷载情况（kN/m²）
	No. 1			No. 2				
	高程（m）	本次下沉（mm）	累计下沉（mm）	高程（m）	本次下沉（mm）	累计下沉（mm）		
1	156.255	0	0	156.246	0	0	开始施工	—
2	156.250	−5	−5	156.240	−6	−6	上二层楼板	4.5
3	156.247	−3	−8	156.237	−3	−9	上三层楼板	6.5
4	156.244	−3	−11	156.233	−4	−13	上四层楼板	8.5
5	156.242	−2	−13	156.230	−3	−16	上五层楼板	10.5
6	156.239	−3	−15	156.228	−2	−18	上六层楼板	12.5
7	156.237	−2	−18	156.226	−2	−20	主体完工	14.0
8	156.236	−1	−19	156.224	−2	−22	工程竣工	—
9	156.235	−1	−20	156.223	−1	−23	开始使用	—
10	156.235	0	−20	156.222	−1	−24	使用阶段	—
11	156.235	0	−20	156.222	0	−24	使用阶段	—

备注:此栏中主要说明如下事项:(1)点位草图;(2)水准点号码及高程;(3)基础地面土壤;(4)其他。

对每一个观测点而言,为更好地反映出时间、荷载和沉降量三者之间的关系,并进一步估计沉降发展的趋势,判断沉降是否达到稳定程度,根据变形观测所获得的数据,还要绘制时间(T)与沉降量(S)的关系曲线、时间(T)与荷载(P)的关系曲线。如图 7-24 所示为某建筑物上 1~4 观测点的 P-S-T 关系曲线。

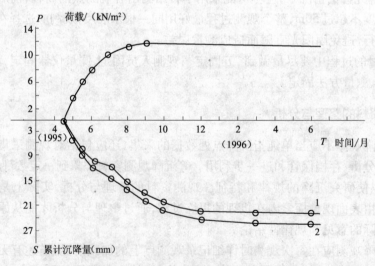

图 7-24　某建筑物观测点 P-S-T 关系曲线

当建筑物出现沉降异常情况(如不均匀沉降、沉降速率过大、累计沉降量过大等)时,会对建(构)筑物的安全产生严重影响。

第四节 建筑物倾斜与位移观测

建筑物在施工和使用的过程中,产生倾斜与位移是一种常见的问题。由于这两种现象都会影响建筑物的使用和安全,因此必须进行倾斜与位移观测。

一、建筑物的倾斜观测

建筑物由于地基的不均匀沉降将引起上部主体结构的倾斜,如图7-25所示。在未发生倾斜的时候,结构上部的 N 点和下部的 M 点在同一铅垂线上,如果地基出现不均匀沉降,从而使 N 点移至 N' 点,产生一定的位移。

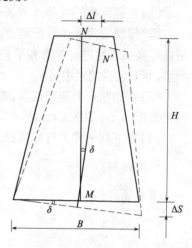

对于高宽比很大的高耸建(构)筑物而言,其倾斜变形要比沉降变形更加明显,轻微倾斜将影响建筑物的美观及正常使用,当倾斜过大时,将导致建(构)筑物的安全性降低,甚至出现倒塌。因此,对这类建(构)筑物则以倾斜变形观测为主要内容。

图 7-25 建筑物的倾斜示意图

建筑物倾斜观测的测定方法有两种:一种是直接观测法,是通过测定点位移 Δl 来确定产生的倾斜;另一种是间接观测法,是通过测定建筑物的基础相对沉降来确定其倾斜度。

在实际工程上最常用的是直接观测法,直接观测法中最简单的是悬吊垂球的方法,根据其偏差值可直接确定建筑物的倾斜。但是,由于在建筑物上面无法固定悬挂垂球的钢丝等原因,使得这种方法有时不能使用。倾斜观测还有经纬仪投影法、解析法、正交轴线法和前方交会法等。

1. 经纬仪投影法

经纬仪投影法观测建筑物的倾斜,如图7-26所示。图中 $ABCD$ 为建筑物的底部,$A'B'C'D'$ 为其顶部,A' 向外侧产生倾斜。经纬仪投影法的观测步骤为:

(1)在建筑物的顶部设置明显的标志 A',并用钢尺丈量或三角测量的方法,确定建筑物的高 H。

(2)在 BA 的延长线上,且距 A 点约 $1.5H$ 的地方设置测站 M,在 DA 的延长线上,且距 A 点约 $1.5H$ 的地方设置测站 N,同时在 M、N 两测站对准 A',并将它投影到地面为 A'' 点。在进行投影时,应使经纬仪在测站上必须整平,用盘左、盘右两个角度位置往下投影,取其中点。

(3)丈量 AA 的水平距离 Δl,并丈量在 BA、DA 方向上的投影值 Δx、Δy。则得出建筑物的倾斜方向:

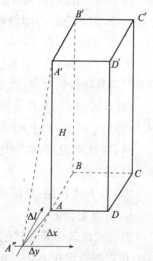

图 7-26 投影法观测倾斜示意图

$$\alpha = \arctan \frac{\Delta y}{\Delta x} \qquad (7-1)$$

倾斜度：
$$I = \frac{\Delta l}{H}$$
(7-2)

2. 解析法

如果要对房屋的四个角进行倾斜观测，有的房屋角部可能向内倾斜（如图 7-26 中所示的 C' 点），此时不能再用投影法测定其倾斜，而应用解析法。解析法的观测步骤为：

（1）在建筑物的底部 A、B、C、D 和顶部 A'、B'、C'、D' 均设置明显的固定目标。

（2）围绕着房屋布设控制点。控制点距房屋的距离一般为房屋高度的 $1.5 \sim 2.0$ 倍，控制点应联结成网进行观测和平差计算。如果要进行建筑物的长期观测，则控制点应埋设观测墩，并安装强制对中装置。

（3）在控制点上架设仪器，观测房屋上各点的水平方向和高度角，经过计算求出各点的三维坐标 (x_i, y_i, H_i)，$i = A$、B、C、D、A'、B'、C'、D'。

（4）用下列公式进行倾斜计算：

纵向倾斜：
$$\Delta x_i = x_i' - x_i$$
(7-3)

横向倾斜：
$$\Delta y_i = y_i' - y_i$$
(7-4)

高度变化：
$$\Delta H_i = H_i' - H_i$$
(7-5)

倾斜量：
$$\Delta l_i = \sqrt{\Delta x_i^2 + \Delta y_i^2}$$
(7-6)

倾斜方向：
$$\alpha_i = \arctan \frac{\Delta y_i}{\Delta x_i}$$
(7-7)

倾斜度：
$$\Delta \delta_i = \arctan \frac{\Delta l_i}{H_i}$$
(7-8)

其中 $i = A$、B、C、D。

对于塔式建筑物（如烟囱、水塔、电视塔、古塔等），由于此类建筑物的顶部与底部截面为圆形，所以对它们的倾斜观测还经常采用正交轴线法和前方交会法。

3. 正交轴线法

所谓正交轴线法，即通过塔式建筑物中心两条近似正交的轴线上设站，测定塔式建筑物的倾斜量及倾斜的方向，然后再根据其高度计算倾斜度。

如图 7-27（a），A、B 为测站点，AO_1、AO_2 两个方向近似垂直，O_1、O_2 分别为底部与顶部中心，O_2' 为 O_2 在 O_1 面上的投影，见图 7-27（b）。正交轴线法的必要观测为：

（1）在 A 点设站，观测塔形建筑物底、顶面边缘切线的方向值 α_1、α_2、α_2'、α_1' 和 A 点到底面的最近距离 S；

（2）在 B 点设站，观测塔形建筑物底、顶面边缘切线的方向值 β_1、β_2、β_2'、β_1'。

4. 前方交会法

当塔式建筑物周围其他建筑物繁多或地形复杂，正交轴线法无法进行测量时，可以将测站 A、B 观测点设在不必互相垂直的两个方向上，但要求 A、B 两点必须通视，且便于测量距离，这样便可以用前方交会法来确定建筑物的倾斜量。

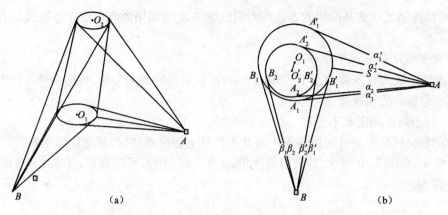

图 7-27　正交轴线法测量塔式建筑物倾斜示意图

用前方交会法测量塔式建筑物的基本要求和必要观测,与正交轴线法基本相同,如图 7-28 所示。

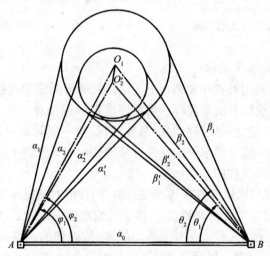

图 7-28　前方交会法测量塔式建筑物示意图

二、建筑物的位移观测

建筑物水平位移观测的任务是测定建筑物在平面位置上随着时间变化的位移量。由于建筑物结构各不相同,对于水平位移观测的要求各有特点,因此需要采用的方法也不相同。一般常用方法有基准线法、三角测量法、导线测量法、前方交会法等。

(一)基准线法

基准线法也称为方向线法或轴线法,是观测水平位移的基本方法。其基本原理是:以通过或平行于工程建筑物轴线的固定不变的铅直平面为基准面,根据它来测定垂直于基准面方向的水平位移。

如图 7-29 所示,A、B 为基准线的两个端点,1、2 为水平位移的两个观测点,A、B 直线所在的铅直面 P 为基准面,由于建立基准面的方法不同,因而测量水平位移观测点水平位移手段也不同,一般可分为以下几种:(1)采用经纬仪视线建立基准面的方法称为视准线法;

（2）采用拉直钢丝建立基准线的方法称为引张线法；（3）采用激光束建立基准线的方法称为激光准直法。

1. 视准线法观测水平位移

视准线法观测建筑物的水平位移，是一种比较简单的观测方法，根据观测方法不同又可分为测小角法和活动觇牌法。

（1）测小角法测定水平位移

测小角法就是在基准线的端点 A 或 B 上架设上精密经纬仪，测定位移观测点 i 与 AB 的微小夹角 α_i，如图 7-30 所示，然后根据夹角 α_i 及 A 到 I 的水平距离 S_i，计算出 i 点相对于 AB 的偏离值 Δl。

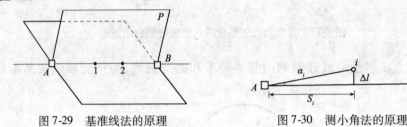

图 7-29　基准线法的原理　　　　　　图 7-30　测小角法的原理

（2）活动觇牌法测定水平位移

活动觇牌法是直接利用安置在观测点上的活动觇牌来测定偏离数值的。需要的仪器设备有：精密照准仪、固定觇牌和活动觇牌。精密照准仪的用途在于建立视线基准，可用精密经纬仪代替；固定觇牌是建立视线基准时的照准目标，与一般测量中的作用相同；活动觇牌是一种可以测定基准线垂直方向水平位移并可精确读出移动数值的觇牌。

活动觇牌法测定水平位移的步骤如下：

① 将测量用的精密照准仪安置在基准线的端点上，将固定觇牌安置在另一个端点上。

② 将活动觇牌仔细地安置在观测点上，照准仪瞄准固定觇牌后，将方向固定下来，然后由观测人员指挥观测点上的工作人员移动活动觇牌，待觇牌的照准标志刚好位于视线方向上时，读取活动觇牌上的读数。然后再移动活动觇牌从相反方向对准视线进行第二次读数，每进行定向一次要观测四次，即完成一个测回的观测。

③ 在第二测回开始时，测量仪器必须重新定向，其方法步骤与以上相同。一般对每个观测点需要进行往测、返测各 2~6 个测回。

活动觇牌读数尺上最小分划值为 1mm，借助游标可以读到 0.1mm。与测小角法相类似，活动觇牌法测定偏离数值的精度，主要取决于照准仪的照准精度。

2. 引张线法观测水平位移

引张线法是在两固定端点之间以拉紧的金属丝作为基准线，用来测定建筑物水平位移。引张线法的装置由端点、观测点、测线与测线保护管四部分组成。

在引张线法中假定金属线（钢丝）两端固定不动，则拉紧的金属线（钢丝）是固定的基准线。由于各观测点上的标尺与建筑物是固定的，所以对于不同的观测周期，钢丝在标尺上的读数变化值，就是该观测点的水平位移值。

3. 激光准直法观测水平位移

激光准直法测定建筑物水平位移，由于使用的仪器工具不同，可分为激光准直法和波带板准直法两种。

（1）激光准直法

激光准直法采用激光准直时，活动觇牌的中心装有两个半圆形的硅光电池组成的光电探测器，并将两个硅光电池分别接在指针式检流表上。如激光束通过觇牌中心，硅光电池左右两半圆上接收相同的激光能量，指针式检流表上的指针为零。反之，指针式检流表指针就偏离零位，这时移动光电探测器使指针式检流表的指针对零，即可在读数尺上读取读数。为了提高读数精度，通常利用游标尺可读到 0.1mm，当采用测微器时，可直接读到 0.01mm。

激光准直法的操作要点为：

将激光经纬仪安置在端点 A 上，在另一端点 B 上安置光电探测器。将光电探测器的读数安置在零点上。调整经纬仪水平度盘微动螺旋，移动激光束的方向，使 B 点的光电探测器的指针式检流表指针为零。这时基准面即已经安置在 AB 方向线上，固定经纬仪水平度盘。

依次将望远镜激光束投射到安置于每个观测点处的光电探测器上，移动光电探测器，使指针式检流表指针为零，就可以读取每个观测点相对于基准面的偏离数值。

（2）波带板准直法

波带板准直法也称波带板激光准直法，主要由激光器点光源、波带板装置和光电探测器三部分组成。

用波带板激光准直系统进行准直测量示意，如图 7-31 所示。在基准线两端点 A 和 B 分别安置激光器点光源和探测器，在需要测定偏离数值的观测点 C 上安置波带板。当激光管点燃后，激光点光源就发射出一束激光，当激光照满波带板后，通过波带板上不同透光孔的绕射，由于光波之间的相互干涉，就会在光源和波带板连线的延伸方向线的某一位置上形成一个亮点或十字形。形成的亮点是对图 7-32 所示的圆形波带板而言，形成的十字形是对方形波带板而言（图 7-33）。

根据观测点的具体位置，对于每一观测点可以设计专用的波带板，使所成的像恰好落在接收端 B 点的位置上，利用安置在 B 点的探测器，可以测出 AC 连线在 B 点相对于基准面的偏离数值 BC。C 点对基准面的偏离数值为（如图 7-34 所示）：

$$\Delta C = \frac{S_c}{L} BC' \tag{7-9}$$

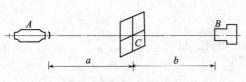

图 7-31　波带板激光准直测量示意图

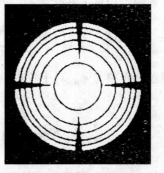

图 7-32　圆形波带板

图 7-33　方形波带板

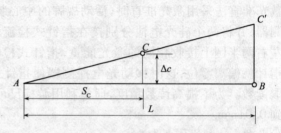

图 7-34　波带板激光准直测量偏离数值计算

（二）三角测量法

如果在建筑物的变形点上可以直接安置仪器和照准标志，则可以采用三角测量法测定各变形点的坐标。在进行测量时，可采用三角测量、三边测量或边角测量。图 7-35 所示的三角测量法测定水平位移的基本方法，是一个应用最广泛的观测建筑物水平位移的方案，其中 Ⅰ、Ⅱ、Ⅲ 点为工作基点，b_1、b_2 为基准线边，A、B、C 为设置在建筑物上水平位移观测点。工作基点和观测点应分组尽量埋设在直线上，在每周期观测中均需要测定 b_1、b_2 基准线。

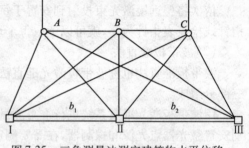

图 7-35　三角测量法测定建筑物水平位移

（三）导线测量法

在测定建筑物水平位移时，如果两个端点之间或者与较远的变形点不通视，则基准线法中的所有测定方法不便使用，这时可采用如图 7-36 所示的（无定向）导线法。

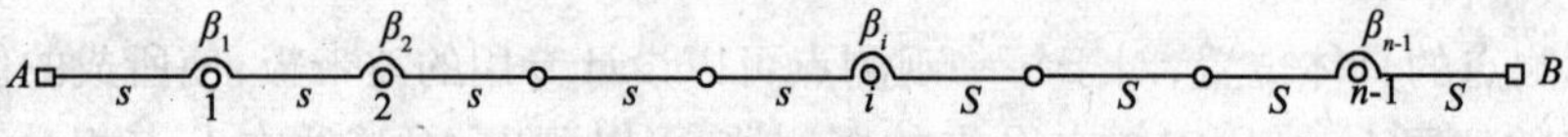

图 7-36　导线法测量偏离数值示意图

$$\Delta\beta_i = \beta_i - 180°, i = 1,2,\cdots,n = 1$$

则各观测点相对于基准线 AB 的偏离数值为：

$$\Delta i = \frac{S}{P}\left\{\left(1 - \frac{i}{n}\right)\sum B_j + in\sum(n-j)\Delta_{Bj}\right\}, i = 1,2,\cdots,n \tag{7-10}$$

令测角中误差为 m_β，对于式（7-10），应用中误差传播律，得导线法测定偏离数值的中误差：

$$m\Delta i = \frac{m_\beta}{\rho}S\sqrt{\frac{\left[2i^2(n-i)\right]^2 + i(n-i)}{6n}}, i = 1,2,\cdots,n \tag{7-11}$$

将导线测量法应用于非直线形建筑物时，可以得到观测点在两个方向上的位移值。图 7-37 是在某拱坝水平廊道内用导线测量法测量水平位移的方案示意图。为提高测量结果的精度和可靠性,应根据现场条件尽量采取多点观测等措施。

（四）前方交会法

在建筑物水平位移的观测中,前方交会法是人们经常使用的一种方法,尤其是在观测点不宜到达或观测点不宜建墩设站的情况下,应优先采用这种观测方法。前方交会法在高层建筑物、烟囱和塔型建筑物、曲线桥梁、拱形混凝土坝等水平位移观测中得到广泛应用,并获得比较理想的效果。

前方交会法测量建筑物水平位移的基本原理,如图 7-38 所示。P 为设置在建筑物上的观测点,A、B 为工作基点,其坐标为 $(x_A、y_A)$、$(x_B、y_B)$,α、β 为观测角。对于不同的观测周期,P 点的坐标变化量就是 P 点的水平位移量。

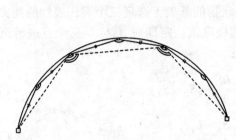

图 7-37　导线法测量拱坝水平位移示意图

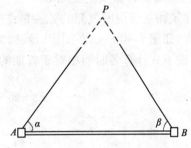

图 7-38　前方交会法示意图

观测点 P 的坐标计算公式为:

$$X_P = \frac{x_A \cot\beta + x_B \cot\alpha - y_A + y_B}{\cot\alpha + \cot\beta} \tag{7-12}$$

$$Y_P = \frac{y_A \cot\beta + y_B \cot\alpha + x_A - x_B}{\cot\alpha + \cot\beta} \tag{7-13}$$

设测角的误差为 m_P,则对以上两式进行微分后,应用中误差传播律得:

$$m_{xP} = \frac{m_\beta}{\rho} \sqrt{\left[\frac{\sin\beta \Delta x_{BP}}{\sin\alpha \sin(\alpha+\beta)} \right]^2 + \left[\frac{\sin\alpha \Delta x_{AP}}{\sin\beta \sin(\alpha+\beta)} \right]^2} \tag{7-14}$$

$$m_{yP} = \frac{m_\beta}{\rho} \sqrt{\left[\frac{\sin\beta \Delta x_{BP}}{\sin\alpha \sin(\alpha+\beta)} \right]^2 + \left[\frac{\sin\alpha \Delta x_{AP}}{\sin\beta \sin(\alpha+\beta)} \right]^2} \tag{7-15}$$

从而可得 P 点的点位中误差:

$$m_P = \pm \sqrt{m_{xp}^2 + m_{yp}^2} = \frac{m_\beta}{\rho} S_{AB} \frac{\sqrt{\sin^2\alpha + \sin^2\beta}}{\sin^2(\alpha+\beta)} \tag{7-16}$$

在生产实践中,应当采用三个方向交会或多方向交会的方法,观测建筑物的水平位移。

第五节　建筑物挠度与裂缝观测

建筑物的结构构件在施工和使用的过程中,会随着荷载的增加产生挠曲,挠曲的大小对建筑物结构构件受力状态的影响很大。因此,建筑物结构构件的挠曲变形不得超过某一限值,否则将危及建筑物的安全。

当建筑物出现基础不均匀沉降、施工方法不当、设计方面有误等问题时,都会使建筑物的上部主体结构产生裂缝,同样也会影响建筑物的使用功能和使用寿命,甚至导致建筑物的破坏。由此可见,建筑物的挠度观测和裂缝观测是十分必要的。

一、建筑物的挠度观测

工程实践证明:建筑物的挠度观测方法,依据观测对象不同而有所不同。现将常见的建筑物基础挠度观测、建筑桁架的挠度观测、大桥悬臂梁挠度观测、建筑物主体挠度观测等分别叙述如下。

(一)建筑物基础挠度观测

建筑物基础挠度观测的方法是:在建(构)筑物的基础上选定三个有代表性的地方设置观测点,如图 7-40 所示。图中,F_e 称为基础的挠度值。定期对 A、B、C 三个点进行沉降观测,可按下式计算各时期相对于首期的挠度值:

$$F_e = S_C - S_A - \frac{L_A}{L_A + L_B}(S_B - S_A) \tag{7-17}$$

或

$$F_e = S_C - \frac{L_B S_A + L_A S_B}{L_A + L_B} \tag{7-18}$$

式中　L_A、L_B——观测点之间的距离;

S_A、S_B、S_C——观测点的沉降量。

建(构)筑物的某些处于水平状态的单体构件、行车轨道等的挠度观测,也可以采用这种方法。

(二)建筑桁架的挠度观测

建筑桁架挠度观测的意义与基础挠度观测的意义基本相同,可采用水准尺挂尺法进行。与图 7-39 一样,在桁架的两端及中部选定 A、B、C 三个观测点,并且在选定位置上安装挂尺螺栓(如图 7-39 所示),螺栓可以竖直安装,也可以水平安装,安装时使挂钩朝上。再依据所用水准尺制一尺子卡,卡住水准尺的上端,尺子卡的顶端焊一个铁环,用一根两端弯成挂钩的挂件连系,挂件的一端挂在尺子卡的铁环上,另一端挂在挂尺螺栓的挂钩上,并使水准尺悬离地面 0.3mm 左右。

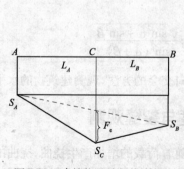

图 7-39　建筑物基础的挠度观测

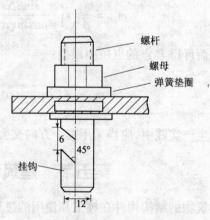

图 7-40　挂尺螺栓(单位:mm)

定期对所设置的观测点进行观测,并按公式(7-17)计算各期相对于首期的挠度值。

(三)大桥悬臂梁挠度观测

大桥悬臂梁挠度观测是比较复杂的一项工作,也是非常必要的观测,主要包括弹性挠度观测和徐变挠度观测。

1. 弹性挠度观测

大桥悬臂梁在动荷载(如车辆在桥面上行驶)的作用下而产生一定挠度,随着动荷载的消失,悬臂梁的挠度也消失,这种变形称为弹性挠度。弹性挠度观测比较困难,一般应采用近景摄影的方法。

2. 徐变挠度观测

大桥悬臂梁在静荷载(如混凝土桥板的质量)的作用下,随着时间的迁延而产生的挠度,称为徐变挠度。徐变挠度观测的观测点,通常设置在桥的墩身及两臂的自由端上,如图7-41 中所示的 A 和 B。根据大桥悬臂梁挠度观测的需要,也可以在观测点 A、B 之间再设置观测点。如果大桥悬臂梁为钢件固结,其整体性非常好,也可以只在一个臂上设置观测点。定期对观测点进行沉降观测,并按下式计算挠度值:

$$F_e = S_B - S_A \tag{7-19}$$

式中　S_A、S_B——分别为观测点 A、B 的沉降量。

(四)建筑物主体挠度观测

建(构)筑物的主体几何中心垂直线上各个不同高度的点,相对于其底部点(几何中心垂直线在底平面上的垂足)的水平位移,就是该建(构)筑物的挠度。按这些点在扭曲方向垂直面上的投影所描成的曲线,称为建筑物主体的挠度曲线。

建筑物主体挠度观测方法,一般宜采取前方交会法,控制点距建筑物的距离一般为高度的 1.5～2.0 倍,且应使交会角尽可能接近 90°,控制 A、B 间的边长相对中误差应小于1/7000,其坐标应与原有控制网联测。

1. 圆形建(构)筑物的主体挠度观测

圆形建(构)筑物的主体几何中心线在底面的垂足,即底面的圆心,其挠度观测可通过观测不同高度上各层(每隔 5～10m 为一层)圆心相对于底面圆心的平面位移。圆形建(构)筑物的主体挠度观测方法,如图 7-42 所示。其观测的具体步骤如下:

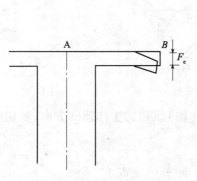

图 7-41　悬臂梁的挠度观测

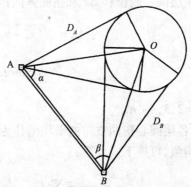

图 7-42　圆形建筑物的主体挠度观测

（1）设测站于 A 点，后视 B 点，量取仪器的高度 I_A。先对底层进行观测，用仪器中的十字丝中心对准底层周围一侧之切点，并用红漆做出标记，读取方向值及天顶距 Z_{AJ}；固定望远镜，旋转照准部，照准另一侧之切点，读取方向值。两切线方向值的中数就是圆心的方向值，由此而得观测角 α_1。用钢尺丈量 A 点至切点（红漆标记处）的平距 D_A，按下式计算底层高程：

$$H_1 = H_A + I_A + D_A \cot Z_{AJ} \tag{7-20}$$

（2）仍然在测站 A 对各层（包括顶层）进行观测。设各层的间隔高度为 h，则第 k 层的高度为：

$$H_k = H_1 + (k-1)h, k = 2,3,\cdots,n \tag{7-21}$$

以底层切线平距 D_A 近似地代替各层切线的平距，则可按下式计算第 k 层切点的天顶距为：

$$Z_{Ak} = \operatorname{arccot} \frac{H_k - H_A - I_A}{D_k}, k = 2,3,\cdots,n \tag{7-22}$$

将望远镜置于天顶距等于 Z_{Ak} 的位置，固定好望远镜，旋转照准部，分别照准切点，并读出方向值。两个方向值的中数就是圆心的方向值，从而可以获得各层的观测角 α_k 数值（$k = 2,3,\cdots,n$）。

（3）设测站于 B 点，后视 A 点，量取仪器的高度 I_B。先对底层进行观测，底层高程已由式（7-23）确定，按此高程标出底层地点，丈量 B 点至切点的平距 D_B，分别照准底层两侧切点，并读取方向值。两个方向值的中数就是底层圆心的方向值，由此而得观测角 β_1。

（4）仍然在测站 B 对各层（包括顶层）进行观测。各层的高程已由式（7-21）确定，按式（7-23）计算 B 站的 k 层天顶距：

$$Z_{Dk} = \operatorname{arccot} \frac{H_k - H_D - I_D}{D_D}, k = 2,3,\cdots,n \tag{7-23}$$

方向值的观测同步骤（2）所述，从而获得观测角 β_k（$k = 2,3,\cdots,n$）。

（5）计算。首先，按照公式（7-12）和（7-13）计算出天顶距，其次，按式（7-24）计算各层圆心相对于底层圆心的位移 Δk 和扭曲方向：

$$\Delta k = \sqrt{(x_k - x_1)^2 + (y_k - y_1)^2} \tag{7-24}$$

$$\phi = \operatorname{arccot} \frac{y_k - y_1}{x_k - x_1} \tag{7-25}$$

其中：$k = 2,3,\cdots,n$。

再次，取各层圆心扭曲方向的平均值作为该建（构）筑物的主体扭曲方向，各层圆心扭曲方向的平均值，可按下式计算：

$$\overline{\phi} = \frac{1}{n-1} \sum \phi_k - \frac{1}{n}(\phi_2 + \phi_3 + \cdots + \phi_n) \tag{7-26}$$

最后，计算各层圆心位移量 Δk 在平均扭曲方向垂直面上的投影 $\Delta k'$。

$$\Delta k' = \Delta k \cos(\phi_k - \overline{\phi}) \tag{7-27}$$

（6）编制主体挠度观测成果表。这是进行计算的重要步骤，一定按要求进行认真填写和计算。某建筑物主体的挠度观测结果如表7-10所示。

（7）绘制主体挠度曲线图。以底层圆心为原点，以观测点的高程为纵坐标，以观测点在平均扭曲方向 ϕ 上的位移量 Δk 为横坐标，绘制出主体挠度曲线图，如图7-43所示。

表 7-10　某建筑物主体的挠度观测结果表

层次	$H(\mathrm{m})$	$X(\mathrm{m})$	$Y(\mathrm{m})$	$\Delta k(\mathrm{mm})$	ϕ_k	$\Delta k'(\mathrm{mm})$	备注
1	48.25	431.862	327.135	2.2	153°26′	2.2	
2	53.25	431.860	327.136	5.8	149°02′	5.8	
3	58.25	431.857	327.138	12.4	165°58′	12.4	
4	63.25	431.850	327.138	20.2	147°06′	20.0	
5	68.25	431.845	327.146	31.8	151°49′	31.8	
6	73.25	431.834	327.150	39.9	157°56′	39.8	$\phi = 154°29′$
7	78.25	431.825	327.150	55.9	155°44′	55.9	
8	83.25	431.811	327.158	74.2	154°28′	74.2	
9	88.25	431.795	327.167	91.7	154°50′	91.7	
10	91.04	431.779	327.174				

2. 非圆形建（构）筑物的主体挠度观测

对于非圆形建（构）筑物的几何中心，可以利用其外廓的对称于几何中心的棱角来近似地确定。如图7-44中的两种图形，都可以用测定 P、Q 两个棱角点的坐标并取其平均值的办法来求得其几何中心的坐标。各层一对棱角点的高度，可利用天顶距来控制，使这一对点处于同一平面上。天顶距的观测方法和计算方法，以及其他各项计算和资料整理，均与以上所述相同。

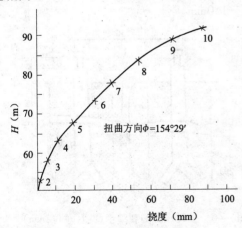

图 7-43　建筑物主体挠度曲线图

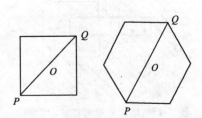

图 7-44　非圆形建筑物几何中心的确定

对于棱角垂直而外廓不对称的建（构）筑物，由于很难确定其几何中心，可以只对一条棱角进行观测（视此棱角与几何中心垂直线相平行）。

对于外廓为三角形而其棱角并非垂直的建（构）筑物，则必须对其三条棱角进行观测，每层观测三个棱角点（必须在同一平面上），三点坐标的平均值就是几何中心坐标。

二、建筑物的裂缝观测

当建筑物发生裂缝时,外界的侵蚀介质会深入其内部,对建筑物进行破坏。为了了解裂缝的现状和掌握其发展情况,应及时对裂缝进行观测,以便根据观测资料分析其产生裂缝的原因,预测它对建筑物安全的影响,及时地采取有效措施加以处理。

建筑物的裂缝观测,可根据建筑物的具体情况,采用石膏标志、薄铁皮标志或金属棒标志等。对于标志设置的基本要求是:当裂缝开裂时,标志就能相应地开裂或变化,能够正确地反映建筑物裂缝发展的情况。

（一）石膏标志

石膏标志是在裂缝的两端抹上一层石膏,其长度视裂缝的大小而定,宽度约50mm,厚度约10mm。石膏干燥后,用红漆喷一层宽度约5mm的横线,横线跨越裂缝两侧且垂直于裂缝。如果建筑物的裂缝继续扩大,石膏必然随着开裂,每次测量红线处裂缝的宽度并作记录,从而就可以观察裂缝的发展情况。

（二）薄铁皮标志

薄铁皮标志是用厚度约0.5mm的薄白铁皮两片,一片约为150mm×150mm,固定在裂缝的一侧,另一片为50mm×200mm,固定在裂缝的另一侧,并使其中一部分紧贴在相邻的正方形白铁皮上,将两片白铁皮分别固定在裂缝的两侧后,在其表面均涂上红色油漆。如果裂缝继续发展,两片白铁皮将被逐渐拉开,量出未涂红色油漆部分的宽度,即为裂缝加大的宽度。用铁皮观测裂缝如图7-45所示。此外,还应观测裂缝的走向和长度等项目。

（三）金属棒标志

对于重要建（构）筑物上的裂缝,可选择在有代表性的位置上埋设金属棒标志（如图7-46所示）,该金属棒直径约20mm,长约60mm,埋入混凝土内40mm,外露部分为标点,在其上面各有一个保护盖,两个标点的距离不得小于150mm。

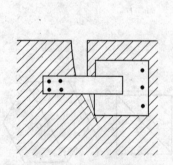

图7-45　用铁皮观测裂缝示意图

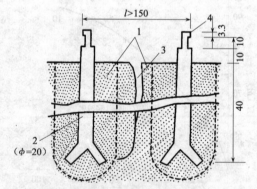

图7-46　金属棒观测裂缝示意图（单位:mm）
1—钻孔后回填的混凝土;2—观测标点;
3—裂缝;4—游标卡尺卡着处

裂缝观测标点在裂缝两侧的混凝土表面上各埋入一个,用游标卡尺定期地测定两个标点之间的距离的变化值,以此来掌握裂缝宽度的发展情况。

第八章 测量在公路工程中的应用

在公路工程的设计和施工过程中,测量是一项极其重要的基础技术工作,不仅为设计和施工提供可靠的数据,而且是确保工程设计与施工质量的重要手段。

根据公路工程建设的实践经验,其测量的主要内容包括:公路工程中线测量、公路圆曲线的测设、纵横断面图的测绘和公路工程施工测量等。

第一节 公路工程测量概述

各种管线工程在勘测设计和施工管理阶段所进行的测量工作,统称为线路工程测量(简称线路测量)。公路工程测量属于线路工程测量,由于公路工程的等级不同,它们各自在勘测和施工中测量的内容和要求也不同。

一、我国现行公路的标准等级

公路根据使用任务、功能和适应的交通量不同,可以分为高速公路、一级公路、二级公路、三级公路、四级公路五个等级。

(1)高速公路为专供汽车分向、分车道行驶并全部控制出入的干线公路。四车道高速公路一般能适应按各种汽车折合成小客车的远景设计年限年平均昼夜交通量为 25000 ~ 55000 辆;六车道高速公路一般能适应按各种汽车折合小客车的远景设计年限年平均昼夜交通量为 45000 ~ 80000 辆;八车道高速公路一般能适应按各种汽车折合成小客车的远景设计年限年平均昼夜交通量为 60000 ~ 100000 辆。

(2)一级公路为供汽车分向、分车道行驶的公路,一般能适应按各种汽车折合成小客车的远景设计年限年平均昼夜交通量为 15000 ~ 30000 辆。

(3)二级公路一般能适应按各种车辆折合成中型载重汽车的远景设计年限年平均昼夜交通量为 3000 ~ 7500 辆。

(4)三级公路一般能适应按各种车辆折合成中型载重汽车的远景设计年限年平均昼夜交通量为 1000 ~ 4000 辆。

(5)四级公路一般能适应按各种车辆折合成中型载重汽车的远景设计年限年平均昼夜交通量为:双车道 1500 辆以下;单车道 200 辆以下。

公路等级的选用公路等级应根据公路网的规划,从全局出发,按照公路的使用任务、功能和远景交通量综合确定。一条公路,可根据交通量等情况分段采用不同的车疲乏数或不同的公路等级。

各级公路远景设计年限:高速公路和一级公路为 20 年;二级公路为 15 年;三级公路为 10 年;四级公路一般为 10 年,也可根据实际情况适当调整。

二、公路工程的测量阶段和内容

公路工程在勘测设计过程中,一般可分为初测和定测两个阶段。

（一）公路工程的初测阶段

公路工程在初测阶段的主要任务是：沿着路线可能经过的范围内布设导线，测量路线带状地形图，在指定地点测绘工点地形图和纵断面图，收集沿线地质、水文等方面的资料，在图纸上或施工现场进行定线，编制设计比较方案，为公路工程进行初步设计提供依据。

公路工程和其他线路工程的线路测图的比例尺，应符合表 8-1 中的要求。国家标准《工程测量规范》（GB 50026—2007）中规定，路线带状地形图和工点地形图的比例尺一般应为 1/1000 ~ 1/5000；其测绘的宽度，当采用"纸上定线法"初测时，路线中线两侧各测绘 200 ~ 400m；当采用"现场定线法"初测时，路线中线两侧各测绘 150 ~ 250m。

表 8-1　各种线路测图的比例尺

线路名称	带状地形图	工点地形图	纵断面图		横断面图	
			水平	垂直	水平	垂直
公路	1：2000 1：5000	1：200 1：500 1：1000	1：2000 1：5000	1：200 1：500	1：100 1：200	1：100 1：200
铁路	1：1000 1：2000 1：5000	1：200 1：500 1：1000	1：1000 1：2000 1：5000	1：200 1：500 1：1000	1：100 1：200	1：100 1：200
架空索道	1：2000 1：5000	1：200 1：500	1：2000 1：5000	1：200 1：500	—	—
自流管线	1：2000 1：5000	—	1：2000 1：5000	1：200 1：500	—	—
压力管线	1：2000 1：5000	—	1：2000 1：5000	1：200 1：500	—	—
架空送电线路	—	1：200 1：500	1：2000 1：5000	1：200 1：500	—	—

当高速公路和一级公路采用分离式路基时，地形图测绘的宽度应覆盖两条分离路线及中间带的全部地形；当两条分离路线相距很远或中间带为大河或高山时，中间地带的地形可以不测绘。

通过测量定线，可以在地形图上选定路线曲线与直线的位置，定出两者的交点，计算其坐标和转角，拟定平曲线要素，计算路线连续里程，然后将设计的交点位置在实地标定出来。

当相邻两个交点互不通视或直线距离较长时，需要在连线上测定一个或几个转点，以便在交点测量转折角及直线测量距离时作为照准和定线的目标。

（二）公路工程的定测阶段

公路工程在定测阶段的主要任务是：在选定设计方案的路线上进行路线中线、高程、纵断面、横断面、路线交叉、沿线设施、环境保护等方面的测量和资料调查，为施工图设计提供可靠的技术资料。

在定测阶段进行的测量项目很多，主要包括控制测量、带状地形图测绘、中线测量、纵横断面测量、施工放样测量等。

（1）控制测量是沿线路可能延伸的方向布设测量平面控制点和高程控制点，作为进行其他测量工作的依据。

（2）带状地形图测绘是测绘线路两侧一定范围内的地形图，为线路的选线和线路设计提供可靠的资料。

（3）中线测量是按照设计要求将线路中心线测设于实地上，并测出中线所设各点的高程，为纵横断面测量打下基础。

（4）纵断面和横断面测量是测定线路中线方向和垂直于中线方向的地面实际情况，并绘制出纵断面图和横断面图，为线路纵坡设计、边坡设计及土石方工程量计算提供资料。

第二节　公路工程中线测量

公路工程中线测量是确定道路位置的重要环节，关系到整个道路工程的长度、方向、位置等是否符合设计要求。线路中线测量的任务是根据线路设计的平面位置，将线路中心线测设在实地上。公路工程中线的平面几何线形由直线段和曲线段组成，其中曲线段一般为某曲率半径的圆弧。线路中线的形状如图8-1所示。

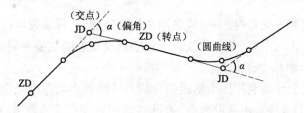

图8-1　线路中线的形状

对于行驶速度较快的高等级公路，在直线段和圆曲线段之间还应当设置一段缓和的曲线，其曲率半径由无穷大逐渐变化为所接圆曲线的曲率半径，以便提高行车的稳定性。

中线测量的主要工作内容有：测设中线交点、测定转折角、测设里程碑和加桩、测设曲线等。

一、中线交点的测设

在图纸上进行定线后，必须将图上确定的转折点（包括线路起点和终点）测设到实地上，这些转折点称为中线交点，这是确定线路走向的关键点，在公路工程中一般用"JD"加编号表示，如"JD_8"表示某公路工程的第8号交点。

当线路直线段距离比较长或因地形变化通视有困难时，在直线段上一般每隔200～300m设置一个转点（ZD）。中线交点测设的方法有很多种，在实际测量中常用的有以下三种。

（一）根据地面上的地物测设交点

根据地面上比较固定的地物测设交点是一种非常简便易行的方法。如图8-2所示，交点JD_6的位置已在地形图上选定，图上中线的两侧附近有房屋、电线杆等明显地物，可先在图上量出JD_6至两个房角和电线杆的距离，然后在现场找到相应的地物，经复核无误后，按距离交会法测设交点JD_6的位置。

（二）根据平面控制点测设交点

线路工程的平面控制点的坐标已知，可根据控制点坐标和交点设计坐标，反算出有关测设数据，然后按极坐标法、角度交会法、距离交会法测设交点。一般来说，交点设计坐标可在设计图纸上查到，如果设计图纸上没有，可在标有交点的地形图上量取。

如图 8-3 所示，图中的 5、6、7 为导线点，JD_4 为中线交点，并与 JD_6 通视。可先计算出交点 JD_6 至 JD_4 的水平距离 S，6 点至 7 点的方位角 α_{6-7} 和 6 点至 JD_4 的方位角 α_{6-JD_4}，然后根据 $\beta = \alpha_{6-JD_4} - \alpha_{6-7}$，在 6 点上设站按极坐标法测设 JD_4。

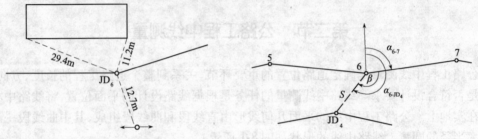

图 8-2　根据地物测设交点　　　　　图 8-3　利用导线点测设交点

根据平面控制点测设交点时，一般应采用全站仪施测，这样不仅可以达到很高的定位精度，并且方便灵活，工作效率高，是现代线路工程中测设交点的主要方法。

（三）采用穿线法测设中线交点

穿线法测设中线交点是利用图上附近的导线点或地物点与图纸上定线的直线段之间的角度和距离关系，用图解法求出测设数据，通过实地的导线点或地物点，把中线的直线段单独地测设到地面上，然后将相邻直线延长相交，定出地面交点桩的位置。穿线法测设交点的程序，主要包括放点、穿线和交点。

（1）放点。放点的常用方法有极坐标法和支线距离法（简称"支距法"）两种。

极坐标法放点，如图 8-4 所示，$P_1 \sim P_4$ 为图纸上定线的某一直线段欲放的临时点。在图中以最近的 4、5 号导线点为依据，用量角器和比例尺分别量出放样的数据 β_1、l_1、β_2、l_2 等，并在实地上用经纬仪和钢尺分别在 4、5 点按极坐标法定出各临时点的位置。

支线距离法放点，如图 8-5 所示，在图上从导线点 14、15、16、17 作导线边的垂线，分别与中线相交得各临时点，用比例尺量取各相的支线距离 $l_1 \sim l_4$。在现场以相应导线点为垂足，用方向架定出垂线方向，按支线距离设出相应的各临时点 $P_1 \sim P_4$。

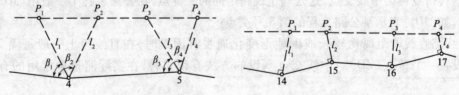

图 8-4　极坐标法放点　　　　　　　图 8-5　支线距离法放点

（2）穿线。以上述方法放出的临时各点，在理论上应在一条直线上，由于图解数据和测设工作均存在一定误差，实际上并不严格在一条直线上，如图 8-6（a）所示。在这种情况下，可根据现场实际情况，采用目测估计法穿线或经纬仪视准线法穿线，通过比较和选择，定出一条尽可能多地穿过和靠近临时点的直线 AB。最后在 AB 或其方向上打下两个以上的转点桩,然后再取消临时点桩。

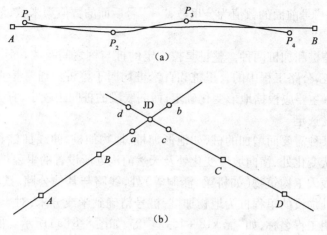

图 8-6　穿线与交点示意图

（3）交点。当两条相交的直线 *AB* 和 *CD* 在地面上确定后,可进行交点(如图 8-6b 所示)。将经纬仪安置于 *B* 点瞄准 *A* 点,倒镜后在视线上接近交点 JD 的概略位置前后打下两个桩(也称骑马桩)。采用正、倒目镜测定法在这两个桩上定出 *a*、*b* 两点,并钉上小钉,挂上细线。将仪器搬至 *C* 点,用同样的方法定出 *c*、*d* 两点,两细线的相交处打下木桩,并钉上小钉,即得到交点 JD。

二、中线转折角的测定

在测设好中线交点桩后,还应测出线路在交点处的转折角(转向角、偏转角),以便进行曲线的测设。转折角是线路中线在交点处由一个方向转到另一个方向时,转变后的方向与原方向延长线的夹角,一般用 α 表示,如图 8-7 所示。当偏转后的方向位于原方向的左侧时,称为左转角,记为 $\alpha_{左}$;当偏转后的方向位于原方向的右侧时,称为右转角,记为 $\alpha_{右}$。

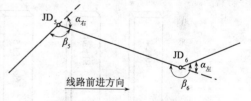

图 8-7　线路转折角示意图

在恢复中线的测量中,一般是通过观测线路右侧的水平角 β 来计算出转折角。在进行观测时,将 JD_6 经纬仪安置在交点上,用测回法观测一个测回,取盘左和盘右读数的平均值,得到水平角 β。当 β > 180°时为左转角,当 β < 180°时为右转角。左转角和右转角的计算式分别为:

$$\alpha_{左} = \beta - 180° \tag{8-1}$$

$$\alpha_{右} = 180° - \beta \tag{8-2}$$

测定转折角 β 后,在不变动水平度盘位置的情况下,定出该转折角 β 的分角线方向,以便于测设圆曲线中点 QZ。

三、里程桩与加桩测设

为了测定线路的长度和路基中线的位置,由线路起点开始,沿中线方向每隔一定的距离设置一个里程桩。如某桩点距线路起点的距离为 5356.78m,则该桩的桩号应写为 k5 + 356.78,桩号中" + "号前面的数值为公里数," + "号后面的数值为米数,线路起点的桩号为 k0 + 000。

里程碑分为整桩和加桩两种。整桩是按规定的桩与桩之间距离,每隔一定距离设置桩号为整数的里程桩,公路工程中的公里桩和百米桩均属于整桩。通常是直线段的桩间距较大,宜为 20~50m,主要应根据地形变化确定;而曲线段的桩间距较小,宜为 5~20m,主要应按曲线半径和长度选定。

加桩是根据某种需要而增加的桩,如地形加桩、地物加桩、曲线加桩和关系加桩等。凡沿着中线地形起伏变化处、横向坡度变化处及天然河沟处所设置的里程桩为地形加桩,桩号精确到米。沿中线人工构筑物(如桥梁、涵洞等)处,线路与其他公路、铁路、渠道等交叉处及土壤地质变化处加设的里程桩为地物加桩,桩号精确到米或分米;对于人工构筑物,在填写里程桩时要注明工程名称,如"涵 k18 + 154.5"等,如图 8-8(a)所示。曲线加桩是指曲线主点上设置的里程桩,如图曲线的曲线起点、中点和终点等,曲线加桩要求计算至厘米。关系加桩是指路线上的变点桩,一般量至厘米。在填写里程桩时,应先写缩写的名称,再写里程的数值,如"ZYk5 + 125.65","JDk5 + 598.52"等。

里程桩和加桩一般不钉入中心钉,但在距线路起点每隔 500m 的整倍数桩、重要地物加桩,均应打入大木桩并钉入中心钉表示。大木桩应打入地面,在其旁边再打一个写有桩的名称和桩的编号的指示桩,如图 8-8(b)所示。

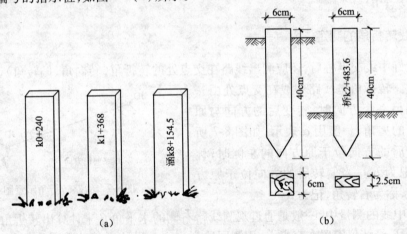

图 8-8　公路线路的里程桩与加桩示意图

由于局部地段改线或发现原来测量的距离有错误,因而出现实际里程与原桩号不一致现象,使得桩号不连续,这种情况在测量中称为断链。其中桩号重叠的叫做长链,桩号间断的叫做短链。

为了不使全线路的桩号发生混乱,应在局部改线或出现差错地段改用新桩号,其他未发生变动的地段仍采用老桩号,并在新老桩号变更处打断链桩。其写法示例为:1 + 100 = 1 + 095,长链 5m。

在测设里程桩时,按照工程对测量精度的不同要求,可用经纬仪或目测法确定中线方向,然后依次沿着中线方向按设计间隔测量距离打桩。在测量(丈量)距离时,可使用电磁波测距仪或经过检定的钢尺,精度要求较低的线路工程也可用视距法进行量距。对于市政工程,线路中线桩位与曲线测设的精度要求,应符合表8-2中的规定。

表8-2 线路中线桩位与曲线测设的限差

线段类别		主要线路	次要线路	山地线路
直线	纵向相对误差	1/2000	1/1000	1/500
	横向偏差(cm)	2.5	5.0	10.0
曲线	纵向相对闭合差	1/2000	1/1000	1/500
	横向闭合差(cm)	5.0	7.5	10.0

第三节 公路圆曲线的测设

为确保高速行驶车辆运行畅顺和转向安全,当道路的平面走向由一个方向转到另一个方向时,必须用适宜的平面曲线来连接。曲线的形式很多,其中圆曲线是基本的一种平面曲线,也称为单曲线。确定圆曲线的参数是偏转角 α 和半径 R,其中 α 根据所测转角计算得到,R 则根据地形条件和工程要求在线路设计时选定。

圆曲线的主点及其测设元素,如图8-9所示。

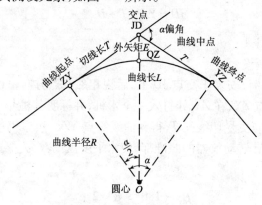

图8-9 圆曲线的主点及其测设元素

圆曲线的测设分两个步骤进行:首先测设曲线上起控制作用的主点(ZY、QZ、YZ),称为主点测设;然后以主点为基础,详细测定其他里程桩,称为详细测设。

一、圆曲线主点的测设

(一)计算圆曲线测设元素

为了在实地测设圆曲线的主点,应首先计算切线长 T、曲线长 L 及外矢距 E,这些数据称为主点的测设元素。从图8-9中可知,偏转角 α 和半径 R 是已知值,则主点测设元素的计算公式为:

切线长
$$T = R\tan\frac{\alpha}{2} \qquad\qquad (8\text{-}3)$$

曲线长
$$L = R\alpha \frac{\pi}{180} \qquad (8\text{-}4)$$

外矢距
$$E = R(\sin\frac{\alpha}{2} - 1) \qquad (8\text{-}5)$$

切曲差
$$D = 2T - L \qquad (8\text{-}6)$$

式中 α 以度为单位。

（二）计算圆曲线主点的桩号

交点的桩号已由中线丈量中得到,根据交点的桩号和曲线测设元素,可计算出各主点的桩号,由图 8-9 中可知:

$$ZY = JD - T \qquad (8\text{-}7)$$

$$QZ = ZY + L/2 \qquad (8\text{-}8)$$

$$YZ = QZ + L/2 \qquad (8\text{-}9)$$

为了避免计算中出现错误,可用式(8-10)进行计算检验校核:

$$JD = YZ - T + D \qquad (8\text{-}10)$$

（三）圆曲线主点的测设

1. 用经纬仪和钢尺测设

如图 8-9 所示,将经纬仪安置于交点 JD 上,后视相邻交点方向,自测站起沿着该方向丈量切线长 T,得到曲线起点 ZY,在 ZY 处打入一个木桩,并标明其桩号;用经纬仪前视相邻交点桩,自测站起沿着该方向丈量切线长 T,得到曲线终点 YZ。然后仍前视相邻交点桩,配置水平度盘读数为 0″,顺时针转动仪器的照准部,使水平度盘读数为半分角值 β,β 值的大小可用式(8-11)计算:

$$\beta = (180° - \alpha)/2 \qquad (8\text{-}11)$$

此时望远镜视线即指向圆心方向,沿着这个方向量取外矢距 E,即得曲线中点,随即打下 QZ 桩,此点为曲线的顶点。

2. 用极坐标法进行测设

采用极坐标法测设线路的主点时,一般是选用全站仪进行。在开始测设时,全站仪可安置在任意平面控制点或线路交点上,输入测站坐标和后视点坐标(或后视方位角),再输入要测设的主点坐标,全站仪即自动计算出测定的角度和距离,据此可进行主点现场定位。

如图 8-10 所示,根据 JD_1 和 JD_2 的坐标 (x_1, y_1)、(x_2, y_2),用坐标反推算的方法,计算第一条切线的方位角 α_{2-1}。

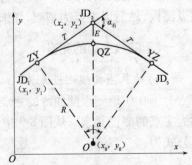

图 8-10　圆曲线主点坐标计算示意图

$$\alpha_{2-1} = \arctan\frac{y_1 - y_2}{x_1 - x_2} \tag{8-12}$$

第二条切线的方向角 α_{2-3} 可由 JD_2、JD_3 的坐标反算得到,也可由第一条切线的方位角和线路转角推算得到:

$$\alpha_{2-3} = \alpha_{2-1} - (180° - \alpha_{右}) \tag{8-13}$$

根据方位角 α_{2-1}、α_{2-3} 和切线长度 T,用坐标正算公式计算曲线起点坐标 (x_{ZY}, y_{ZY}) 和终点坐标 (x_{YZ}, y_{YZ})。起点坐标为:

$$x_{ZY} = x_2 + T \cdot \cos\alpha_{2-1} \tag{8-14}$$

$$y_{ZY} = y_2 + T \cdot \sin\alpha_{2-1} \tag{8-15}$$

曲线中点坐标 (x_{QZ}, y_{QZ}) 则由分角线方位角 α_{2-QZ} 及外矢距计算得到,其中分角线方位角 α_{2-QZ} 也可由第一条切线的方位角和线路转角推算得到,可用式(8-16)进行计算:

$$\alpha_{2-QZ} = \alpha_{2-1} - (180° - \alpha_{右})/2 \tag{8-16}$$

(四)交点不能设站时测设主点的方法

如果线路圆曲线的交点位于水面、峡谷、房屋和河道,不能安置经纬仪时,可采用间接方法测设主点。如图8-11所示是一种比较简单的方法,先在两条直线上便于设站和丈量距离且互相通视的地方选定 A、B 两点,分别安置经纬仪观测水平角 β_1、β_2,则线路在交点的转角为:

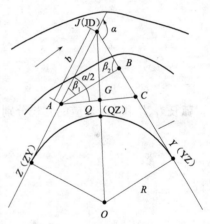

$$\alpha = \beta_1 + \beta_2 \tag{8-17}$$

根据 α 和半径 R 按曲线元素计算公式求出切线长 T、曲线长 L 和外矢距 E。在进行测设时,经纬仪在 A 点后视直线中线桩,纵向转动望远镜,测设 $\alpha/2$ 方向与另一直线相交于 C 点,则 $\triangle JAC$ 为一个等腰三角形,测量 AC 的距离并取其中点 G,便于计算 A 至 ZY、C 至 YZ 和 G 至 QZ 的距离 AZ、CY 和 GQ。

图8-11 交点不能设测站时测定主点方法

$$AZ = CY = T - AG\tan\frac{\alpha}{2} \tag{8-18}$$

$$GQ = E - AG\tan\frac{\alpha}{2} \tag{8-19}$$

分别在 A 点和 C 点设测站,沿切线方向丈量 AZ 和 CY,即得到曲线的起点和终点;再在 G 点设测站,后视 C 点,顺时针测设 $90°$,在此方向上丈量 GQ,即可定出曲线的中点。

二、圆曲线的详细测设

当曲线的长度小于 $40m$ 时,测设曲线的三个主点基本上可满足设计和施工的需要。如

果曲线的长度较长，除了测设三个主点外，还要
按照一定的距离 l 在曲线上测设里程桩，这个工
作称为圆曲线的详细测设。

根据测量实践经验，桩之间的距离具体规
定为：$R \leq 100\text{m}$ 时，$l = 20\text{m}$；$50\text{m} < R < 100\text{m}$ 时，$l
= 10\text{m}$；$R \leq 50\text{m}$ 时，$l = 5\text{m}$。《公路勘测规范》
（JTG C10—2007）中规定，圆曲线的详细测设可
用偏角法、切线支距法和极坐标法。

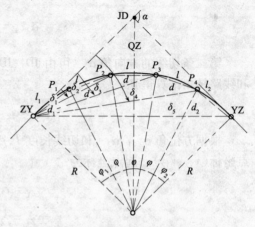

（一）偏角法

偏角法是利用偏角（弦切角）和弦长来测设
圆曲线的一种方法，如图 8-12 所示。里程桩的
各个整桩的桩距（弧长）为 l，首尾两段零头弧长

图 8-12 偏角法测设圆曲线示意图

分别为 l_1 和 l_2，弧长 l_1、l_2 和 l 所对应的圆心角分别为 φ_1、φ_2 和 φ，可按下列公式进行计算：

$$\left.\begin{aligned}
\varphi_1 &= \frac{180°}{\pi} \times \frac{l_1}{R} \\[1em]
\varphi_2 &= \frac{180°}{\pi} \times \frac{l_2}{R} \\[1em]
\varphi &= \frac{180°}{\pi} \times \frac{l}{R}
\end{aligned}\right\} \tag{8-20}$$

弧长 l_1、l_2 和 l 所对应的弦长分别为 d_1、d_2 和 d，可按下列公式进行计算：

$$\left.\begin{aligned}
d_1 &= 2R\sin\frac{\varphi_1}{2} \\[1em]
d_3 &= 2R\sin\frac{\varphi_2}{2} \\[1em]
d &= 2R\sin\frac{\varphi}{2}
\end{aligned}\right\} \tag{8-21}$$

曲线上各点的偏角等于相应所对圆心角的一半，即

第一点的偏心角为：$\qquad\qquad \delta_1 = \varphi_1/2$

第二点的偏心角为：$\qquad\qquad \delta_2 = \varphi_2/2 + \varphi/2$

......

第 i 点的偏心角为：$\qquad\qquad \delta_i = \varphi_1/2 + (i-1)\varphi/2 \tag{8-22}$

......

终点 YZ 的偏心角为：$\qquad\qquad \delta_n = \alpha/2$

用偏角法测设曲线细部点时，常因遇到障碍物挡住视线而不能直接进行测设，如图 8-13
所示，经纬仪在曲线起点 ZY 点测设出细部点①、②、③后，视线被房屋挡住，这时可把经纬
仪移至③点，用仪器的盘右后视起点 ZY，将水平度盘配置为 $0°00'00''$，然后纵向转动望远镜
变成盘左（水平度盘读数仍为 $0°00'00''$），转动经纬仪照准部，使水平盘读数为④点的偏角度

数,此时视线方向即在③至④的方向上,在此方向上从③量取弦长 d,即可测设出④点。接着按原计算的偏角继续测设曲线上的其余各点。

（二）切线支距法

切线支距法是以曲线起点或终点为坐标原点,以切线为 X 轴,通过原点的半径方向为 Y 轴,建立一个独立平面直角坐标系,根据曲线细部点在此坐标系中的坐标 x、y,按直角坐标法进行测设。

1. 测设数据的计算

如图 8-14 所示,设圆曲线的半径为 R,起点 ZY 至前半条曲线上各里程桩点的弧长为 l_i,所对应的圆心角可用式(8-23)计算:

$$\varphi_i = \frac{l_i}{R} \times \frac{180°}{\pi} \tag{8-23}$$

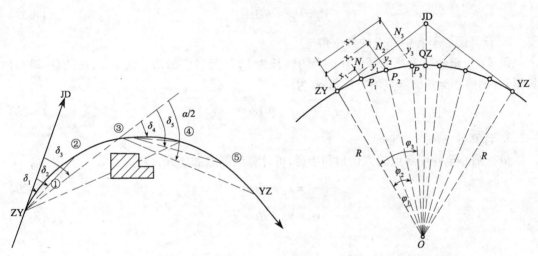

该桩点的坐标为:

$$x_i = R\sin\varphi_i$$
$$y_i = R(1 - \cos\varphi_i) \tag{8-24}$$

图 8-13　偏角法测设视线受阻时的处理方法　　　图 8-14　切线支距法测设圆曲线示意图

2. 切线支距法的测设方法

切线支距法测设曲线时,为避免产生的支距过长,一般由起点 ZY 和终点 YZ 分别向 QZ 点进行测设,测设的具体步骤如下:

（1）从 ZY（或 YZ）点开始,用钢尺沿切线方向量取 x_1、x_2、x_3 等纵距,得各垂足点 N_1、N_2、N_3,用测量钢钎在地面上做标记。

（2）在垂足点上作切线的垂直线,分别沿垂直线方向用钢尺量出 y_1、y_2、y_3 等纵距,得出曲线细部点 P_1、P_2、P_3。

用切线支距法测设的 QZ 点,应与曲线主点测设时所定的 QZ 点相符,这作为检核条件。

（三）极坐标法

用极坐标法测设圆曲线细部点时,首先要计算各细部点在平面直角坐标系中的坐标值,在进行测设时,全站仪安置在平面控制点或线路的交点上,输入测站坐标和后视点坐标(或后视方位角),再输入要测设的细部点坐标,全站仪立即自动计算出测定的角度和距离,据此进行细部点现场定位。极坐标法测设圆曲线细部点的计算方法如下:

1. 计算圆心坐标

如图 8-15 所示,设圆曲线的半径为 R,用前面所述主点坐标计算方法,计算第一条切线方位角 α_{2-1} 和 ZY 点坐标(x_{ZY}、y_{ZY}),因 ZY 点与圆心的连线与切线方向垂直,其方位角 α_{2-1} 为:

$$\alpha_{ZY-O} = \alpha_{2-1} - 90° \tag{8-25}$$

则圆心的坐标(x_O、y_O)为:

$$x_O = x_{ZY} + R\cos\alpha_{ZY-O} \tag{8-26}$$

$$y_O = y_{ZY} + R\sin\alpha_{ZY-O} \tag{8-27}$$

2. 计算圆心至各细部点的方位角

设 ZY 点至曲线上某细部里程桩点的弧长为 l_i,其所对应的圆心角 φ_i 可按式(8-23)计算得到,则圆心至各细部点的方位角 α_i 为:

$$\alpha_i = (\alpha_{ZY-O} + 180°) + \varphi_i \tag{8-28}$$

3. 计算各细部点的坐标

根据圆心至各细部点的方位角和半径,可计算细部点的坐标,得

$$x_i = x_O + R\cos\alpha_i \tag{8-29}$$

$$y_i = y_O + R\cos\alpha_i \tag{8-30}$$

第四节　纵横断面图的测绘

纵横断面图的测绘是公路工程设计和施工中最基本的测绘,不仅关系到公路工程设计方案和施工方法的确定,而且关系到公路工程的工程量大小和工程造价。因此,必须高度重视纵横断面图的测绘工作。

一、公路工程纵断面图的测绘

公路工程纵断面图的测绘是用线路水准测量的方法,测出线路中线各里程桩的地面高程,然后根据里程桩号和测得的地面高程,按照一定比例绘制成公路工程纵断面图,用以表示线路中线纵向地面高低的起伏变化,为线路的纵坡设计提供依据。

公路工程的线路水准测量一般分两步进行:首先在线路附近每隔一定距离设置一个水准点,按照等级水准测量的精度要求测定其高程,称为基平测量;然后根据各水准点的高程,按照等外水准测量的精度要求测定线路中线各里程桩的高程,称为中平测量。

(一)基平测量

1. 水准点的布设

水准点是路线高程测量的控制点,在布设水准点时,可根据不同的需要和用途,布设成

永久性水准点和临时性水准点。对于路线的起点和终点、需要长期观测高程的重点工程附近,均应设置永久性的水准点,一般地区应每隔 25~30km 布设一个。永久性水准点要埋设标石,也可在永久性建筑物或用金属标志镶嵌在基岩上。水准点应选择在线路的两侧,距离中线 30~50m,不受施工干扰、使用方便和易于保存的地方。

临时性水准点的布设密度应根据地形的复杂情况以及工程实际需要而确定,如市政线路工程一般应每隔 300m 左右设置一个。大桥两岸、隧道两端及一般中小型桥附近和工程比较集中的地段,均应设置临时性水准点。水准点应设置在施工范围以外,标志应明显、牢固和使用方便。

2. 基平测量的方法

在进行基平测量时,首先应将起始水准点与附近国家水准点进行联测,以便获得绝对高程。对于精度要求较高的工程,按照四等水准测量要求或根据需要另行设计施测,对一般市政工程的线路水准测量,可按介于四等水准与等外水准之间的精度要求施测,也可用光电三角高程测量方法施测,其主要技术要求应符合表 8-3 中的要求。

表 8-3　市政线路水准测量和电磁波测距三角高程测量的主要技术要求

线路水准测量	仪器类型		标尺类型	视线长度 (m)	观测方法	附合路线闭合差 (mm)
	DS3 水准仪		单面	100	单程前 - 后	$\leqslant \pm 30L^{1/2}$
线路电磁波测距 三角高程测量	竖直角对向观测测回数 (DJ2 经纬仪)		垂直角较差与指标差较差	测距仪器、方法与测回数	对向观测高差较差 (mm)	附合路线闭合差 (mm)
	三丝法	中丝法				
	1	2	$\leqslant \pm 30''$	Ⅱ级、单程、1	$\leqslant \pm 60D^{1/2}$	$\leqslant \pm 30L^{1/2}$

注:表中 D 为测距边的长度(km);L 为水准线路长度(km)。

(二)中平测量

公路工程线路纵断面的测量也称为中平测量。中平测量是从一个水准点出发,逐个测定中线桩的地面高程,附合到下一个水准点上,相邻水准点之间构成一条附合水准路线。在进行中平测量时,在每一个测站上除了观测中线桩外,还需要在一定距离内设置转点,每两个转点间所观测的中桩,称为线路上的中间点。

由于转点起传递高程的作用,观测时先观测转点,后观测中间点。转点读数应精确至毫米,视线长度一般不应超过 100m,标尺下应设置尺垫,或立于稳固的桩顶部或坚石上;中间点读数可精确至厘米,视线长度可适当延长,标尺应立于紧靠桩体边的地面上。

中平测量通常采用前视水准测量方法。如图 8-15 所示,将仪器安置在 Z_1 点上,先后视水准点 BM_1,再前视转点 ZD_1,并将读数分别记入手簿中的"后视读数"和"前视转点读数"栏内,如表 8-4 所示。后视读数视距和前视转点读数视距要大致相等,然后再依次观测沿线路的各里程桩、加桩和控制桩。

中平测量的高程计算,一般采用视线高法。用视线高法计算中桩高程通常按两步进行。第一步按一般水准测量方法,计算各转点的高程。由起点按各转点高程推算到终点的高程,其闭合差应在允许范围内。第二步计算各中间点的高程,中间点高程计算可按视线高法。

所谓视线高法,就是根据后视点的高程 H_0 和后视点上水准标尺的读数 a,计算测站仪器的视线高程 $H_视$,即可用式(8-31)进行计算:

$$H_视 = H_0 + a \qquad\qquad (8\text{-}31)$$

用计算出的视线高程 $H_视$ 分别减去各中间点的标尺读数 b_i,即可求得各中间点的高程 H_i:

$$H_i = H_视 - b_i \qquad\qquad (8\text{-}32)$$

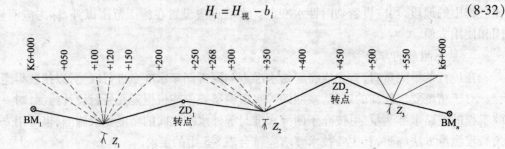

图 8-15　中平测量示意图

表 8-4　中平测量记录手簿

测站	视点	后视读数	视线高	前视读数		高程	备注
				转点	中间点		
	BM_1	2.129②	117.591④			115.462①	已知高程
1	K6+000				1.82⑤	115.77⑤′	
	K6+050				1.79⑥	115.80⑥′	
	K6+100				1.21⑦	116.38⑦′	
	K6+120				0.35⑧	117.24⑧′	
	K6+150				1.71⑨	116.42⑨′	
	K6+200				1.33⑩	116.24⑩′	
2	转点 ZD_1	1.749	118.328	1.012③		116.579	
	K6+250				1.72	116.61	
	K6+268				1.68	116.65	
	K6+300				0.89	117.44	
	K6+350				1.03	117.30	
	K6+400				0.69	117.64	
3	K6+450	1.805	119.402	0.731		117.597	ZD_2
	K6+500				1.97	117.43	
	K6+550				1.75	117.65	
	K6+600				1.32	118.08	
	BM_n			0.476		118.926	已知 118.917
	Σ	5.683		2.219			

中平测量的高程计算,一般是在中平测量记录手簿中进行,现以表 8-4 为例,说明中平测量记录和计算的步骤。

（1）当仪器安置在测站 1 时,将已知水准点 BM_1 的高程记入"高程"一栏中的①处,即 BM_1 的高程为 115.462m。

（2）对于后视点 BM 和前视转点 ZD 的读数,分别记入"后视读数"和"前视读数（转点）"栏中的②、③处,中间点标尺的读数记入"前视读数"栏中的⑤、⑥、⑦、⑧、⑨、⑩处。

（3）计算测站 1 处的视线高程,④ = ① + ②,即

$$H_视 = 115.462 + 2.129 = 117.591$$

（4）计算各中间点的高程,$H_i = H_视 - b_i$,即

$$H_1(6+000) = ④ - ⑤ = 117.591 - 1.82 = 115.77(m)$$

$$H_2(6+050) = ④ - ⑥ = 117.591 - 1.79 = 115.80(m)$$

$$\vdots$$

用同样的方法可以计算其余各测站的视线高程和中间点的高程。

（三）纵断面图的绘制

公路工程的纵断面图是线路设计和施工的重要依据,也是中平测量成果最直观的反映。纵断面图的绘制质量如何,对于线路工程设计和施工均有很大影响。

1. 纵断面图的主要内容

纵断面图的内容主要由观测资料和线路工程纵坡设计资料两部分组成,如里程桩与里程、直线与平曲线、中线桩地面高程、所测范围的地物、路基的设计标高、路段坡度与坡长、中线桩填挖数量等。

（1）里程桩与里程。里程桩和里程表示线路中线的位置与长短,它由中线测量资料获得,是绘制纵断面图的基本资料。在线路工程进行纵坡设计时,它可以提供坡段的长度和计算坡度。为使纵断面图清晰可读,在图上一般只标注百米桩和公里桩,百米桩以百米为单位,只标注 1~9 数字;公里桩可用符号○表示,标注公里数。

（2）直线与平曲线。纵断面图上的直线与平曲线是根据中线测量资料绘制的,它是线路工程的平面示意图。在图中,线路的直线部分用直线表示,平曲线部分用凸凹的矩形表示。上凸时表示线路向右转向,下凹时表示线路向左转向,并在凸凹的矩形内注明交点号和平曲线半径。纵断面图中的直线与平曲线是在设计纵坡时,综合考虑线路走向等具体技术措施的重要依据。

（3）中线桩地面高程。中线桩地面高程是在中平测量中所测定的中心桩地面高程,是进行纵坡设计、确定线路纵坡的坡度和工程量大小的重要依据,一般将中线桩地面高程标注到厘米。

（4）所测范围的地物。纵断面图上的地物,是根据中线桩测量的记录和平面图资料标注的,它主要包括河流、农田、林场、道路等建筑物或构筑物。在进行纵坡设计时,要考虑到这些地物对纵坡设计的影响。此外,还要将工程地质、水文地质等内容标注在纵断面图上。纵断面图的形式如图 8-16 所示。

（5）路基的设计标高。公路工程的路基设计标高,是根据设计纵坡坡度 i 和线路水平距离 l 计算的,例如已知 A 点高程为 H_A,AB 段的水平距离为 l,设计纵坡坡度 i,则 B 点的设计标高 H_B,可用式(8-33)进行计算:

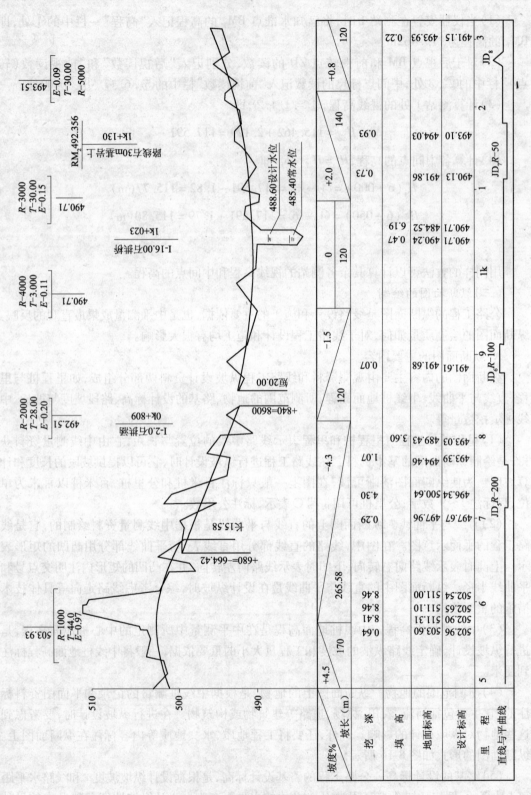

图 8-16　线路工程纵断面图示意图

$$H_B = H_A \pm i \cdot l \tag{8-33}$$

式(8-33)中,上坡时取正号,降坡时取负号。

(6)路段坡度与坡长。坡度是两个变坡点间的高差与其水平距离之比值,坡长是两个变坡间的水平距离。在纵坡设计时,坡度和坡长是根据工程技术指标和地形起伏情况等因素确定的。在公路工程中,坡度一般用百分率表示,标注在坡度线的上方,坡长标注在坡度线的下方。在变坡点的上方,用相应的符号表示竖曲线,并注明竖曲线元素。

(7)中线桩填挖数量。填挖数量是路基工程的施工依据,指路线工程中心线上各桩号的填高或挖深数量,也是设计标高与地面标高的差值。设计纵坡线在地面线以上时为填方,设计纵坡线在地面线以下时为挖方,填筑和开挖数量分别标注在纵断面图中的相应栏内,可作为施工中的操作依据。

2. 纵断面图的绘制方法

在绘制线路工程纵断面图时,首先要确定绘图比例尺,它包括水平比例尺和垂直比例尺,即水平距离比例尺和高程比例尺。由于在线路工程中纵断面上的高差和相应的水平距离相比,一般要小得多,为了将线路纵向地形起伏变化情况明显地表示出来,通常把水平距离的比例尺放大10倍,作为高程的比例尺。

根据众多公路工程纵坡测绘实践,在平原和微丘陵地区,线路工程纵向比例尺常采用1:5000或1:2000,相应的高程比例尺为1:500或1:200;在重丘陵地区和山区,线路纵向比例尺常采用1:2000或1:1000,相应的高程比例尺为1:200或1:100。

纵断面图一般绘制在用蜡处理过的透明厘米格纸上,其图幅应和线路设计文件的图幅一致。绘制纵断面图前,先绘制坡度与坡长、工作标高、设计标高、地面标高、直线、平曲线、里程、地物等测量和设计资料横栏,以便填入相应的数据。

根据中平测量的中线桩高程绘制地面线的步骤是:

(1)根据中线桩的高程沿着图纸的竖向,先确定起算高程点的位置。为点绘地面点和审阅纵断面图的方便,通常将高程的10m整倍数置于厘米格纸的粗格上。

(2)根据中线桩的里程和高程,按照规定的比例尺在图纸上标注出各点的相应位置。

(3)将点绘在图纸上的中线桩相应位置点,用直线依次连接起来,就形成线路中线在纵断面图上的地面线。

(4)地面线绘制完毕后,就可以根据线路设计坡度等技术指标,进行线路纵坡设计、工作标高的计算等。

二、公路工程横断面图的测绘

线路横断面测量就是测定线路中线桩处垂直线路方向上的地物位置和地形起伏情况,然后绘制成横断面图,供路基设计、计算土石方量以及施工中进行边桩放样,也可以进行路基防护设计、困难地段选择线路用。

横断面测量的宽度,应根据实际工程要求和地形情况确定,一般是在中线两侧各测量15~50m;横断面测绘的密度,除各中线桩必须施测外,在大中型桥头、隧道洞口、挡土墙等重点工程地段,根据实际需要适当加密。在进行横断面测绘时,对距离和高程的精度要求为0.05~0.10m。

(一)测设横断面方向

由于横断面图测绘是测量中线桩处垂直于中线的地面线高程,所以首先测定出横断面的测设方向,然后在这个方向上测定地面坡度变化点或特征点的距离和高差。确定横断面方向的方法,主要有经纬仪法和十字架法。

1. 经纬仪法测定测设方向

用经纬仪在线路的直线段测定测设方向,是一种比较简单、准确的方法。即用经纬仪以线路中线定向,然后旋转90°角即可得到横断面的方向线。用经纬仪在线路的曲线段测定测设方向,需要计算前(或后)视点的偏角数值δ,然后从前(或后)视点方向旋转90°+δ,即可得到横断面的方向线,如图8-17所示。

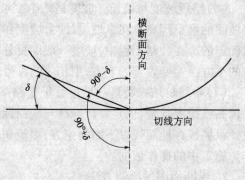

图8-17　经纬仪法确定曲线段愤断面方向示意图

工程实践证明,用经纬仪法确定横断面的测设方向,无论在直线段或曲线段都是很方便的,它适用于横断面测设方向精度要求较高的地段。

2. 十字架法测定测设方向

十字架法(也称方向架法)是用两根木质板条做成相互垂直的十字架,支承在一根木杆上,在十字架的四个端点各钉上一个小钉。相对的两个小钉的连线(1—1′和2—2′)就构成了互相垂直的两条视线,如图8-18所示。

在直线段测定测设方向时,可将十字架安置在中线桩上,用一条视线(如1—1′)照准中线上相邻的一个中线桩,则另一条视线(如2—2′)就是横断面测设的方向线。

在曲线段测定测设方向时,将十字架竖立在所要测设的横断面中线桩 A 点上(如图8-19所示),在 A 点前后曲线上等距离取两点 B 和 C。用十字架的一条视线照准 B 点,在视线反向延长线上取一点 C',使 $AC=AC'$。平分 CC' 得到 C'' 点,这时将十字架的一条视线照准 C'' 点,则另一条视线就给出了横断面的测设方向线。

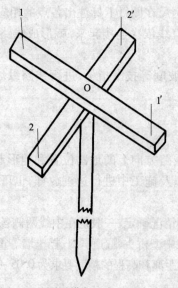

图8-18　测设横断面方向的十字架

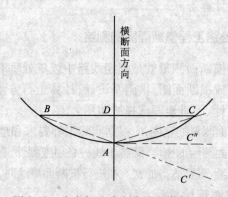

图8-19　十字架法确定曲线段横断面方向

用十字架法确定横断面的测设方向线,使用方便、灵活、快速,十字架制作容易、造价很低,但测设的方向线精度较低,适用于横断面测量精度要求不高的线路工程。

（二）横断面的测量方法

横断面的测量方法很多,目前在公路工程中常用的有:经纬仪测量法、水准仪测量法、全站仪测量法和标杆皮尺法等。

1. 经纬仪测量法

用经纬仪测量横断面,一般是将经纬仪安置在线路的中线桩上,用视距法测定横断面方向变坡点与中线桩点间的水平距离和高差。当在中线桩处安置经纬仪有困难时,也可安置在横断面方向上任意一点处,但需要测定仪器中心至中线桩的水平距离。

在各点的水平距离和高差测定后,就可以绘制横断面图。经纬仪测量法,主要适用于地形比较复杂、山坡陡峭地段的大型横断面。

2. 水准仪测量法

当线路两侧地势比较平坦,横断面测量精度要求较高时,用水准仪测量横断面是一种适宜的方法。用水准仪测量横断面时,可将水准仪安置在横断面附近的适当位置,用十字架确定横断面的测设方向,用钢卷尺或皮尺测量横断面上各变坡点至中线桩的水平距离。观测水准仪后中线桩(已知高程)上的标尺,可以求得仪器的视线高,然后逐个测量横断面上变坡点标尺,求得变坡点与中线桩的高差,可计算出各变坡点的高程。

当地形条件许可时,安置一次水准仪可以同时测量几个横断面。根据变坡点与中线桩的水平距离及高差,就可以在室内绘制横断面图。

3. 全站仪测量法

利用全站仪的对边测量功能,可直接测得各横断面上各地形特征点相对中线桩的水平距离和高差。有的全站仪还具有横断面测量功能,其操作、记录与成图更加方便。

4. 标杆皮尺法

标杆皮尺法是一种最简单测量横断面的方法,当横断面测量精度要求不高,且缺少测量仪器时最为适用。如图 8-20 所示,A、B、C 为横断面方向上的变坡点,将标杆立于 A 点处,皮尺在中线桩地面拉平量出 A 点的距离,而水平皮尺截于标杆的红白格数(每格 20cm),即为两点间的高差。用同样的方法可以测量出 $A \sim B$、$B \sim C$ 的水平距离和高差,直至需要的测绘宽度为止。

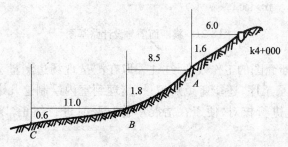

图 8-20　标杆皮尺法测量横断面

标杆皮尺法测量记录表格见表 8-5。表中按路线前进方向分为左侧和右侧,用分数形式表示各测段的高差和距离,分子表示高差,分母表示距离,正号表示升高,负号表示降低。

自中线桩由近及远逐段记录。标杆皮尺法的优点是简易、轻便、迅速,特别适用于地形起伏多变、高差较小的地段。

表 8-5   横断面测量记录表

左侧			桩号	右侧		
−0.6/11.0	−1.8/8.5	−1.6/6.0	K4 +000	+1.5/5.2	+1.8/6.9	+1.2/9.8
−0.7/10.5	−1.6/6.7	−1.5/5.8	K4 +100	+1.4/6.0	+1.8/7.3	+1.4/11.0
...			...	...		

（三）横断面图的绘制

通过外业测量获得有关数据后,可以在室内进行绘制,必要时也可随测量随绘制。绘制横断面图时均以中线桩地面为坐标原点,以平距为横坐标,高差为纵坐标,将各地面特征点绘制在透明的毫米格纸上。为了便于计算面积和路基断面设计,水平距离和高差采用相同的比例尺,通常采用 1∶100 或 1∶200。

在绘制横断面图时,先在毫米方格纸上由下而上以一定间隔定出各断面的中心位置,并且注上相应的桩号和高程,然后根据测量记录的水平距离和高差,按规定的比例尺绘出地面上各个特征点的位置,再用直线连接相邻点,即绘出横断面图的地面线,最后标注有关的地物和数据。横断面图应按里程的顺序逐个绘制,其排列顺序是由下而上、由左向右,如图 8-21 所示。

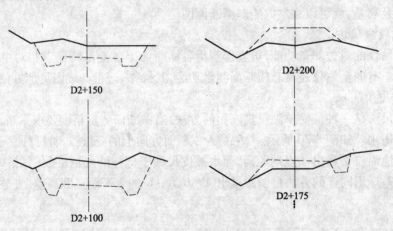

图 8-21   横断面图与设计路基图

为了提高绘制横断面图的工作效率,往往采取在测量现场边测量、边绘制的方法,这样不但可省略繁琐的记录工序,还能避免从记录、整理到室内绘制这几道工序可能产生的差错,同时也可以与实地进行核对,便于在情况不符时及时进行纠正,以保证横断面图的正确性。

第五节   公路工程施工测量

公路工程施工测量就是把线路工程的设计位置和高程在实地上标定出来,为公路工程施工提供可靠的依据。公路工程施工测量的主要任务包括:恢复中线测量、路基工程放样、控制桩的测设、竖曲线的测设和各种构筑物施工放样等。

一、恢复中线测量

道路勘测完成到正式施工这段时间内,由于各种原因有一部分中线桩可能丢失或发生变位。施工单位在接到设计资料和桩点之后,为了确保在施工中不发生任何线路差错,必须对路线的全线进行复测,以核实原来的资料和桩位是否正确,并将移动或丢失的中线桩和交点桩校正、恢复好。

恢复中线测量工作的内容与定测基本相同,有时把交桩测量和施工复测合并进行。施工前除了要详细测定出中线桩外,为了施工过程中的使用方便,还要补充设置一些临时水准点;为了精确计算土石方量,还要测量一些横断面。

经过恢复中线测量,凡是与原来的成果或点位的差异在允许限差以内时,一律以原有结果为准。只有经过多次复测证明原有成果或点位确实有较大变化时,才能进行改动,而且将改动尽可能限制在局部范围内。对于部分改线的地段,应重新进行定线,并测绘相应的纵横断面图。恢复中线测量的精度要求与定测的要求相同。

二、路基工程放样

路基工程在施工前,除了应测设中线桩以外,还要测设路基的边桩,即路堤的坡脚线或路堑的坡顶线。在进行路基施工的过程中,土石方工程就是从边桩开始填筑或开挖。路基工程放样,主要有平坦地段和倾斜地段两种地形情况。

（一）平坦地段路基边桩放样

平坦地段路基边桩的测量放样,是最简单的路基边桩放样。如果知道了中线桩到边桩的水平距离 D_1、D_2,就可以中线桩为测站,用测定水平距离的方法确定边桩的位置,如图8-22所示。

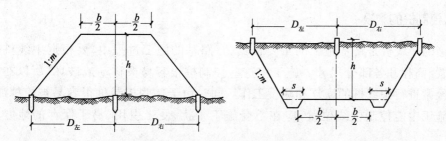

图8-22　平坦地段路基边桩的放样

当所测绘的横断面图具有足够的精度时,也可以根据填(路堤)、挖(路堑)的高度,在图上直接绘制设计断面图,由横断面图的比例尺,在图上量取中线桩至左、右边桩的距离。

对于平坦地段的路堤和路堑,中线桩至左、右桩的距离可分别按下式计算:

路堤:
$$D_{左} = D_{右} = b/2 + m \cdot h \qquad (8\text{-}34)$$

路堑:
$$D_{左} = D_{右} = b/2 + s + m \cdot h \qquad (8\text{-}35)$$

式中　b——路堤时为路基顶面宽度,路堑时为路基顶面宽度加两侧边沟和平台的宽度。

  m——边坡的坡度比例系数；

  s——路堑边沟的顶宽(m)；

  h——中线桩的填挖高度(m)，可从纵断面图上查得。

(二)倾斜地段路基边桩放样

图 8-23 是测设倾斜地段路堤边桩的情况，设地面为左边低、右边高，从图中可知：

路堤：

$$D_左 = b/2 + m(h + h_左) \tag{8-36}$$

$$D_右 = b/2 + m(h - h_右) \tag{8-37}$$

路堑：

$$D_左 = b/2 + s + m(h - h_左) \tag{8-38}$$

$$D_右 = b/2 + s + m(h + h_右) \tag{8-39}$$

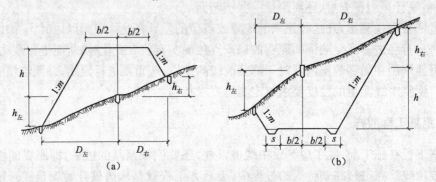

图 8-23 倾斜地段路堤边桩的放样

  以上各式中，b、m 和 s 均为设计时已知，因此 $D_左$、$D_右$ 随着 $h_左$、$h_右$ 而改变，而 $h_左$、$h_右$ 为左、右边桩地面路基设计的高差，由于边桩的位置是待定的，故 $h_左$、$h_右$ 均不能事先知道。在实际测设工作中，是沿着横断面方向采用试探(趋近)法测设边桩的。

三、控制桩的测设

  线路的中线桩是路基施工的重要依据，在路基的施工过程中，要根据中线桩确定路基的位置、高程和各部分尺寸。施工中这些控制桩很容易被移动或破坏，所以在路基施工中要经常进行中线桩的恢复和测设工作。同时由于这些控制桩很容易被挖掉或埋没，为了在施工中能控制中线位置，应在不受施工干扰、便于引用、易于保存的地方测定控制桩。

  为了迅速而准确地把中线桩恢复起来，必须在施工前对线路上起控制作用的主要桩点(如交点、直线转点和曲线主点等)设置护桩。为了便于确定路基的铺土范围，还要把设计路基的边坡与原地面相交的点测设出来，以此作为路基施工的依据。

  由以上可以看出，控制桩的测设，主要包括施工控制桩的测设、控制桩护桩的测设和路基边桩的测设。

(一)施工控制桩的测设

  施工控制桩测量设置的基本方法，主要有平行线法和延长线法两种，也可以根据实际情况互相配合使用。

1. 平行线法

平行线法是在设计的路基宽度以外，测设两排平行中线的施工控制桩。为了施工的方便，控制桩的间距一般取 10～20m。平行线法多用于地势平坦、直线段较长的公路工程。平行线法的控制桩的布置，如图 8-24 所示。

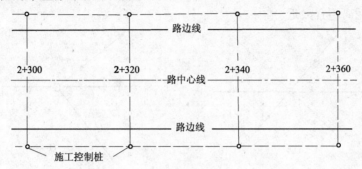

图 8-24　平行线法的控制桩布置示意图

2. 延长线法

延长线法是在道路转折处的中线延长线上，以及曲线中点至交点的延长线上测量设置施工控制桩。每条延长线上一般应设置两个以上的控制桩，量出其间距及与交点的距离，并做好记录，据此恢复中线交点。延长线法多用于地势起伏较大、直线段较短的公路工程。延长线法的控制桩的布置，如图 8-25 所示。

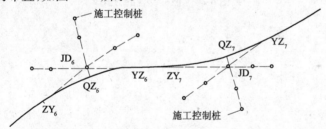

图 8-25　延长线法的控制桩布置示意图

（二）控制桩护桩的测设

所谓控制桩护桩，就是在控制桩点以外设置一些桩的标志，根据这些桩的标志，能用简单的方法（如交会法等），迅速而准确地恢复原来控制桩的位置。

控制桩护桩的设置方式，应根据地形条件具体选定，原则上应用两条方向线进行交会，如图 8-26 中的（a）、（b）、（c）所示，或者由两条以上的方向线进行交会，如图 8-26 中的（d）所示。

为了便于寻找护桩，护桩的位置应当用草图和文字详细说明，并在实地对于每个护桩做出明显的标记，注明编号及有关数据，必要时还要对护桩进行加固。为了能使中线迅速而准确地恢复到原位置上，设置护桩时还应注意以下事项：

（1）在线路的每一条直线段上，至少应有三个控制点要设置护桩。设置护桩的点宜在填方和挖方不大、地势比较平坦、地形开阔之处。

（2）每个方向上至少应当设置三个以上护桩，在施工中即使有的护桩丢失，只要有两个护桩就能恢复方向线。

（3）两条交会方向线的夹角应尽可能接近 90°，当确实不能接近 90°时，也不得小于 30°
或大于 150°。

（4）护桩的位置要考虑到在整个施工过程中不被破坏和埋没，测量时视线不致被阻挡，
相邻护桩间的距离不宜太近。

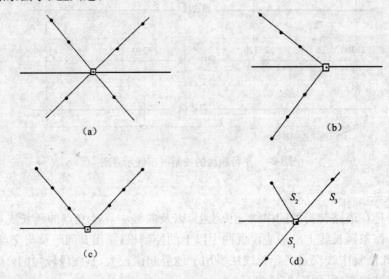

图 8-26　护桩设置的方式

第九章　工程竣工总平面图的绘制

在一般情况下,建筑物都是按照设计图纸进行施工的。但是,在施工过程中,可能由于设计时没有考虑到的因素,或者施工误差和建筑物变形等原因,从而使得建筑物、道路、管网等的位置及平面形状发生改变,使工程的实际竣工位置与设计位置不完全一致。

为反映建(构)筑物的工程实际,检查工程是否满足设计要求,同时为将来工程交付使用后进行检修、改建或扩建等提供实际资料,在工程竣工后应进行竣工测量,在竣工测量的基础上绘制工程竣工总平面图。

第一节　建筑工程的竣工测量

工程建筑物经过设计和施工后,就进入竣工和营运管理阶段。竣工测量就是对工程建筑物的竣工部位的平面位置和高程位置进行测定,检查验收工程施工质量是否符合设计要求,为编绘竣工总图和今后工程的管理、维修、改建或扩建提供可靠的依据。

一、竣工测量的基本概念

竣工测量根据测量的时期不同,可分为施工过程中的竣工测量和工程建设全部完成以后的竣工测量。施工过程中的竣工测量,包括各工序完成后的检查验收测量和各单项工程完成后的竣工验收测量,它直接关系到下一个工序的施工进行,所以应与施工测量相配合。工程建设全部完成以后的竣工测量,是整个单项工程全部完成以后进行的全面性竣工验收测量,是在前者的基础上完成的,其中包括全部资料的整理,并建立工程竣工档案,作为有关部门进行工程全面验收和以后工程管理、工程改建或扩建的依据。

竣工测量可以利用施工期间使用的平面控制点和水准点进行施测。原有的控制点不能满足竣工测量的要求时,应当根据需要补测控制点。对于主要建筑物的墙角、地下管线的转折点、窨井中心、道路交叉点、架空管网的转折点、结点及烟囱、水塔中心等重要的竣工位置,应根据控制点采用极坐标法或直角坐标法等实测其坐标。对于主要建(构)筑物的室内地坪、上水道管顶、下水道管底、道路变坡点等,可用水准测量方法测定其高程,一般地物、地貌可按照地形图要求进行绘制。

竣工测量结束后,应按规定提供竣工测量成果表和竣工测量图,这是工程竣工验收的重要技术资料之一,也是建筑工程今后进行工程管理、维修、改建或扩建的重要依据。

二、竣工测量的主要内容

建筑工程的竣工测量包括的范围比较广泛,根据竣工测量的重要性和作用,主要应包括以下几个方面:

(1)一般工业与民用建筑。主要是测定房角的坐标及高程,对于较大的矩形建筑物,至少要测量三个主要房角坐标,小型房屋可测量其长边两个房间角点,并量出房屋的宽度标注于图上,还应测量各种管线进出口位置和高程。

（2）铁路和公路。主要应测量线路的起始点、转折点、曲线起始点、曲线元素、交叉点坐标，另外还有桥涵等构筑物的位置和标高。

（3）地下管线。主要测量地下管线转折点、起始点及终点的坐标，测量、检查井旁地面、井盖、井底、沟槽、井内敷设物和管顶等处的标高。

（4）架空管线。主要测量地上管线转折点、起始点及终点的坐标，测量支架间距及支架旁地面标高、基础标高，管座、最高和最低电线至地面的净高等。

（5）特种构筑物。主要测量沉淀池、烟囱、煤气罐等及其附属构筑物的外形和四角的坐标，圆形构筑物的中心坐标、基础标高，构筑物的高度，沉淀池的深度等。

（6）其他方面。主要测量围墙的拐角点坐标、绿化区域边界以及一些不同专业需要反映的设施和内容。

三、平面和高程控制测量

工程竣工测量中，平面和高程控制测量是最重要、最基本的测量，是影响竣工测量精度的主要因素。因此，应严格按照有关标准和要求进行精心布设和操作，使其测量的成果符合国家的有关规定。

（一）平面控制测量

1. 平面控制网的布设原则

（1）应因地制宜，既从当前需要出发，又适当考虑发展。平面控制网建立的测量方法有三角测量法、导线测量法、三边测量法等。

（2）平面控制网的等级划分：三角测量、三边测量依次为二、三、四等和一、二级小三角、小三边；导线测量依次为三、四等和一、二、三级。各等级的采用，根据工程需要，均可作为测区的首级控制。

（3）平面控制网的坐标系统，应与工程施工坐标系统一致，并与国家坐标系统或城市坐标系统进行联测。当采用建筑工程坐标系统时，坐标轴线应平行主要建筑的长边或主要道路的中心线，并要求测区（包括拟建区）内任一点的坐标值均为正。当同一点的纵横坐标值有明显差异，如果测区内有两种以上的坐标系统时，要建立它们之间的换算关系式。

（4）三角测量的网（锁）布设，应符合下列要求：各等级的首级控制网，宜布设为近似等边三角形的网（锁），其三角形的内角不应小于30°；当受地形限制时，个别角可放宽，但不应小于25°；加密的控制网，可采用插网、线形网或插点等形式，各等级的插点宜采用坚强图形布设，一、二级小三角的布设，可采用线形锁，线形锁的布设，宜近于直伸。

（5）为方便竣工测量工作的进行，控制点位置宜选择在通视良好、使用方便和便于长期保存的地方。

（6）广泛收集测区原有图纸和成果资料，对于测区内所有建（构）筑物、各种管网、地物、地貌等进行详细勘察，并编写控制测量技术设计书。

2. 平面控制测量的要求

（1）平面控制网相邻最弱点的相对点位中误差和图根点相对于起算点的点位中误差，均不应大于±50mm。

（2）为了确保平面控制测量的精度，各等级导线测量的技术要求，应当满足表9-1中的规定。

表 9-1　导线测量各等级的技术要求

| 导线测量等级 | 平均边长（km） | 附合导线长度（km） | 水平角测回数 | | 测角中误差（°） | 方位角闭合误差（°） | 测距中误差（mm） | 测距相对中误差 | 坐标相对闭合差 |
			DJ2	DJ6					
三等	3.0	14.0	10	—	±1.8	$±3.6n^{1/2}$	±20	1:150000	1:55000
四等	1.5	9.0	6	—	±2.5	$±5.0n^{1/2}$	±18	1:80000	1:35000
Ⅰ级	0.4	4.0	2	4	±5.0	$±10n^{1/2}$	±15	1:30000	1:15000
Ⅱ级	0.2	2.4	—	3	±8.0	$±16n^{1/2}$	±15	1:14000	1:10000
Ⅲ级	0.1	1.2	—	2	±12.0	$±24n^{1/2}$	±15	1:7000	1:5000

当测区最大测图比例为 1:1000 时,表中各等级导线的平均边长可放长一倍。当附合导线长度短于表 9-1 规定的 1/3 时,导线全长的坐标闭合差不应大于 13cm。当观测各级支导线和用电磁波测距极坐标法加宽控制点时,水平角观测的测回数应按表中的规定增加一倍,距离应往返测量。

（3）首级平面控制网应一次全面布设,并做到覆盖整个测区。首级平面控制网测量的等级根据测区面积的大小,可参照表 9-2 中的数值确定。

表 9-2　首级平面控制网测量的等级及测区面积的确定

测区面积（km²）	<0.1	0.1～0.5	0.5～1.0	1.0～5.0	5.0～10.0	>10.0
测量等级	Ⅲ级	Ⅲ级、Ⅱ级	Ⅱ级	Ⅱ级、Ⅰ级	Ⅰ级、四等	四等、三等

（4）首级导线网的形式可采用多边形网、多边矩形网或复合网。网中各边的边长宜接近该等级的平均边长,最短边不宜短于平均边长的 1/2,网中任两相邻边中短边与长边之比不应小于 1:3。

加密导线可采用附合导线或结点导线网形式,布设困难的地区可采用各级支导线加密,但其点数不超过 3 点,也可用电磁波测距极坐标法加密各级导线点,但在一个测站上加密的点数不得超过 4 点,且应有条件进行校核检查。

（5）导线水平角采用方向法进行观测,各测回之间应变换度盘的位置。水平角观测的各项限差,应不大于表 9-3 中的规定。

表 9-3　导线水平角观测限差的规定

导线测量等级	经纬仪的级别	光学测微器重合读数差（″）	一测回内 2c 变动范围（″）	同一方向各测回较差（″）
三等、四等	DJ2	3	13	9
Ⅰ级、Ⅱ级	DJ2	3	18	12
Ⅲ级	DJ6	—	30	24

（6）各等级导线边的距离,宜采用电磁波测距仪或经检定过的钢尺进行测定。电磁波测距仪,根据其标称精度 m_D 大小,可以分为以下三级:Ⅰ级:$m_D < 5mm$;Ⅱ级:$5mm ≤ m_D ≤ 10mm$;Ⅲ级:$10mm < m_D ≤ 20mm$。

各等级导线边长的测距技术要求应符合表 9-4 中的规定,用钢卷尺悬空丈量技术要求应符合表 9-5 中的规定。

表9-4　导线边长的测距技术要求

导线测量等级	测距方式	测距时间段	测距仪器级别	每边总测回数	一测回各次读数较差（mm）	单程测回间较差（mm）	往返或时段间较差
三级	往返	2	Ⅰ	6	5	7	$1.4142m_D$
			Ⅱ	8	10	15	
四级	往返	2	Ⅰ	4~6	5	7	$1.4142m_D$
			Ⅱ	6~8	10	15	
Ⅰ等	单程	1	Ⅱ	2	10	15	$1.4142m_D$
			Ⅲ	4	2 -	30	
Ⅱ等、Ⅲ等	单程	2	Ⅱ	2	10	15	$1.4142m_D$
			Ⅲ	2	20	30	

表9-5　钢卷尺悬空丈量技术要求

导线级别	定线最大偏差（mm）	尺段最大高差（mm）	读数次数	钢尺估读（mm）	同尺各次或同段各尺较差（mm）	温度估读（℃）	丈量总次数	较差相对误差
Ⅰ级	50	50	3	0.5	2	0.5	4	1:30000
Ⅱ级	50	100	3	0.5	2	0.5	2	1:20000
Ⅲ级	70	100	3	0.5	3	0.5	2	1:10000

在进行导线边长测距前,所用的电磁波测距仪应经过检定,所测距的数值应加入气象、倾斜和仪器常数的改正。在采用钢卷尺丈量距离时,钢卷尺应经过检定,尺长的检定精度不得低于尺长的1/100000,丈量距离时的环境温度宜接近检定时的温度,且宜使用检定时的温度计和弹簧秤。

（二）高程控制测量

建筑工程的竣工测量中的高程控制测量,宜采用水准测量或电磁波测距三角高程测量。高程控制网最弱点相对于起算点的高差中误差不应大于±20mm。

高程基准应与施工高程基准相一致,如果做到这点比较困难时,可采用国家或城市高程基准,并要进行必要的检测,当测区内存有两个以上的高程基准时,应建立不同高程基准间数据换算关系式。

高程控制测量的水准测量通常采用三等或四等。当测区的面积在10km² 以内时,一般布设四等水准路线;当测区的面积在10km² 以上时,一般布设三等水准路线。三等或四等水准观测的技术要求,应符合现行的国家水准测量的规范规定。

在条件适宜的地区,可采用电磁波测距三角高程测量建立区的高程控制。电磁波测距三角高程测量宜在平面控制网的基础上沿其边缘布设,高程起讫点应是不低于同精度的已知高程点,网中任意两个已知高程点或结点间的边数不得超过6条。

电磁波测距三角高程测量应采用DJ2级以上的经纬仪和标称精度不低于Ⅱ级的电磁波测距仪进行观测,观测的主要技术要求应符合表9-6中的规定。

电磁波测距三角高程测量的垂直角宜采用中丝法进行观测,仪器高度和目标高度宜用量测杆量取,读至1mm,测前和测后各量测一次,两次较差不大于2mm时取中数。

表9-6　电磁波测距三角高程测量技术要求

高程测量等级	测距边长（m）	中丝法观测测回数	指标差较差（"）	垂直角较差（"）	对向观测高程较差（mm）	附合或环线闭合差（mm）
四等	100～400	3	7	7	$\pm 40D^{1/2}$	$\pm 20D^{1/2}$

注：表中 D 为电磁波测距边的长度，以 km 计。

四、建（构）筑物的测量

建（构）筑物的竣工测量，实际上就是测定建（构）筑物主要特征点的三维空间位置，并用图形表示，对于建（构）筑物的主要拐点和中心点，还需要用解析坐标表示其平面位置。

（一）建（构）筑物竣工测量的要求

（1）建（构）筑物竣工测量应在原有施工控制网的基础上进行，如果施工控制网点的密度不能满足建（构）筑物竣工测量的要求时，应当根据实际需要加密控制点。加密控制点相对于起算点的点位中误差允许值为 ±50mm。

（2）建（构）筑物竣工测量应采用与施工一致的坐标系统和高程系统，如果采用建筑坐标系，应与城市或国家坐标系统进行联测。场区内有两种以上的坐标系统时，应当给出它们之间的相互换算关系。

（3）在进行建（构）筑物竣工测量时，对各建（构）筑物要进行统一编号，如果建（构）筑物已经有编号，应当沿用原来的编号。凡是需要测量解析坐标的拐角，也要进行编号，一般按顺时针方向顺序编号。

（4）建（构）筑物细部竣工测量的点位中误差和标高中误差，不应大于表9-7中的规定。

表9-7　建（构）筑物细部竣工测量的点位中误差和标高中误差

细部点名称	点位中误差（mm）	标高中误差（mm）
建（构）筑物外墙转角	±50	—
建（构）筑物散水坡脚	—	±30
建（构）筑物中心	±70	±30
室内地坪标高	—	±30

（5）重要的建（构）筑物应当测量标注足够的细部解析坐标和标高。矩形建（构）筑物一般至少应当测 3 个转角点坐标。非矩形建（构）筑物和少数大型的或重要的厂房的转角，应当全部测量标注细部坐标。紧贴在主要建筑物上的附属建筑物应区分开来，建（构）筑物的凹凸部分在图上大于1mm 应测绘，小于1mm 时可合并或省略。

（6）圆形构筑物的几何中心坐标和接触处的半径要测量标注，需要时还应测量标注其高度。非圆形的特殊构筑物的几何中心坐标也要测量标注，需要时还要测量标注其周边实际尺寸。建（构）筑物四周的排水明沟、暗沟的位置应测绘，必要时还应测绘其横断面尺寸。建筑物的外楼梯及在图上宽度大于2mm 的其他室外附属建筑（如台阶等）均应进行测绘。

（7）建筑小品和小型构筑物的外轮廓，能按比例尺表示者应进行实测，不能按比例尺表示者应实测其几何中心或立足点。

（8）全部测量标注厂界围墙的转角（外墙角）坐标和标高。围墙直线部分可在地面高程变化处,或在图上每隔 40～50m 测量标注一点标高,围墙接地处的厚度在图上大于 1mm 时应进行实测。工厂大门和通行铁路、道路的侧门中心坐标和标高要测量标注,必要时还应量测门的宽度。

(9)建筑物室内地坪和四周散水坡脚转角处的标高要测量标注,如果室内有不同高度的地坪时,应当分别测量标注不同高度地坪的标高,并标出不同高度地坪的分界线。

(二)建(构)筑物竣工测量的方法

建(构)筑物竣工测量的方法,应根据控制点的分布情况,结合施工场地条件确定,最常用的方法有极坐标法、直角坐标法、角度交会法和距离交会法等。建(构)筑物的标高可用水准仪或三角高程方法测定。

1. 极坐标法和直角坐标法

极坐标法是测量建(构)筑物最常用的方法之一,具有适应条件广泛、操作比较方便等特点。极坐标法的水平角用经纬仪观测半测回,其读数精确至 1′;距离采用电磁波测距仪测定,读数两次取中数。如果用钢尺量测距离,距离不宜超过一整尺段,距离一律读记到 1cm。

如果场区建立有矩形控制网或建筑物的分布很规则时,用直角坐标法测量建(构)筑物是比较方便的。用直角坐标法测量时,垂线的最大长度不得超过表 9-8 中的规定。

表 9-8 直角坐标法垂线的最大长度

制作直角工具	木直角尺	钢卷尺	直角棱镜
最大垂线长度(m)	<5	<10	<30

2. 圆形建(构)筑物竣工测量方法

测定圆形建(构)筑物中心坐标和半径长度的方法很多,应根据场地条件灵活选用,常用的方法主要有切线法和坐标法。

(1)切线法:

切线法是将经纬仪安置在已知点 A 上,瞄准圆形建筑物的两切线方向,定出两个切点 T_1 和 T_2。然后照准已知点 B,测出角度 $\angle BAT_1 = \beta_1$ 和角度 $\angle BAT_2 = \beta_2$,用钢尺丈量距离 AT_1 和 AT_2,其较差不应大于 2mm,取其平均值为 AT。切线法计算图如图 9-1 所示。

从图 9-1 中可以通过几何关系,分别计算出圆形建筑物的半径 R、测点 A 至圆心的距离 AO、圆心 O 的坐标(x_0、y_0)。

(2)坐标法:

坐标法是在圆形建(构)筑物的圆周上任意选择四点 A、B、C 和 D,并测定其坐标。任选其中三点为一组,分成两个组,根据任意三点的坐标计算圆心坐标和圆周半径,取两组计算结果以便进行校核,并取其平均值作为最后结果。坐标法计算图如图 9-2 所示。

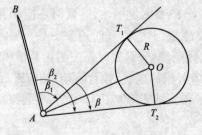

图 9-1 切线法计算图

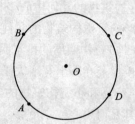

图 9-2 坐标法计算图

五、铁路和道路竣工测量

（一）铁路竣工测量

铁路竣工测量，是指工厂铁路在完工后的测量。工厂铁路按其作业性质和范围，分为专用线和厂内线路两部分。工厂铁路竣工测量主要包括平面位置的测定和铁路标高的测定。

1. 平面位置的测定

铁路平面位置的测定，主要是测定道岔中心、曲线元素、曲线起（终）点、桥梁四角及涵洞中心等细部坐标位置。

（1）道岔中心位置测定：

铁路的道岔中心就是本线中线与侧线中线的交点。为了测定道岔中心位置，首先要确定道岔中心。下面以普通单开道岔为例，说明道岔中心位置的测定方法。

1）道岔号的确定。如图 9-3 所示，量取辙叉的长度 L 和宽度 B，则道岔号 N 为：$N = L/B$。

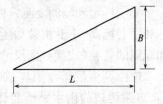

图 9-3　道岔号的确定示意图

2）道岔中心的确定。为了确定道岔中心的位置，首先要确定辙叉的理论尖端，其基本方法是：在辙叉 0.2m 宽度处向尖轨方向量取 20 倍道岔号长度（单位为 cm），此处就是理论尖端。再从理论尖端起沿着直线股中线向尖轨方向量取距离 $K = 1.435N$（N 为道岔号），即为道岔中心。

3）道岔中心的测定。在确定道岔中心后，就可以根据测量控制点，用经纬仪和钢尺，以极坐标法测定道岔中心的位置。

（2）曲线元素的测定：

曲线元素的测定，主要包括曲线起（终）点位置确定、曲线起（终）点及圆缓点坐标测定和单曲线元素的测定、缓和曲线元素的测定。

（3）其他细部位置测定：

铁路竣工测量除了测定线路起（终）点、曲线交点、曲线起（终）点的解析坐标外，还要测定长度超过 200m 直线部分的中心点，桥梁四个角和涵洞中心点等细部位置的解析坐标。其测定的方法可用极坐标法、交会法等。或者将上述细部点布设在图根导线中，作为图根导线中的导线点，按图根据导线测量的方法和精度要求进行测定，从而求得各细部位置点的解析坐标。

铁路工程中的其他附属设施，如扳道器、里程碑、信号灯等，可以不测其坐标，但均应实测其位置。

2. 铁路标高的测定

铁路除了必须测定平面位置外，还应当测定其高程位置。在直线部分一般每隔 20m 左右测定轨顶标高和路肩标高，在曲线部分一般每隔 15～20m 测定内轨的轨顶标高和路肩标高。路堑应实测出其上部宽度，并测出坡脚及边沟的标高，铁路桥梁均需测出桥底河流底部的标高和净空高度，涵洞应测出涵洞底的标高及其横断面尺寸。

铁路标高测定的方法与建筑物一样，一般用水准测量法或电磁波测距三角高程测量方法。

（二）道路竣工测量

厂区道路包括厂外公路和厂内道路。厂外公路指厂区与国家公路、城市道路、车站、码头相连接的公路，或者工厂各分厂、生活区等之间的联络公路，它是工厂与外部进行交通运输的纽带。厂内道路是厂内交通运输的道路，它是实现正常生产、进行厂内人流和物流的主要组成部分。

1. 道路竣工测量的内容

凡是道路中线的交叉点、分支点、尽头等，都应当测定其中心坐标和标高。与厂内道路相连接的国家公路或城市道路，也应适当测定一些路的中心坐标和标高。在道路的曲线部分，要测定曲线元素。测定曲线元素有困难时，应每隔 15m 测定一个中心坐标和标高。道路的变坡点都必须测定其中心点标高，或者每隔 20m 测定一个中心点标高。

如果道路的路基高于或低于经过地段的自然地面而形成路堤或路堑时，应当测定路堤或路堑的宽度，并测定地沟、路肩、坡脚和边沟底的标高。

大型桥梁和涵洞要测定四角坐标和中心标高，中型桥梁和涵洞要测定中心线两端点坐标和中心标高，小型桥梁和涵洞要测定其中心坐标和标高，另外还要测定出桥梁的净空高度和涵洞的管径（或横截面尺寸），以及桥底河流底部和涵洞底的标高。

道路两旁的排水明沟或暗沟，应当测定其位置和截面尺寸，每隔 30m 测一个沟底标高，道路两边的雨水算子要逐一测定其具体位置，道路旁的行道树应实地测绘出其中心线位置。

厂内道路进入各车间的支路，要测出其引道半径。主要道路要用剖面图标出道路的型式，并在图上注明路面铺装的材料。

2. 道路竣工测量的方法

道路的交叉点、尽头点、分支点，以及桥梁、涵洞中心点等坐标，可根据施工控制点用极坐标法、交会法、直角坐标法等进行测定，测定道路中心坐标的点位中误差不应大于 ±70mm。

道路的中心标高、变坡点标高、排水边沟等标高，应当根据施工高程控制点用水准仪测量方法测定，也可以用电磁波测距三角高程测量方法测定。道路中心标高的测定中误差不应大于 ±30mm。

道路曲线应当测定曲线元素，如果测定曲线有困难时，应在图上的曲线部分每隔 20mm 测定一点道路中心坐标。道路曲线元素的测定方法和内容，与铁路曲线元素基本相同。

（1）转向角和交点坐标测定

如图 9-4 和图 9-5 所示，在两相交道路直线段的中线上各选定两点 A、B 和 C、D，则 AB 和 CD 的交点即为道路的交点。如果测定了 A、B 和 C、D 的坐标，并分别计算各道路中心线的方位角 α_{AB} 和 α_{CD}，则其交角为：

$$\alpha = \alpha_{AB} - \alpha_{CD} \tag{9-1}$$

两条道路中线的交点 O 的坐标可按下式进行计算：

$$Y_O = \frac{Y_A \tan\alpha_{AB} - Y_D \tan\alpha_{CD} - X_A + X_D}{\cot\alpha_{AB} - \cot\alpha_{CD}} \tag{9-2}$$

$$X_O = X_A + (Y_O - Y_A)\cot\alpha_{AB} \tag{9-3}$$

或
$$X_O = X_D + (Y_O - Y_D)\cot\alpha_{CD} \tag{9-4}$$

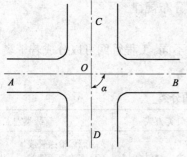

图9-4　正交道路示意图

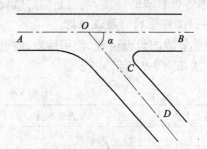

图9-5　斜交道路示意图

（2）曲线半径 R 的测定

道路曲线半径 R 的测定，一般可采用正矢法和外距法。由于外距法比较简单，是一种最常采用的方法。如图9-6和图9-7所示，先求出两条道路中心线的交点 JD，在交点处等分交角 I（$I = 180° - \alpha$）。沿着等分角的方向线，量取交点 JD 至道路外侧曲线的距离（e）。

如果 JD 点落在外侧曲线以外（图9-6），则 $E = b + e$；如果 JD 点落在外侧曲线以内（图9-7），则 $E = b - e$。b 为 JD 点至道路外侧边线交点的距离，可按式（9-5）计算：

$$b = \frac{B}{2}\sec\frac{\alpha}{2} \tag{9-5}$$

式中　B——道路的宽度。

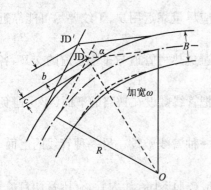

图9-6　交点在道路外侧曲线之外

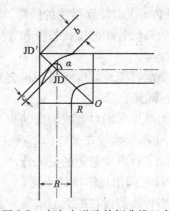

图9-7　交点在道路外侧曲线以内

在求得 E、b 等数值后，可按式（9-6）计算道路的曲线半径：

$$R = \frac{E}{\sec\dfrac{\alpha}{2} - 1} = \frac{B\sec\dfrac{\alpha}{2} \pm 2c}{2\left(\sec\dfrac{\alpha}{2} - 1\right)} \tag{9-6}$$

六、管网与线路竣工测量

各种工程管网和电力、电信线路，是现代化工业建（构）筑物中的重要组成部分，在进行管网竣工测量和管网图编绘前，首先要进行认真调查，了解各种地上、地下和空中管线的设置,熟悉各种管线的特性,掌握它们的敷设原则及其分布规律。

（一）工程管网的敷设原则

根据管线的敷设位置、使用性质、敷设方式等的不同,工程管网可以分成若干类,其具体分类方法如表9-9所示。

表9-9　工程管线的分类

分类方式	管线类别	分类方式	管线类别
按管线位置分	(1)厂外管线 (2)厂内管线 (3)街区管线	按输送材料分	(1)固体输送管线 (2)液体输送管线 (3)气体输送管线
按管线性质分	(1)公用工程管线 (2)工艺管线 (3)生产成品及原料管线	按敷设方式分	(1)地上架空管线 (2)地面管线 (3)地下管线

无论什么类型的工程管线,其敷设的基本原则是应满足生产要求,运行中维护方便、经济合理,并符合管网本身的技术要求。在一般情况下,应遵循以下敷设原则:

（1）根据管线的设计要求和实际情况,应尽可能地节约管网用地,应当把性质类似、埋深相近的管道集中敷设。

（2）根据施工现场和建(构)筑物的实际,科学地进行管网敷设,做到管线线路最短、转弯最少、设置的检查井最少。

（3）要尽量减少管网与公路、铁路的交叉,当交叉不可避免时应尽量垂直交叉,以减少因交叉而必须采取特殊措施的经费。

（4）为降低管线的工程投资和方便用户,管线应尽量靠近用户,干线要尽可能靠近支线最多的方向。

（5）要尽可能地减少管线互相交叉,尤其是要避免热力管道与排水管道的交叉、各种电缆与热力管道的交叉。

（6）为减少车辆对管线的振动和干扰,不允许把管线敷设在铁路的下面(不可避免的交叉除外),也不要敷设在公路的下面。

（7）除了有不可避免的交叉外,一般不允许把一种管线敷设在另一种管线的上面,以避免不同管线之间出现不良的干扰。

（8）当管线敷设在平面上或竖向上有冲突时,应按照"小管让大管、有压管让自流管、新建管让已建管、临时管让永久管"的原则进行处理。

（9）为确保建(构)筑物的安全,架空输电线路至各工程设施的最小距离不得超过有关规范的规定。

（10）直埋电缆的上面要设置一定厚度的保护层,直埋电缆与其他管线、道路交叉时,应设置保护装置。

（二）工程管网的竣工测量

1. 管网竣工测量的要求

（1）各种工程管网竣工测量的内容,应当满足设计或使用单位的要求,在进行工程管网竣工测量时,应有专业人员现场配合。

（2）在进行工程管网竣工测量之前,应收集原有的各种管线专业图,并进行认真现场核对、分析利用。对于地下管线,要通过探测或开挖弄清管线的敷设方式、管线走向、附属设施、材料和管径等。

(3)工程管网采用探测仪探测定位时,探测点的位置应事先在管道施工图上确定。在进行探测时,平面位置的埋深,均应取两次读数的中数。

(4)各种工程管线细部点点位中误差和标高测量中误差,不应大于表9-10中的规定。

表9-10　管线细部点点位和标高中误差

细部点名称	点位中误差(mm)	标高中误差(mm)
直埋地下电力、通信电缆开挖点	±100	±30
各种管线固定支架、塔架杆	±70	—
管顶、下水管底、沟顶、沟底	±70	±30

(5)各种管线的编号应当与原来的编号尽量一致;如果需要自行进行编号,应当遵照一定的规则。

2. 上水管网的竣工测量

上水管网一般包括取水构筑物、提升水构筑物、净化水构筑物、贮水池、输水水道、管道网及其附属设备,附属设备主要有闸阀门、消火栓、止回阀、排气装置、排污装置、预留接头、安全阀和检查井等。

上水管网竣工测量要进行统一编号,一般从水源到贮水池(塔)的管线称为主干线,应作为第一编号段,如$S_1 \sim S_{30}$;从贮水池(塔)到最远用户的管线称为支干线,应作为第二编号段,如$S_{51} \sim S_{530}$。自支干线上引出的支线,主要是为用户服务的管道,其编号应从引出端开始,并在前面冠以引出支线的点号,如S_{51}-1。

上水管网竣工测量的内容很多,归纳起来主要包括以下几个方面:

(1)测定出上水管道进出建(构)筑物的具体平面位置和标高,或丈量距离建(构)筑物拐角的尺寸。

(2)沿着管道的轴线测出管道的位置和管顶标高。

(3)测定出管道中心线的交叉点、拐弯点、分支点的坐标和管顶标高。

(4)测定出检查井的中心位置和其他附属设备的中心位置,中心位置可以用坐标表示,也可以用其他形式表示。

(5)量出上水管道的外径,并求出管道的公称直径,标注于工程竣工测量图上。

(6)测定出上水管道与其他地下管线交叉的平面位置和管顶标高。

(7)测定出检查井台面、地面、井中的管顶和设备上部顶端标高。

(8)测定出上水管道通过道路的保护管套的位置和管套的管径,并根据实际需要调查管套的制作材料。

(9)测定出上水管道改变直径处的平面位置,并测量出改变直径处的管径,用尺寸或坐标的形式表示。

(10)凡是测定管顶标高的部位均要测量相应的地面标高,以便了解管道的埋设深度和为绘制管道埋设纵断面图提供数据。

(11)测定上水管道中的止回阀、安全阀、排气阀、水表等装置的位置,预留接头和消火栓的坐标和标高。

（12）上水管网竣工测量除以上项目外，对于水质净化等构筑物附近或其他管道密集处，需要时还应测绘局部更大比例尺的专业图。

3. 下水管网的竣工测量

下水管网主要由下水道、水泵站、污水处理厂等构筑物和一系列窨井组成。下水道上的窨井主要有检查井、结点井、转角井、渗透井及化粪池等。

下水管网竣工测量的编号，从下水管的出水口开始，沿逆水流方向顺序进行编号。从出水口开始直至城市排水干线的衔接处为第一个编号段，如 $X_1 \sim X_{30}$；从第一个连接在主管道上的检查井起，至化粪池为第二个编号段，并在每个编号前冠以主管道检查井的编号，如 $X_{15}-2$；从化粪池起至进入用户的最近实测点为第三个编号段，在每个编号前冠以化粪池的编号。

下水管网竣工测量的内容也很多，归纳起来主要包括以下几个方面：

（1）测定出下水管线进、出建（构）筑物的具体位置，或者丈量距离建（构）筑物拐角的尺寸。

（2）测定出下水管线（或明沟、暗沟）的交叉点、拐弯点、分支点的中心坐标。

（3）沿着下水管道直线的窨井只测定其位置，但下水管道的主干线、支干线需要量出井之间的距离。

（4）下水管道主干线和支干线上的全部窨井，都需要测出平台、地面、井底、井内各管底内壁的标高。支线上的窨井只测出井台和地面标高。下水明沟要测定起点、终点、分支点、交叉点的内底标高，直线部分每隔 50m 测定一个沟底标高。

（5）下水管道要测量出管道的内径，并调查制作管子的材料；下水明沟或暗沟要测定其横断面尺寸。

（6）要测定化粪池的具体位置，用中心坐标表示其位置时，要注明化粪池的长度和宽度的具体尺寸。

（7）对于排水所用的虹吸管和渡槽，要测出其两端出入口的具体位置和管（槽）底的标高，必要时还要测量出其宽度。

4. 动力管网的竣工测量

动力管网是工业厂房经常设置的管网，主要包括热力管网、压缩空气管网、氧气管网、乙炔管网和煤气管网等。动力管道一般分为干线和支线两类，并在编号前冠以相应的字母，如热力管线冠以 R，煤气管线冠以 M，氧气管线冠以 Y，压缩空气管线冠以 YA，乙炔管线冠以 YT。

动力管网竣工测量的内容，除了必须测量管线的起点、终点、拐角点的位置外，还应当测定热力管网的截止阀、放水阀、调节阀、止回阀和安全阀的位置，煤气管道应当测定排水器、放散管、蒸汽排口的位置，预留接头的坐标和标高等。

在组成比较复杂的动力管网结点处或密集处，还要根据管网维修、养护和管理的要求，绘制放大图和剖面图。

5. 工艺管网的竣工测量

工艺管网是指工厂内生产流程中运送物料的通道。工艺管网一般可分为沿地面敷设和架空敷设两类。相对以上几种管网而言，工艺管网数量较多，管道结构比较复杂，管网的种类、要求、规格也不一样。

在工艺管网进行竣工测量之前,要仔细地进行现场调查,弄清这类管网的来龙去脉,广泛收集已有的资料(如设计施工图、生产工艺流程图等),了解设计部门或生产管理部门对工艺管网竣工测量的目的要求,如测量的具体项目、测量要求精度和提交工艺管网竣工测量成果的时间等。

工艺管网竣工测量的编号方法、测量内容及测量方法,与动力管网基本相同,测出管带的平面位置和走向,测定管带的标高、净空高和横断面,注入管径、管材和材料名称。

工艺管网中管带的平面位置是指各转折点、交叉点等处的支架位置,通常是测定支架中心的细部坐标。

6. 电力电信线路的竣工测量

电力电信线路分为架空线路和地下电缆两类,其竣工测量的主要内容有以下方面:

(1)测定出架空线路电杆(塔)的中心位置和标高,地下电缆与架空电线交接处的坐标和标高。

(2)测定出电力线进出建(构)筑物的位置与标高,或者丈量出与建(构)筑物拐角间的相关尺寸。

(3)根据设计或工程管理部门的要求,调查线路的电压、导线型号、规格、根数和排列横断面。

(4)测定出直埋电缆的中心位置,并测定转弯处、分支处、交叉处的坐标,电缆的埋设深度和地面标高。

(5)对于地沟中的电缆,要测定出入孔的中心坐标,孔顶、地面、沟底标高和孔洞底部的标高,典型地段的地沟断面。

(6)测定出电缆出入建(构)筑物的位置,或者丈量出与建(构)筑物拐角间的相关尺寸。

第二节　竣工总平面图的绘制

竣工总平面图是反映所建工程竣工或现状的总图,主要包括所有建筑物和构筑物的平面位置和高程,并用解析法测出工程建(构)筑物的特征坐标、高程及有关设计元素,表示出建(构)筑物间及其与地形的相关位置。

一、竣工总平面图绘制的原则

在进行建(构)筑物竣工总平面图绘制时,应遵循以下基本原则:

(1)广泛收集建(构)筑物的原设计图纸、施工图纸、施工变更通知、施工检验记录和其他有关资料,并对所收集的资料进行抽查,根据以上资料的检查结果,将其确认无误的部分绘到总平面图中,对于有问题的部分应采用实测数据进行编绘。

(2)在编绘竣工总平面图时,主要应以施工图为基本依据,竣工总平面图的比例尺、图式、图中内容、精度、坐标和高程系统等,应当与施工图一致。

(3)在编绘竣工总平面图时,应当遵守一边施工、一边编绘的原则,这是保证竣工总平面图绘制质量的重要措施。一个建筑工程往往包括若干单项工程,单项工程的开工时间有先有后,因此,对于竣工总平面图的绘制,必须根据单项工程的施工顺序,进行周密计划、合理安排。

二、竣工总平面图的绘制方法

工程实践证明,竣工总平面图绘制的依据是:设计总图平面图、单项工程平面图、纵横断面图、设计变更资料、施工放样资料、施工检测资料、施工测量资料、有关部门和设计单位的具体要求等。

竣工总平面图的内容包括:测量控制点、厂房、辅助设施、生活设施、架空与地下管道、道路等建(构)筑物的坐标、高程,以及建(构)筑物区内净空地带和尚未兴建区域的地物、地貌等。

根据以上所述竣工总平面图的绘制依据和内容,其编绘的具体方法是:

1. 首先在图纸上绘制出坐标方格网,一般是用两脚规和比例尺来绘制,其精度要求与地形测量图的坐标方格网相同。

2. 绘制控制点。坐标方格网绘制完毕后,将施工控制点按坐标值绘制在图上,绘制点对临近的方格而言,其容许该点误差为 ±0.3mm。

3. 绘制设计总图。根据已绘制的坐标方格网,将设计总图中的内容按其设计坐标,用铅笔绘制于图纸上,作为竣工总平面图的底图。

4. 绘制竣工总平面图。竣工总平面图的绘制方法有以下两种:

(1)根据设计资料进行绘制

凡是按照设计坐标定位施工的建(构)筑物,按设计坐标(或相对尺寸)和标高进行绘制。建(构)筑物的拐角、起止点、转折点,应根据坐标数据绘制成图;对建(构)筑物的附属部分,如果无设计坐标,可用相对尺寸进行绘制。如果原设计有所变更,则应根据设计变更资料进行绘制。

(2)根据竣工测量等资料绘制

在工业与民用建筑工程竣工后,都会按照一定要求进行竣工测量,并提出该工程的竣工测量成果。对于凡是有竣工测量资料的工程,如果竣工测量成果数值与设计图中数值存在一定差别,当不超过所规定的定位容许误差时,可以按照设计值进行绘制,否则应按竣工测量资料进行绘制。

根据上述资料绘制竣工总平面图时,对于厂房,应使用黑色线绘出该工程的竣工位置,并应在图上注明工程名称、坐标、高程及有关说明。对于各种地上、地下的管线,应用各种不同颜色的墨线绘出其中心位置,注明转折点、坐标、高程及有关说明。

在施工过程中没有设计变更的情况下,墨线的竣工位置与原设计图用铅笔绘制的位置应重合,但其坐标、高程数据与原设计值比较可能稍有差异。随着工程施工的进展,逐渐在底图上将铅笔线都绘成墨线。

5. 进行工程施工现场实测。对于直接在现场指定位置进行施工的工程,以固定地物定位施工的工程,多次变更设计而无法查对的工程,竣工现场的竖向布置、围墙和绿化情况,施工后尚保留的大型临时设施,竣工后的地貌情况等,都应当根据施工控制网进行施工现场实测,对竣工总平面图加以补充。

在进行施工现场外业实测时,必须在现场绘出草图,然后在室内进行补充绘制,这样才能成为完整的竣工总平面图。在某些情况下,也可以在现场用图解方法直接绘制成图。

对于大型企业和较复杂的工程,如将建设区域内的地上、地下所有的建(构)筑物都绘制在一张总平面图上,必然使平面图上的内容太多、线条密集、不易辨认。为了使总平面图的图面清晰醒目、便于使用,可以根据工程的密集与复杂程度,按工程性质分类来编绘竣工总平面图,如综合竣工总平面图、工业管线竣工总平面图、分类管道竣工总平面图、道路竣工总平面图等。

三、竣工总图与管道图的编绘

竣工总图是由施工单位根据施工过程中的定位测量成果、实测成果和隐蔽工程记录,并结合设计资料绘制而成的图纸。竣工总图是建筑物建成后,由专业勘察单位根据有关规程要求而绘制的图纸,供竣工图更新、建筑物改建与扩建设计使用。

如果建(构)筑物和各种管网密集时,根据施工验收的要求,还要绘制各种专业分图。专业分图可以一个专业绘制一张,也可以几个专业综合绘制一张,其中的管道综合图就是几个专业的综合图,又称为管道汇总图。管道汇总图表示了各种管道的位置及其关系,其内容除了表示全部地上、地下管道外,还要表示与管道位置有关的建(构)筑物和道路等。

(一)竣工总图与管道综合图绘制的一般规定

(1)竣工总图的服务对象主要是设计单位和建(构)筑物管理单位的有关专业,因此竣工总图应尽量采用这些单位习惯的图例和绘图方式,并在每一种专业图旁注明图例及说明,能使用户一目了然。

(2)为便于竣工总图的绘制,竣工总图的图幅应与设计单位的图幅尺寸相一致,一般应采用表 9-11 中所示的五种图幅尺寸。

表 9-11　竣工总图所采用的图幅尺寸

图幅代号	A0	A1	A2	A3	A4
图幅规格(宽×长)(mm)	841×1189	594×841	420×594	297×420	210×297

(3)绘制坐标方格网、图廓线、图根点和细部点,它们的最大误差不应超过表 9-12 中的规定。

表 9-12　绘图的最大误差

项　　　目	最大误差(mm)	
	用坐标展点仪	用方格网尺
方格网实际长度与名义长度之差	0.15	0.10
图廓对角线长度与理论长度之差	0.20	0.30
控制点间图上长度与边长之差	0.20	0.30
细部坐标展点	—	0.30
坐标格网线细度	0.10	0.10

(4)竣工总图的细部坐标属于实测者注记到 0.01m,属于探测者注记到 0.10m。各种细部坐标图上标记的形式应符合以下规定:

$$\frac{A123.45}{B678.90} \text{或} \frac{x123.45}{y678.90}$$

A、B 为建筑坐标，x、y 为城市坐标或国家坐标，分子为纵坐标（m），分母为横坐标（m）。各专业图上的细部点可不注记坐标，只注记其编号，另外要提交由编号编制的坐标成果表。

（5）各种大样图、断面图依比例尺绘制者，应当注明比例尺的大小；不依比例尺绘制者，应当注明规格尺寸。大样图、断面图宜绘在该图所在位置的附近，并且图和位置的编号应相同。

（6）图中各种线划的形式和粗细度要求，应符合建筑工程制图的有关规定。

（二）竣工总图绘制的资料来源和主要内容

1. 竣工总图绘制的资料来源

竣工总图编绘的资料来自很多方面，主要从以下几个方面取得：

（1）现场实际测绘取得

从工程施工现场取得测绘资料最为可靠，特别是连续一次测绘取得的，其资料稍加整理即可成图；另一种情况是由不同的测绘单位陆续测绘取得的，对于这种情况应当注意：

① 坐标、高程系统是否严格一致，必须进行严格的检查并进行统一，否则不能进行竣工总图的绘制；如果不能一致，要转换到同一个系统上来，这个系统应与设计图纸完全一致。

② 测绘取得的资料是否完全符合实际情况，要通过实地一一对照检查，特别是各种地上、地下管道的附属设备更要仔细对照，如有变动、拆除、增减等，均应一一进行修测和补测。在进行修测和补测时，如果变动、拆除、增减部分很小或很少时，可以根据可靠的地物用钢尺丈量，否则应在控制点上进行平面和高程控制测量。

（2）从设计图纸上取得

从设计图纸上取得竣工总图绘制的资料，是一种快捷、可靠的方法。工程设计单位提出的各种设计图上的资料和数据，与实际测绘取得的资料和数据均要一一进行对照；对于相差较多、较大的部分，应再进行一次实地测绘检查，特别是各种管道的附属设备、下水管道的坡向和坡度等，均应与设计图纸上的数据基本相同。

有些资料和数据，如建（构）筑物的结构、层高、各种管道的材料与型号、各种线路的材料与型号等，通过实地调查核实后，方可从设计图上取用。

（3）从设计变更中取得

在建（构）筑物的施工过程中，会因为种种原因而改变原设计方案。设计单位对于局部小的变动，常以设计变更通知单的形式通知施工单位。这些"设计变更通知单"要全部收集起来，像对待设计图纸一样对照和取用。

（4）从竣工测量中取得

在建筑工程的施工过程中和竣工以后，都应当按照有关规定进行竣工测量，有的对隐蔽工程还进行了检测和记录，这些资料不仅是工程检查验收的重要依据，也是编绘竣工总图的重要资料来源。

在取得了足够的资料以后，就可以按下列顺序进行绘图：绘制坐标方格网、绘制建（构）筑物、绘制围墙、绘制道路、绘制各种管线及其附属设施等，注记细部点的坐标或编号、注记标高、注记汉字及专业内容，最后绘图例及图签表，接图边及图廓修饰。

2. 竣工总图绘制的主要内容

竣工总图不同于竣工测量图，也不同于设计图，其绘制时应包括以下内容：

（1）建（构）筑物的主要交角的坐标、圆形建（构）筑物的中心坐标和接地处半径。

（2）铁路、公路和其他道路中心线交点、分支点（岔心）、尽头等的坐标。

（3）建（构）筑物的拐角点、室内地坪、铁路、轨顶、道路中心（或变坡点）的标高。

（4）地形特征点、地形点、明沟底，铁路和其他道路断面处的标高。

（5）地下人防工程的各种数据。当人防工程的数据太多，在竣工总图上难以表示清楚时，应当选择主要的数据进行注记，如果有必要可另外单独画一幅地下人防工程专业图，在此专业图上注记出全部的数据。

某工程竣工总图的样图，如图9-8所示。

（三）管道综合图的绘制

当建筑物中的管道种类较多，分布比较密集，全部绘制在竣工总图上很难表示清楚，为了专业管理方便，则需要单独编绘管道综合图。管道综合图又称为管道汇总图，它是将地上、地下管道编绘在一张图上。

管道综合图是竣工总图的专业分图，是竣工总图的重要组成部分，其资料来源与竣工总图的资料来源基本相同。

在管道综合图上要表示各种管网的位置及其关系，例如在管道交叉、分支和尽头处，均要注记坐标、注记有关标高，每种管线都要用线条配合各种符号表示。除了在图上标注上管线的位置外，还要绘出围墙、主要道路和有关建（构）筑物的位置。

在地上、地下管线密集处或结点处，还要绘制大样图和有关断面图，例如从左至右，按一定的纵横比例尺，标出建筑物的围墙线、铁路、公路，以及各种地上、地下管线，并注明相应的间距和标高，加注一定的说明等。某建筑工程的管线综合图样图，如图9-9所示。

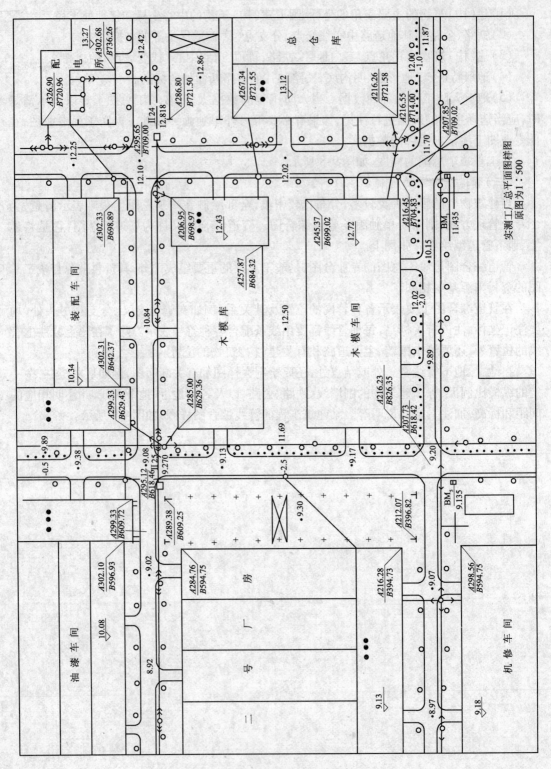

图 9-8　某工业厂区竣工总图示例

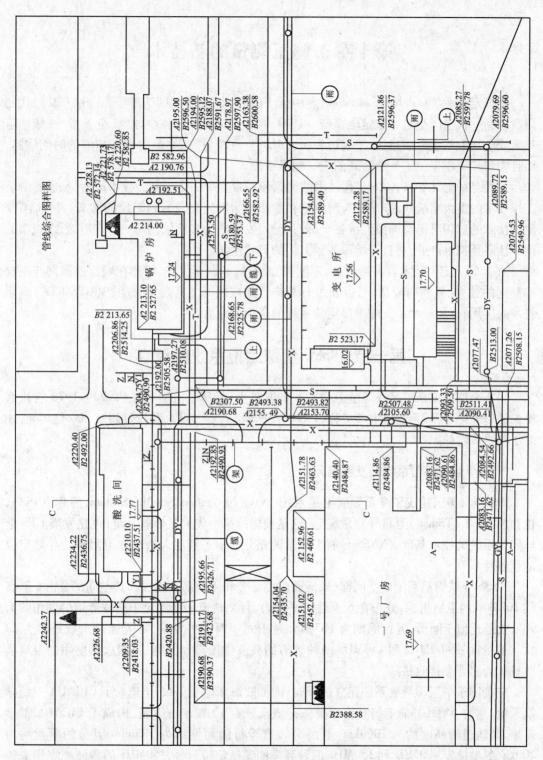

图 9-9 某工程管道综合图示例

第十章 施工测量的新技术

全球定位系统(Global Positioning System,简称GPS)是美国国防部于20世纪70年代初研制的新一代空间卫星导航定位系统。1994年3月28日,一种全球性、全天候、连续的卫星无线电导航系统全面建成,不仅可提供实时的三维位置、三维速度和高精度的时间信息,而且为测绘工作提供了一个崭新的定位测量手段。

尤其是最近几年来,GPS定位技术给测绘领域带来了一场深刻的技术革命,标志着测量工作技术的重大突破和深刻变革,对测量科学和技术的发展具有划时代的意义。目前,GPS定位技术的应用已遍及国民经济各个部门,已经发展成为多领域、多模式、多用途、多机型的国际性高新技术产业,并且开始深入到人们的日常生活。

由于GPS定位技术具有精度高、速度快、成本低等显著优点,因此在城市控制网与工程控制网的建立、更新与改造中,得到了日益广泛的应用。尤其是实时动态(GPS-RTK)测量技术的应用,更加显示了全球卫星定位系统的强大生命力。

第一节　GPS全球定位系统的建立

GPS全球定位系统是在导航卫星系统的基础上,经历了方案论证(1974～1978年)、系统论证(1979～1987年)和生产实验(1988～1993年)三个阶段,总投资超过300亿美元,才终于获得成功的。

一、GPS全球定位系统的发展概况

1964年,美国建成了海军导航卫星系统(Navy Navigation Satellite System,简称NNSS),也称为"子午(Transit)卫星导航系统"。这是美国的第一代卫星导航系统,也是发展GPS全球定位系统的技术基础。NNSS导航卫星系统充分显示了利用人造地球卫星进行导航定位的优越性。

NNSS导航卫星系统由空间部分、地面监控部分和用户部分组成。其空间部分由6颗高约1070km的卫星组成,分布在6个轨道平面内,每个轨道平面相对于地球赤道的倾角约为90°,轨道近似于圆形,运行周期为107min,对于同一颗子午卫星,每天通过次数最多为13次。卫星播发400MHz和150MHz两种频率的载波供用户和监测站接收,其使用的卫星接收机称为多普勒接收机。

在美国子午卫星导航系统建立的同时,前苏联海军也于1965年建立了CICADA卫星导航系统,它与NNSS导航卫星系统相类似。该系统有12颗宇宙卫星,构成了CICADA卫星星座,其轨道的高度约为1000km,卫星沿轨道运行的周期约为105min,卫星的质量约为700kg,卫星播发400MHz和150MHz两种频率的导航定位信号,150MHz的载波频率用来传送导航电文,400MHz的载波频率用于削弱电离层效应的影响。

但是,NNSS导航卫星系统只能提供二维导航解,且必须在卫星运行一个时间段后才能获得一次导航解,精度也只优于40m。再加上卫星较低,覆盖面积较小,卫星数量较少,必须

相隔0.8～1.6h才能进行一次定位。由此可见,NNSS导航卫星系统虽然显示出导航的优越性,但也存在着精度低、不能实时导航和仅提供二维导航解等缺陷。

为了实现全天候、全球性和高精度的连续导航与定位,第二代卫星导航系统——GPS卫星全球定位系统应运而生。卫星定位技术发展到了一个辉煌的历史阶段,也使测量定位技术发生了质的改变。随着GPS全球定位系统的投入使用,NNSS导航卫星系统于1996年12月停止使用。

1973年12月,美国国防部批准由美国陆海空三军联合研制的GPS全球定位系统。该系统的英文全称为"Navigation by satellite Timing And Ranging/Global Positioning System (NAVSTAR/GPS)",中文的意思为"用卫星定时和测距进行导航/全球定位系统",简称为GPS。

二、GPS全球定位系统的主要用途

GPS全球定位系统是当今最先进的卫星定位技术,经过二十多年的发展和实践,其应用的范围越来越广泛。其主要用途包括陆地应用、海洋应用和航空航天应用。

（一）GPS全球定位系统的陆地应用

GPS全球定位系统的陆地应用,主要包括车辆导航、应急反应、大气物理观测、地球物理资源勘探、工程测量、变形监测、地壳运动监测、市政规划控制等。

（二）GPS全球定位系统的海洋应用

GPS全球定位系统的海洋应用,主要包括远洋船最佳航程航线测定、船只实时调度与导航、海洋救援、海洋探宝、水文地质测量以及海洋平台定位、海平面升降监测等。

（三）GPS全球定位系统的航空航天应用

GPS全球定位系统的航空航天应用,主要包括飞机导航、航空遥感姿态控制、低轨卫星定轨、导弹制导、航空救援和载人航天器防护探测等。

三、GPS全球定位系统的主要组成

GPS全球定位系统是在NNSS导航卫星系统的基础上发展起来的,两者的组成基本相同,主要由GPS卫星星座、GPS地面监控系统和GPS用户设备部分组成。

（一）GPS卫星星座

GPS的卫星星座如图10-1所示。其基本参数是:

卫星颗数为21+3(21颗工作卫星,3颗备用卫星),6个卫星轨道面,卫星的高度为20200km,轨道倾角为55°,卫星运行周期为11h58min,载波频率为1.575GHz和1.227GHz。卫星在通过天顶时,卫星的可见时间为5h,在地球表面上的任何地点、任何时刻,在卫星高度角15°以上,平均可以同观测到6～11颗卫星。

例如,在中国北纬34°48′、东经114°28′,一天内能看到的GPS卫星数为:全天有50%的时间能看到7颗GPS卫星;有30%的时间能看到6颗GPS卫星;有15%的时间能看到8颗GPS卫星;有5%的时间能看到5颗GPS卫星。

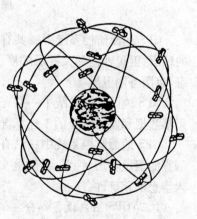

图10-1 GPS卫星星座示意图

这表明,在中国境内全天能够见到 5~8 颗 GPS 卫星,非常有利于我国用户进行连续不断的导航定位测量。

GPS 全球定位系统的工作卫星主体呈圆柱形,直径为 1.5m,如图 10-2 所示。GPS 工作卫星的主要作用是:

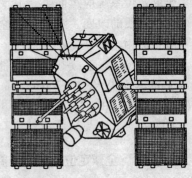

(1)用 L 波段的两个无线载波(19cm 和 24cm 波段)向地面用户连续不断地发送导航定位信号(简称 GPS 信号),并用导航电文报告自己所处的位置以及其他在轨卫星的大概位置。

(2)在飞越地面注入站上空时,接收由地面注入站用 S 波段(10cm 波段)发送的导航电文和其他有关信息,适时地发送给广大用户。

(3)接收由地面主控站通过注入站发送的卫星调度命令,适时地改正运行偏差或启用备用时钟等。

图 10-2　GPS 工作卫星

(二)GPS 地面监控系统

GPS 地面监控系统,目前主要由分布在全球的 5 个地面站所组成,其中包括卫星主控站、监测站和注入站。GPS 地面监控系统的分布,如图 10-3 所示。

○ 监测站(5个)　△ 注入站(3个)　▲ 主控站(1个)

图 10-3　GPS 地面监控系统的分布

GPS 地面监控系统中一共有 1 个主控站,其主要任务是:根据所有观测资料编算各卫星的星历、卫星钟差和大气层的修正参数,提供全球定位系统的时间基准,调整卫星的运行姿态,启用备用卫星。

GPS 地面监控系统中一共有 5 个监测站,其主要任务是:对 GPS 卫星进行连续观测,以采集数据和监测卫星的工作状况,经计算机初步处理后,将数据传输到主控站。

GPS 地面监控系统中一共有 3 个注入站,其主要任务是:在主控站的控制下,将主控站编算的卫星星历、钟差、导航电文和其他控制指令等,注入到相应的卫星存储系统,并监测注入信息的正确性。

(三)GPS 用户设备部分

GPS 用户接收部分的基本设备,就是 GPS 信号接收机、机内软件以及 GPS 数据的后处理软件包。GPS 信号接收机的硬件,一般包括主机、天线和电源,也有的将主机和天线制作成一个整体,观测时将其安置在测站点上。

GPS 用户设备主要包括:GPS 接收机及其天线、微处理机及其终端设备和电源等。其中接收机和天线是 GPS 用户设备的核心部分,它们的基本结构如图 10-4 所示。

图 10-4　GPS 信号接收系统的结构示意图

GPS 信号接收机的任务是:跟踪可见卫星的运行,捕获一定卫星高度截止角的待测卫星信号,并对 GPS 信号进行交换、放大和处理,解译出 GPS 卫星所发送的导航电文,测量出 GPS 信号从卫星到信号接收机天线的传播时间,实时地计算出测站的三维位置、三维速度和时间。

GPS 信号接收机一般用蓄电池作为电源,同时采用机内、机外两种直流电源。设置机内电池的目的在于更换外电池时不中断连续观测。在用机外电池的过程中,机内电池自动进行充电。关机后,机内电池为 RAM 存储器供电,以防止因断电丢失数据。

目前,各种类型的 GPS 信号接收机的体积和质量越来越小,非常便于携带和野外观测。GPS 信号接收机按用途不同,可分为导航型、测地型和授时型三种;按携带形式不同,可分为袖珍式、背负式、车载式、弹载式、星载式、舰载式和空载式等七种;按工作原理不同,可分为码接收机和无码接收机;按使用载波频率不同,可分为单频接收机和双频接收机。

目前,第四代 GPS 工作卫星 BLOCK Ⅲ正在研制中,其目标是能够达到 20～50cm 的实时定位精度。BLOCK Ⅲ卫星除了具有现行 GPS 卫星星座的布局和结构,用 33 颗卫星构建成高椭圆轨道(HEO)和地球静止轨道(GEO)相结合的新型 GPS 混合星座,将大大改善现有的定位精度和定位速度,使测量工作再提高到一个崭新的阶段。

第二节　GPS 定位的基本原理

GPS 全球卫星进行定位的原理,简单地来说,是利用几何与物理的一些基本原理,利用空间分布的卫星以及卫星与地面点间距离交会出地面点位置的方法。即利用 GPS 全球卫星进行定位,实际上就是把卫星视为"动态"的控制点,在已知其瞬时坐标(可根据卫星轨道参数计算)的条件下,以 GPS 卫星和用户接收机天线之间的距离(或距离差)为观测量,进行空间距离后方交会,从而确定用户接收机天线所处的位置。

一、GPS 的静态定位与动态定位

静态定位是指 GPS 接收机在进行定位时,待定点的位置相对其周围的点位没有发生变化,其天线的位置处于固定不动的静止状态。此时接收机可以连续地在不同历元同步观测不同的卫星,获得充分的多余观测量,根据 GPS 卫星的已知瞬间位置,可以解算出接收机天

线相位中心的三维坐标。由于接收机的位置固定不动,就可以进行大量的重复观测,所以静态定位可靠性较强,定位精度高,在大地测量和工程测量中得到广泛应用,是工程测量精密定位中的基本模式。

动态定位是指在 GPS 定位过程中,接收机位于运动着的载体上,天线也处于运动状态的定位。动态定位是利用 GPS 信号实时地测得运动载体的具体位置。如果按照接收机载体的运行速度,还可将动态定位分为低动态(几十米/秒)定位、中等动态(几百米/秒)定位和高动态(几千米/秒)定位三种形式。动态定位的特点是:测定一个动点的实时位置,多余观测量少,定位精度较低。

除以上所述的静态定位和动态定位外,还有一种介于两者之间的定位——准静态定位,是指静止不动只是相对的。卫星大地测量学中,在两次观测之间采用准静态定位,才能反映出发生的变化。

二、GPS 的单点定位和相对定位

在大地测量和工程测量中,测量工作的直接目的是确定地面点在空间的位置。早期解决这一问题是采用天文测量的方法,即通过测定北极星、太阳或其他天体的高度角和方位角以及观测时间,进而确定地面点在该时间的经纬度位置和某一方向的方位角。但是,天文测量方法受气候条件的影响很大,其定位精度较低,有时不能满足使用的要求。

20 世纪 60 年代以后,随着空间技术的发展和人造卫星的相继升空,可以采用测定卫星上信号发射机和某点设置的信号接收机,测定信号到达接收机的时间,从而求出卫星和接收机之间的距离。GPS 定位的实质就是根据高速运动的卫星瞬间位置作为已知的起算数据,采取空间距离后方交会的方法,确定待定点的空间位置。

GPS 单点定位也称为绝对定位,就是采用一台接收机进行定位的模式,它所确定的是接收机天线相对中心在 WGS-84 世界大地坐标系中的绝对位置,所以单点定位的结果也属于 WGS-84 世界大地坐标系。GPS 绝对定位示意图如图 10-5 所示,其基本原理是以 GPS 卫星和用户接收机天线之间的距离(或距离差)观测量为基础,并根据已知可见卫星的瞬间坐标来确定用户接收机天线中心的位置。这种方法已广泛应用于导航和测量中的单点定位。

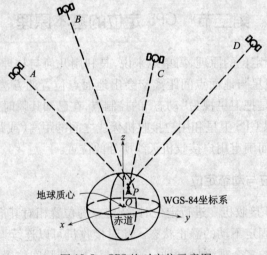

图 10-5　GPS 绝对定位示意图

　　GPS 单点定位的实质即空间距离后方交会的方法。对此,在一个测站上观测 3 颗卫星获取 3 个独立的距离观测量就可以实现。但是,由于 GPS 采用了单程测距原理,此时卫星钟与用户接收机钟不能保持同步,所以实际观测距离均含有卫星钟和接收机钟不同步的误差影响,在测量学中称之为伪距。伪距即通过测量 GPS 卫星发射的测距码信号到达用户接收机的传播时间,从而求算出接收机到卫星的距离。

　　但由于 GPS 卫星是分布在 20000 多千米高空的运动载体,只能是在同一时间测定三个距离才可定位,要实现同步必须具有统一的时间基准,从解析几何角度出发,GPS 定位包括确定一个点的三维坐标与实现同步四个未知参数,因此必须通过测定到至少 4 颗卫星的距离才能定位。

　　由此可见,要实现精确定位,必须解决以下两个问题:(1)在某一时刻确定卫星的准确位置;(2)准确测定卫星至地球上我们所在地点的距离。

　　GPS 相对定位又称为差分 GPS 定位,是采用两台以上(含两台)的接收机同步观测相同的 GPS 卫星,以确定接收机天线间的相互位置关系的一种方法。其最基本的情况是用两台接收机分别安置在基线的两端(如图 10-6 所示),同步观测相同的 GPS 卫星,确定基线端点在 WGS-84 世界大地坐标系统中的相对位置或坐标差(基线向量),在一个端点坐标已知的情况下,用基线向量推求另一待定点的坐标。相对定位可以推广到多台接收机安置在若干条基线的端点,通过同步观测 GPS 卫星确定多条基线向量。

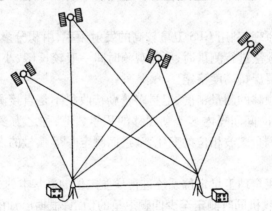

图 10-6　GPS 相对定位示意图

　　由于同步观测值之间存在着许多误差,它们的影响是相同的或是大体相同的,这些误差在相对定位过程中可以得到消除或减弱,从而使相对定位获得极高的精度。在进行相对定位时需要多台接收机进行同步观测,这样必然会增加外业观测的组织和实施的难度。

　　在单点定位和相对定位中,也可能包括静态定位和动态定位这两种方式。其中静态相对定位一般采用载波相位观测值作为基本观测量。这种定位方法是当前 GPS 测量定位中精度最高的一种方法,可以满足精度要求较高的领域需要,在大地测量、精密工程测量、地球动力学研究和精密导航等测量工作中被普遍采用。

三、用 GPS 系统定位的基本方法

　　以上所介绍的静态定位或动态定位,所依据的观测量都是所测的卫星至接收机天线的

伪距。但是,伪距的基本观测量又区分为码相位观测(简称为测码伪距)和载波相位观测(简称为测相伪距)。这样,根据 GPS 信号的不同观测量,可以区分为四种定位方法。

(一)卫星射电干涉测量

以银河系以外的类星体作为射电源的甚长基线干涉测量(VLBI),具有精度比较高、基线长度不受限制等优点。由于类星体距离地球十分遥远,射电的信号十分微弱,所以必须采用笨重、昂贵的大口径抛物面天线,高精度的原子钟和高质量的记录设备,所需的设备造价高昂,数据处理也比较复杂,从而限制了这项技术的应用。

测试充分证明,GPS 卫星的信号强度比类星体的信号强度大 10 万倍,利用 GPS 卫星射电信号具有白噪声的特性,由两个测站同时观测一颗 GPS 卫星,通过测量这颗卫星的射电信号到达两个测站的时间差,可以求出站与站之间的距离。由于在进行干涉测量时,只把GPS 卫星信号当作噪声信号来使用,因而无需了解信号的结构,所以这种方法对于无法获得 P 码的用户是很有吸引力的。其模型与在接收机之间求一次差的载波相位测量定位模型十分相似。

(二)多普勒定位法

多普勒效应是 1942 年奥地利物理学家多普勒首先发现的。它的具体内容是:当波源与观测者做相对运动时,观测者接收到的信号频率与波源发射的信号频率不相同。这种由于波源相对与观测者运动而引起的信号频率的移动称为多普勒频移,其现象称为多普勒效应。

根据多普勒效应原理,利用 GPS 卫星较高的发射频率,由积分多普勒计数得出伪距差。当采用积分多普勒计数法进行测量时,所需观测时间一般较长(数小时),同时,在观测过程中接收机中的振荡器要保持高度稳定。

为了提高多普勒频移的测量精度,卫星多普勒接收机不是直接测量某一历元的多普勒频移,而是测量在一定时间间隔内多普勒频移的积累数值,称之为多普勒计数。因此,GPS信号接收机可以通过测量载波相位的变化率,进而测定 GPS 信号的多普勒频移。

(三)伪距定位法

伪距定位法是利用全球卫星定位系统进行导航定位的最基本的方法,其基本原理是:在某一瞬间利用 GPS 接收机同时测定至少四颗卫星的伪距,根据已知的卫星位置和伪距观测值,采用距离交会法求出接收机的三维坐标和时钟改正数。伪距定位法定一次位的精度并不高,但定位速度快,经几小时的定位也可达米这一单位的精度,若再增加观测时间,精度还可以进一步提高。

(四)载波相位测量

载波信号的波长很短,L_1 载波信号波长为 19.0cm,L_2 载波信号波长为 24.4cm。若把载波作为量测信号,对载波进行相位测量可以达到很高的精度。通过测量载波的相位,从而求得接收机到 GPS 卫星的距离,是目前大地测量和工程测量中的主要测量方法。

在载波相位测量的基本方程中,包含着两类不同的未知数。其中一类是必要的参数,如测站的坐标;另一类是多余的参数,如卫星钟和接收机的钟差、电离层和对流层延迟等。这些多余的参数,在观测期间随着时间的变化而改变,给平差计算增加了巨大的工作量。

解决这个问题有两种办法:一种办法是找出多余参数与时空关系的数学模型,给载波相位测量方程一个约束条件,使原有的多余参数大幅度减少,从而减小平差计算工作量;另一种更有效、精度更高的办法是按一定规律对载波相位测量值进行线性组合,以求差的方式来达到消除多余参数的目的。

考虑到 GPS 定位时的误差源,常用的差分法有如下三种:在接收机之间求一次差;在接收机和卫星之间求二次差;在接收机、卫星和观测历元之间求三次差。

第三节 GPS 定位测量的设计

GPS 定位测量与常规测量基本相同,在实际测量实施的过程中,一般也划分为方案设计、测量实施及计算处理三个阶段。GPS 定位测量的结果如何,关键在于 GPS 定位测量的技术设计是否符合现行规范和规程的技术指标和如何进行 GPS 控制网图形设计。

一、GPS 定位测量的技术设计

GPS 定位测量的技术设计是进行 GPS 定位的基本工作,它是依据国家现行的有关规范(规程)及 GPS 网的用途、用户的要求等,对测量工作的网形、精度及基准等进行具体设计。

在进行 GPS 定位测量设计时,一般首先依据测量任务书提出的 GPS 网的精度、密度和经济指标,再结合现行规范(规程)的有关规定,在进行现场勘察后具体确定各点之间的连接方法,各点设站观测的次数、时段长短等布网观测的方案。

为规范和加强 GPS 定位测量的设计,国家测绘局 1992 年发布并实施了《全球定位系统(GPS)测量规范》,并于 2001 年和 2009 年对该规范进行了两次修订,新的《全球定位系统(GPS)测量规范》(GB/T 18314—2009),由国家质量监督检验检疫总局和国家标准化管理委员会于 2009 年 2 月 6 日发布,从 2009 年 6 月 1 日开始实施。

在《全球定位系统(GPS)测量规范》的基础上,由中华人民共和国住房和城乡建设部发布了行业标准《卫星定位城市测量技术规范》(CJJ/T 73—2010)。

以上所述的规范是进行 GPS 定位测量技术设计的基本依据,在具体设计中必须严格遵守。

二、规范和规程中的技术指标

由于卫星的轨道运动和地球的自转,卫星相对于测站的几何图形必然在不断变化。一些卫星可以投入观测作业,另一些卫星可能无法继续观测。考虑到作业中尽可能选取图形强度较好的卫星进行观测,因而在一个观测时段中要更换几次跟踪的卫星。

观测试验表明,在静态相对定位环境下进行载波相对测量,对于 3000km 以内的站间距离 D,可以达到($5mm + 10^{-8}D$)的精度,三维位置精度能够达到 ±3cm。因此,以载波相位观测量为根据的静态相对定位是建立 GPS 控制网的基本方式。

《卫星定位城市测量技术规范》,主要是为了适应城市各级 GPS 测量技术的要求,突出了城市测量与工程测量应用的特点。《全球定位系统(GPS)测量规范》是从全国范围进行考虑的,两者之间不存在矛盾。

《全球定位系统(GPS)测量规范》(以下简称《规范》)中规定的各级 GPS 测量精度要求见表 10-1 和表 10-2,《规范》中规定的各级 GPS 测量基本技术要求见表 10-3。

表 10-1　《规范》规定的 A 级 GPS 测量精度要求

| 级别 | 坐标率变化年中误差 | | 相对精度 | 地心坐标各分量年平均中误差（mm） |
	水平分量（mm/a）	垂直分量（mm/a）		
A	2	3	$1×10^{-8}$	0.5

表 10-2　《规范》规定的其他级别 GPS 测量精度要求

| 级别 | 相邻点基线分量中误差 | | 相邻点间平均距离（km） | 级别 | 相邻点基线分量中误差 | | 相邻点间平均距离（km） |
	水平分量（mm）	垂直分量（mm）			水平分量（mm）	垂直分量（mm）	
B	5	10	50	D	20	40	5
C	10	20	30	E	20	40	3

表 10-3　《规范》规定的各级 GPS 测量基本技术要求

项　目　　　级　别	A	B	C	D	E
卫星截止高度角（°）	按《全球导航卫星系统连续运行参考站网建设规范》（CH/T 2008—2005）	10	15	15	15
同时观测有效卫星数		≥4	≥4	≥4	≥4
观测有效卫星总数		≥20	≥6	≥4	≥4
观测时段数		≥3	≥2	≥1.6	≥1.6
时段长度		≥23h	≥4h	≥60min	≥40min
采样间隔（s）		30	10~30	5~15	5~15

注：(1) 计算有效观测卫星总数时，应将各时段的有效观测卫星数扣除其间的重复卫星数；
（2）观测时段长度，应为开始记录数据到结束记录的时间段；
（3）观测时段数≥1.6，指采用网观测模式时，每站至少观测一个时段，其中二次设站点数应不少于 GPS 网总点数的 60%。
（4）采用基于卫星定位连续运行基准站点观测模式时，可连续观测，但观测时间应不低于表中规定的各时段观测时间的和。

《卫星定位城市测量技术规范》（以下简称《卫星规范》）中规定的各级 GNSS 控制网的主要技术要求见表 10-4，《卫星规范》中规定的 GNSS RTK 平面测量技术要求见表 10-5，GNSS 高程测量主要的技术要求见表 10-6，GNSS 测量各等级作业的基本技术要求见表 10-7。

表 10-4　《卫星规范》中规定的 GNSS 控制网的主要技术要求

等级	平均边长（km）	固定误差 a（mm）	比例误差系数 b（$1×10^{-6}$）	最弱边相对中误差
CORS	40	≤5	≤1	1/800000
二等	9	≤5	≤2	1/120000
三等	5	≤5	≤2	1/80000
四等	2	≤10	≤5	1/45000
一级	1	≤10	≤5	1/20000
二级	<1	≤10	≤5	1/10000

注：1. a 为固定误差；b 为比例误差系数；
2. 当边长小于 200m 时，边长中误差应小于 ±2cm。

表 10-5 《卫星规范》中规定的 GNSS RTK 平面测量技术要求

等级	相邻点间距离（m）	点位中误差（cm）	边长相对中误差	起算点等级	流动站到单基准站间距离（km）	测回数
一级	≥500	5	≤1/20000	—	—	≥4
二级	≥300	5	≤1/10000	四等及以上	≤6	≥3
三级	≥200	5	≤1/6000	四等及以上	≤6	≥3
				二级及以上	≤3	
图根	≥100	5	≤1/4000	四等及以上	≤6	≥2
				三级及以上	≤3	
碎部	—	图上 0.5mm		四等及以上	≤15	≥1
				三级及以上	≤10	

表 10-6 《卫星规范》中规定的 GNSS 高程测量主要的技术要求　　　　　cm

地形 等级	平地、丘陵			山　地		
	高程异常模型内符合中误差	高程中误差	检测较差	高程异常模型内符合中误差	高程中误差	检测较差
四等	2.0	3.0	6.0	—	—	—
图根	3.0	5.0	10.0	4.5	7.5	15.0
碎部	10.0	15.0	30.0	15.0	22.5	45.0

表 10-7 《卫星规范》规定的 GNSS 测量各等级作业的基本技术要求

项　目	观测方法	二等	三等	四等	一级	二级
卫星高度角（°）	静态	≥15	≥15	≥15	≥15	≥15
有效观测同类卫星数	静态	≥4	≥4	≥4	≥4	≥4
平均重复设站数	静态	≥2	≥2	≥1.6	≥1.6	≥1.6
时段长度（min）	静态	≥90	≥60	≥45	≥45	≥45
数据采样间隔（s）	静态	10~30	10~30	10~30	10~30	10~30
PDOP 值	静态	<6	<6	<6	<6	<6

在进行基准设计时，应充分考虑坐标系的转换问题。由于 GPS 测量采用的是 WGS-84 世界大地坐标系统，而中国采用的是 BJ-54 或 XA-80 坐标系统，所以，为求定 GPS 点在地面坐标系的坐标，工程控制网应在地面坐标中选定起算数据和联测原有地方控制点 2~3 个，以便于进行坐标的转换。

三、对 GPS 控制网的图形设计

由于经纬仪测量对通视的要求很高，在常规的测量中对控制网的图形设计是一项非常重要的工作。而在 GPS 测量的图形设计中，因其观测时不要求通视，所以对于图形有较大的灵活性。GPS 控制网的图形设计主要取决于用户的要求、经费、时间、人力以及接收机的类型、数量和后勤保障条件等。

根据 GPS 控制网的用途不同,其控制网的图形布设有:点连式、边连式、混连式和网连式四种基本方式。

(一)点连式

点连式(如图 10-7a 所示)是指相邻同步图形之间仅有一个公共点的连接,其图形几何强度很弱,没有或极少有非同步图形闭合条件,一般不能单独使用。

(二)边连式

边连式(如图 10-7b 所示)是指同步图形之间由一条公共基线连接,网的图形几何强度比较高,有较多的复测边和非同步图形闭合条件,其几何强度和可靠性均优于点连式。

(三)混连式

混连式(如图 10-7c 所示)是指把点连式与边连式有机地结合起来,从而组成 GPS 网,这样既能保证网的几何强度,提高网的可靠指标,又能减少外业工作量,降低 GPS 网的成本,是一种较为理想的布网方法。

(a) 点连式　　　　　(b) 边连式　　　　　(c) 混连式

图 10-7　GPS 网的图形布设形式
(a)点连式;(b)边连式;(c)混连式

(四)网连式

网连式是指相邻同步图形之间有两个以上的公共点相连接,观测中需要 4 台以上的接收机,网的图形几何强度和可靠性相当高,但需要的经费和观测时间较多,一般仅适用于精度要求较高的控制测量。

第四节　GPS 测量的外业工作

GPS 测量的外业工作,主要包括外业的选点工作和外业的观测工作,这是确保测量顺利进行和精度符合要求的关键。

一、外业的选点工作

由于 GPS 定位测量观测站之间不要求相互通视,控制网的图形结构布置比较灵活,所以选点工作比常规控制测量的选点要简便。在选点工作开始前,应先了解测区的地理情况和原有控制点的分布,再仔细检查标石的完好情况,除了决定其适宜的点位外,选点工作还应遵守以下原则:

(1)测量的点位应设置在交通方便、视野开阔的地方,视场周围 15° 以上范围内不应有障碍物,地面基础稳定,易于点的保存。

（2）测量的点位应远离大功率无线电发射源，其距离应不小于 200m；离高压线的距离不得小于 50m，以避免电磁场对 GPS 信号产生干扰，影响测量的精度。

（3）测量的点位附近不应有大面积的水域，也不应有强烈干扰卫星信号接收的物体，以减弱多路径效应的影响，确保测量结果符合要求。

（4）当测量的点位采用旧点时，应对旧点的稳定性和完好性进行检查，符合要求方可利用，不符合要求的不能利用。

GPS 网点一般应埋设具有中心标志的标石，以便精确地标志点位，点的标石和标志必须稳定、坚固，以利长久保存和使用。标石埋设结束后，应填写测量点位记录并提交选点控制网图，还要进行选点与埋设标石的工作技术报告。

二、外业的观测工作

GPS 的外业观测与常规测量在技术要求上有很大差别，对于城市及工程 GPS 控制网，在作业中应按照表 10-4 中的有关技术指标执行。

为保证外业观测的顺利开展，在进行观测前，应先拟订外业观测计划。外业观测计划的拟订对于快速、准确地完成数据采集任务，保证测量的精度，提高工作效率具有非常重要的作用。

拟订外业观测计划的主要依据是：（1）GPS 控制网的规模大小；（2）点位的精度要求；（3）GPS 卫星星座几何图形强度；（4）参加作业的接收机数量；（5）交通、通信及后勤保障等情况。

当采用《全球定位系统（GPS）测量规范》时，A 级网测量采用的 GPS 接收机的选用按 CH/T 2008 的有关规定执行，其他级网测量采用的 GPS 接收机的选用参见表 10-8；当采用《卫星定位城市测量技术规范》时，GNSS 接收机的选用参见表 10-9。

表 10-8　GPS 接收机的选用（规范）

级　　别	B	C	D、E
单频/双频	双频/全波长	双频/全波长	双频或单频
观测量至少有	L1，L2 载波相位	L1 载波相位	L1 载波相位
同步观测接收机数	≥4	≥3	≥2

表 10-9　GNSS 接收机的选用（卫星规范）

项目　　　等级	二等	三等	四等	一级	二级
接收机类型	双频	双频或单频	双频或单频	双频或单频	双频或单频
标称精度	$\leqslant (5mm + 2 \times 10^{-6}d)$	$\leqslant (5mm + 2 \times 10^{-6}d)$	$\leqslant (10mm + 5 \times 10^{-6}d)$	$\leqslant (10mm + 5 \times 10^{-6}d)$	$\leqslant (10mm + 5 \times 10^{-6}d)$
同步观测接收机数	≥4	≥3	≥3	≥3	≥3

外业观测计划的任务有很多，主要任务应包括：编制 GPS 卫星可见性预报图、选择卫星的几何图形强度、选择最佳的 GPS 观测时段、进行观测区域的设计与划分、编制 GPS 作业调度表。

（1）编制 GPS 卫星可见性预报图。在高度角大于 15°的限制下，输入测区中心某一测站的概略坐标，再输入日期和时间，使用不超过 20 天的星历文件编制 GPS 卫星的可见性预报图。

（2）选择卫星的几何图形强度。在 GPS 定位中，所测卫星与观测站所组成的几何图形，其强度因子可用空间位置因子（PDOP）来代表，无论是绝对定位还是相对定位，PDOP 值均不应大于 6。

（3）选择最佳的 GPS 观测时段。在卫星大于或等于 4 颗且分布比较均匀时，PDOP 值小于 6 的时段就是最佳的观测时段。

（4）进行观测区域的设计与划分。当 GPS 控制网的点数较多，且控制网的规模较大时，可实行分区观测。为了增强控制网的整体性，提高控制网的精度，相邻分区设置公共观测点的数量不得少于 3 个。

（5）编制 GPS 作业调度表。作业组在观测前应根据测区的地形、交通状况、控制网大小、精度要求、仪器数量、GPS 网的设计、卫星预报表、测区的天时和地理环境等编制作业调度表，以提高工作效率，常见的 GPS 作业调度表形式见表 10-10。

表 10-10　GPS 作业调度表

时段编号	观测时间	测站号/名		测站号/名		测站号/名		测站号/名		测站号/名	
		机　　号		机　　号		机　　号		机　　号		机　　号	
0											
1											
2											
3											
4											
⋮											

GPS 作业调度表中包括观测时段、测站号、测站名称及接收机号等。外业观测开始后，观测员应严格按照作业调度表的规定进行，安置接收机天线时，圆水准气泡必须整平，天线的定向标志线应指向正北，以减弱相位中心偏差的影响。天线架设好后，在天线间隔 120°的三个方向分别量取天线高，其差值应小于 3mm，取平均值记入手簿中。天线的高度一定要按规定始末各测量一次，并及时记入手簿。GPS 外业观测手簿见表 10-11。

接收机开机后，应注意查看观测卫星的数量、卫星号、信噪比、相位测量残差及存储介质记录情况。观测完全部预定的作业项目，经检查均已按规定完成，且记录与资料完整无误后方可进行迁站。

表 10-11　GPS 外业观测手簿（规程）

×××工程 GPS 外业观测手簿

观 测 者：	观测日期：　年　　月　　日
测 站 名：	测站号：　　　　时段号：
天气状况：	

测站近似坐标： 经度：E 纬度：N 高程	本测站为 □_____新点 □_____等大地点 □_____等水准点

记录时间：□北京时间　□UTC　□ 区时 开始时间：　　　　结束时间：	

接收机号：　　　　天线号： 天线高 1.　　　　2.　　　　3.	测后校核值： 平均值：

天线高度量取方式略图	测站略图及障碍物情况

观测状况记录
1. 电池电压：　　　　（块、条）
2. 接收卫星号：
3. 信噪比（SNR）：
4. 故障情况：
5. 备注：

第五节　GPS 测量的内业工作

GPS 测量的内业工作与外业工作不同，多数为计算工作，GPS 测量的内业工作一般可分为基线解算和网平差两个阶段。

一、GPS 的基线解算

GPS 基线解算的过程为：数据传输、按顺序输入点名和天线高。基线解算出来后，还必须检查 Ratio 值的大小和基线闭合差，应当使 Ratio 值≥3，基线闭合差必须在规范规定的范围内。

二、GPS 的网平差

在各项质量检查校核符合规范规定后，即可进行 GPS 的网平差工作。平差一般选用随机商用软件，如美国 Trimble 导航公司使用的后处理软件、南方公司使用的 GPSADJ 软件、苏州一光仪器有限公司使用的 Lip 软件等。

以 BJ-54 坐标为例，其 GPS 网平差的过程为：首先定义椭球元素，然后选择坐标系统、定义高斯投影、修改置信度、固定已知坐标，最后进行平差，得到待定点的 BJ-54 坐标和基线边长，以及待定点和基线边长的精度评定。

第六节　实时动态定位技术

实时动态(简称 RTK)测量技术是以载波相位观测量为根据的实时差分 GPS 测量技术,它是 GPS 测量技术发展中的一个新突破,也是城市和工程控制测量中值得推广的一项测量新技术。

一、RTK 定位测量的工作原理

RTK 定位测量的工作原理很容易理解,在基准站上安置一台 GPS 接收机,对所有可见 GPS 卫星进行连续的观测,并实时地发送给流动站。在流动站上,GPS 接收机在接收 GPS 卫星信号的同时,通过无线电接收设备,接收基准站传输的观测数据,然后根据相对定位的原理,实时地计算并显示用户站的三维坐标及其精度。RTK 定位测量的工作原理,如图 10-8 所示。

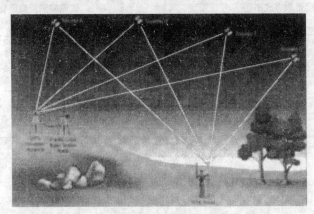

图 10-8　RTK 定位技术的工作原理

实时动态(RTK)定位测量技术既具有静态测量的精度,又能够实时地提供测站点在指定的坐标系中的三维坐标,并可以达到很高的精度(cm)。

精密 GPS 定位都是采用相对技术。无论是在几何点间进行同步观测的后处理(如 RTK 技术),还是从基准站将改正值及时地传输给流动站(如 DGPS 技术)都称为相对技术。以采用值的类型为依据可分为 4 类,即:实时差分 GPS,精度为 1 ~ 3m;广域实时差分 GPS,精度为 1 ~ 2m;精密差分 GPS,精度为 1 ~ 5cm;实时精密差分 GPS,精度为 1 ~ 3cm。

差分的数据类型可分为伪距差分、坐标差分和相位差分三类。伪距差分、坐标差分的定位误差相关性,会随基准站与流动站的空间距离的增加,其定位精度降低,所以在 RTK 定位技术中一般采用相位差分。

RTK 定位测量技术的观测模型为:

$$\phi = P + c(d_T - d_t) + \lambda N + d_{trop} - d_{ion} + d_{pral} + \varepsilon(\phi) \tag{10-1}$$

式中　ϕ——相位测量值(m);

　　　ρ——卫星与测站间的几何距离(m);

　　　c——光速;

d_{T}——接收机钟差；

d_{t}——卫星钟差；

λ——载波相位波长；

N——整周的未知数；

d_{trop}——对流层折射影响；

d_{ion}——电离层折射影响；

d_{pral}——相对论效应；

$\varepsilon(\phi)$——观测噪声参数。

由于观测中存在轨道误差、钟差、电离层折射和对流层折射等方面的影响，很难进行精确模型化，所以实际的数据处理中一般用"双差观测值方程"来解算，在定位前需要先确定整周的未知数，这一过程称为动态定位的"初始化"（即 OTF）。

实现动态定位的"初始化"（即 OTF)的方法很多，目前我国采用的是美国天宝导航有限公司的做法，这是一种采用伪距和相位相结合的方法。其具体步骤为：首先用伪距求出整周的未知数的搜索范围，再用 L_1 和 L_2 相位组合与后继观测历元解算和精化。利用伪距估计初始位置和搜索空间，快速定出精确的初始位置。

二、RTK 定位测量的系统组成

图 10-9 为美国天宝导航有限公司生产的 Trimble 4800 型 GPS 全站仪流动站的配置，下面以 4800GPS 双频接收机为例，说明 RTK 定位测量系统的组成。

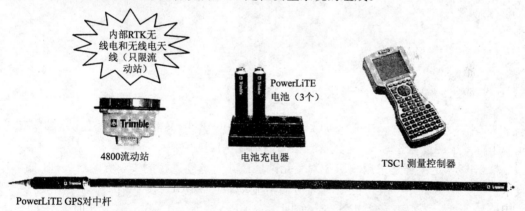

图 10-9　Trimble 4800 型 GPS 全站仪流动站的配置示意图

RTK 定位测量系统由基准站和流动站两部分组成。其中基准站由基准站 GPS 接收机及接收天线、无线电数据链电台及发射天线和 12V60A 直流电源组成；流动站由流动站 GPS 接收机及接收天线、无线电数据链电台及发射天线和 TSC1 控制器及软件组成。

三、RTK 定位测量的作业方法

RTK 定位测量的作业方法，与常规定位测量不同，其具体作业方法如下：

将基准站 GPS 接收机安置在比较开阔的地方，架设脚架，安置基座和卫星天线，并对其进行对中整平，用天线高量尺相隔 $120°$ 的三个位置量取天线的高，并按要求记录，如图 10-8

所示。在连接上电缆后开机，先启动基准站，在 TSC1 控制器中进行；然后启动流动站，并开始测量。

目前，RTK 定位测量技术的最大基线距离为 10 ~ 20km。Trimble 5700 接收机如果采用增强的 RTK 技术（即 e RTK 技术），单基准站就可以覆盖常规 RTK 区域的 4 信，最大覆盖面积可达 1250km^2。所以，不用移动基准站就能完成整个测量作业项目。如果还想扩大作业区域，应用该技术可以使多个基准站按比例共用一个电台频道。如果采用虚拟参考站（VRS）技术，则可以覆盖一个县、一个城市、一个省甚至整个国家。

RTK 测量系统的成功开发和利用，为 GPS 测量工作的可靠性和高效率提供了保障，这是 GPS 定位测量技术发展史上又一个辉煌的里程碑。

第十一章　测量误差与标准要求

在测量的实践中,无论使用的测量仪器多么精密,观测中操作多么仔细,而获得的各次观测结果之间总是存在一定差异。例如,对同一段距离重复丈量若干次、对同一个角度进行多次观测、对两点之间的高差进行往返观测,所取得的结果总有差异。另外一种情况是,当对若干个量进行观测时,如果已经知道在这些量之间应当满足某一理论值,如一平面三角形三个内角之和应当等于$180°$,但对这个平面三角形三个内角观测后,其和与$180°$总有一个微小的差异。在测量工作中出现的这种现象,说明观测结果存在着各种测量误差。

第一节　测量误差的分类

测量误差也称观测误差,实际上是对某量进行测量时,测量结果与某量客观存在的真值或理论上应当满足的数值之间的差异。

一、测量误差产生的原因

任何一个观测数据的取得,都是由观测者使用某种仪器或工具,按照一定的操作方法,在一定的条件下获得的。由此可见,测量误差产生的原因概括起来有仪器工具误差、观测者和外界条件的影响三个方面。

(一)仪器工具存在的误差

测量距离、角度和高差都需要通过仪器或工具进行,而任何仪器和工具都具有一定限度的精度,因此所有观测结果的精度都会受到一定的限制,尽管在测量前对仪器和工具进行检验与校正,也仍然会存在一些剩余误差。例如,水准仪的水平视准轴很难绝对平行于水准管轴、水准尺有分划误差、经纬仪度盘中的误差、钢尺上的分划误差等,这些必然使观测结果受到影响。

(二)观测者观测中的误差

任何仪器和工具都是由人进行观测而得到测量数据,观测者是通过自身的感觉器官进行判断的。由于人的感觉器官鉴别和判断能力有一定的局限性,使得在仪器检验、校正、安置、瞄准、读数等方面都会产生误差。

此外,观测者的技术水平高低、操作熟练程度、工作态度等方面,也会直接影响观测成果的质量。在测量中,除了有以上观测者产生的误差外,有时还可能发生测错、读错和算错等错误,这些都是由于观测者或计算者的疏忽大意而造成的。

(三)外界条件的各种影响

大地测量和工程测量都是在露天的自然环境中进行的,观测时所处的外界自然环境与仪器所要求的标准状态不一致,有时甚至有较大的差别,这样会引起测量仪器工具和被测物本身的变化。这些环境因素与温度、湿度、风力、风向、日照、气压、振动、电磁场、空气的透明度、空气的含尘量、大气折光等有关,必然给观测结果带来误差。

通常把观测误差来源的三个方面称为观测条件,观测条件的好坏与观测成果的质量有着密切的关系。在一般情况下,观测误差的大小受观测条件的制约。观测条件好时,测量误差就小,所获得的观测结果的质量就高;反之,测量误差就大,所获得的观测结果的质量就低。因此,在评定观测结果的质量高低时,应根据观测条件的好坏和观测误差的大小进行综合考虑。

为确保观测误差符合有关要求,我国在现行规范中规定:测量仪器在使用前都应进行检验和校正;操作时必须严格按照规范的要求进行。测量实践证明,如果严格按照规范的要求进行测量工作,测量中的系统误差和粗差是可以消除的,即使不能完全消除,也可以将其影响减弱到最小。

二、测量工作的观测类型

在测量工作中,根据观测的实际要求,经常遇到各种类型的观测。观测可以按照获得观测值的方式、观测值之间的关系、观测值的可靠程度等将其分为下列四个类型。

(一)直接观测与间接观测

为了确定某一个未知量,用测量仪器或工具直接测定该未知量的值称为直接观测。如用钢尺丈量某段直线的距离;用经纬仪观测水平角并进行读数等都是直接观测。

某一个未知量是通知某种函数关系求得的值称为间接观测。如在进行水平角观测时,用两个方向值计算的角值;在进行水准测量时,用两标尺读数计算的高差等都是间接观测。

(二)独立观测与相关观测

与其他量没有联系的量称为独立量,对独立量进行直接观测称为独立观测,其观测结果称为独立观测值。与独立观测值有某种联系的量称为相关量,对相关量的观测称为相关观测,其观测结果称为相关观测值。

(三)必要观测与多余观测

为了确定某些未知量而进行的必要数量的观测称为必要观测,这是测量中不可缺少的观测;在观测过程中超过必要数量以外的观测称为多余观测。

(四)等精度观测与不等精度观测

在测量过程中把相同条件下进行的观测称为等精度观测。一般认为,由同一个观测者(或相同技术水平的观测者),用同一台测量仪器(或相同精度的仪器),以同样的观测方法、观测次数和注意力,在相同的外界条件下所测到的观测值称为等精度观测值;测量中把不同条件下进行的观测称为不等精度观测。

在测量的实际工作中,完全相同的观测条件是不存在的,确定观测结果是等精度还是不等精度的,主要是根据测量仪器的精度、等级、测量方法、测量次数和观测条件来确定。在以上所列出的观测条件中,只要有一项不相同就可以认为是不等精度观测。由此可见,不等精度观测是普遍存在的。

三、测量误差的分类方法

在测量中产生的测量误差,按其性质不同可分为系统误差和偶然误差两大类。

(一)系统误差

在相同的观测条件下,对某量进行一系列的观测,如果观测误差的大小和符号表现出一致性倾向,即按一定的规律变化或保持为常数,这种误差称为系统误差。例如,用

30m 的钢尺测量距离时,如果钢尺的名义长度比实际长度差 ΔL,用此钢尺量得的距离为 D,包含有 $\Delta L \cdot D/30$ 的误差,这种误差在测量成果中具有累积性,并且与测量值的大小成正比。

从以上可以看出,系统误差具有一定的规律性,只有认识系统误差产生的原因和规律,才能通过计算进行系统误差的改正,或采用适当的观测方法在观测成果中抵消或减弱其影响。产生系统误差的原因,主要有以下三个方面:

(1)仪器、测量工具制造不完善而引起的系统误差,如一把钢尺的名义长度为 30m,而其实际长度为 30.010m,用此钢尺丈量距离,每丈量一尺段就会产生 0.010m 的误差,这个 0.010m 的误差在数值上是固定的,丈量的距离越长,则产生的积累误差越大。

(2)由于观测者的技术水平(操作熟悉程度、观测读数准确性等)或工作态度等方面影响而引起的系统误差。

(3)由于测量的外界条件(如温度、湿度、风力、阳光等)的不利影响而引起的系统误差。

(二)偶然误差

在相同的观测条件下,对某量进行一系列的观测,如果观测误差的大小和符号都没有表现出一致性的倾向,即在表面上看不出任何规律,这种误差称为偶然误差。例如钢尺丈量距离中对毫米的估读数,在水平角观测时目标的瞄准误差等,这些都属于偶然误差。

偶然误差在表面上似乎没有什么规律,但随着观测次数的增加,大量的偶然误差也具有一定的统计规律,特别是观测的次数越多,这种规律也就越明显。

偶然误差在测量中是不可避免的。为了提高观测成果的质量,常用的方法是采用多余观测结果的算术平均值作为最后观测结果。

在观测过程中,系统误差和偶然误差通常是同时产生的。当系统误差设法消除和减弱后,决定观测精度的关键就是偶然误差。因此,观测结果的精度如何,关键在于如何计算偶然误差的算术平均值。

第二节　偶然误差的特征

对于单个的偶然误差而言,其大小和符号没有规律性,只有大量的偶然误差才呈现出一定的统计规律性。所以,要分析偶然误差的统计规律,需要得到一系列的偶然误差 Δ_i。例如,在相同观测条件下,对于一个三角形的内角进行观测,由于观测带有一定的误差,其内角和(观测值 l)不等于它的真值($X = 180$),两者的差值称为真误差(Δ_i),即

$$\Delta_i = l_i - X \tag{11-1}$$

式中　Δ_i——观测值的真误差;

　　　l_i——观测值,$i = 1, 2, \cdots, n$;

　　　X——真值。

某一测区,在相同观测条件下观测了 163 个三角形的全部三个内角,将其真误差按绝对值大小排列组成,列于表 11-1。

表 11-1　真误差绝对值大小统计结果

误差区间(")	正误差		负误差		合计	
	个数 k	频率 k/n	个数 k	频率 k/n	个数 k	频率 k/n
0~3	21	0.130	21	0.130	42	0.260
3~6	19	0.117	19	0.117	38	0.234
6~9	12	0.074	15	0.093	27	0.167
9~12	11	0.068	9	0.056	20	0.124
12~15	8	0.049	9	0.056	17	0.105
15~18	6	0.037	5	0.030	11	0.067
18~21	3	0.019	1	0.006	4	0.025
21~24	2	0.012	1	0.006	3	0.018
24 以上	0	0	0	0	0	0
Σ	82	0.506	80	0.494	162	1.000

从表 11-1 中可以看出,偶然误差表现出某种共同的规律性,这一规律性不是表现在每一单个误差上,而是表现在一组观测误差列上,在误差理论中称这种规律性为统计规律性。通过对大量观测数据的误差分析,测量中的偶然误差具有以下四个特征:

(1)有限性。在一定的观测条件下,偶然误差的绝对值不会超过一定的限值。

(2)聚中性。在正常的测量情况下,绝对值小的误差比绝对值较大的误差出现的机会更多些。

(3)对称性。在正常的测量情况下,绝对值相等的正、负误差出现的可能性相等。

(4)抵消性。随着观测次数的无限制增加,偶然误差的算术平均值趋近于零。

由以上所述的偶然误差特性可知:当对某一个量有足够的观测次数时,其正误差和负误差是可以相互抵消的。

第三节　衡量精度的标准

工程测量实践证明:在相同观测条件下进行一组观测,它对应着一种确定的误差分布。如果这个误差在零附近分布较为密集,则表示该组观测所取得的成果较好,也就是表示该组观测的精度较高;反之,说明误差分布较为离散,该组观测的质量较低,也就是该组观测的精度较差。

所谓测量精度,就是指观测所取得的误差分布密集或离散的程度。测量精度的高低,是对于不同的观测组合而言的,对于同一组的若干个观测值,每个观测值的结果都相同。在实际工作中,采用误差分布统计表和误差分布密度曲线的方法,可以对观测值的精度进行定性分析,但不便直接得到观测值精度的具体数字。

在测量工程中,精度评定应以偶然误差的特性为基础,从而得到一个能代表整个观测系列质量的综合量。在评定观测值精度的方法中,我国是采用中误差作为评定观测精度的标准。

一、中误差

在相同的观测条件下，对同一未知量进行 n 次观测，各次的观测分别为 l_1、l_2、$\cdots$、l_n，其观测值的真误差分别为 Δ_1、Δ_2、$\cdots$、Δ_n。取其真误差平方和的平均值的极限值，称为中误差的平方，或者称为方差，即

$$m^2 = \lim_{n \to \infty} \frac{\Delta_1^2 + \Delta_2^2 + \cdots + \Delta_n^2}{n} \tag{11-2}$$

或

$$m^2 = \lim_{n \to \infty} \frac{[\Delta\Delta]}{n} \tag{11-3}$$

在实际测量工作中，观测的次数毕竟有一定的限度，不可能是无限多，因此，实际上可用式（11-4）来计算观测值的中误差：

$$m = \pm\sqrt{\frac{[\Delta\Delta]}{n}} \tag{11-4}$$

由式（11-4）可以看出，测量中的中误差不等于真误差，它仅是一组真误差的代表值，中误差的大小反映了该组观测值精度的高低。因此，通常所称的中误差为观测值的中误差。

二、极限误差

由偶然误差的特性可知，在一定观测条件下，偶然误差的绝对值会在一定的范围内，不会超过一定的程度。根据概率理论及测量实践统计表明：在一组大量等精度观测的一列偶然误差中，绝对值大于一倍中误差的偶然误差出现的频数约占总数的 32%；绝对值大于二倍中误差的偶然误差出现的频数约占总数的 5%；而绝对值大于三倍中误差的偶然误差出现的频数约占总数的 0.3%。

在实际测量工作中，实际观测次数不会太多，因此在实践中绝对值大于三倍中误差的偶然误差是很少出现的。所以，根据偶然误差出现的规律，通常以三倍中误差作为偶然误差的极限值，这个极限值称为极限误差，一般用 $\Delta_\text{限}$ 表示，即

$$\Delta_\text{限} = 3m \tag{11-5}$$

在一般的建筑工程测量中，其观测次数不是很多，多采用二倍中误差作为极限误差，即

$$\Delta_\text{限} = 2m \tag{11-6}$$

在实际测量工作中，极限误差是检测观测值中误差的标准。例如在一列等精度的观测中，如果发现该列中某个误差超过三倍中误差，可以认为这个误差属于粗差，相应的观测值应当舍去。另外，极限误差也是制定测量规范和各种测量作业主要技术要求的限差依据。

三、相对误差

以上所述的中误差和真误差都是绝对误差。但是，在实际测量工作中，对于某些观测成果，用中误差不能完全判断测量精度的高低。例如，用钢尺丈量不同的两段距离（如 100m 和 50m），即使观测值的中误差均为 ±0.01m，仍不能认为两者的测量精度是相同的，因为测

量距离的误差与其长度有关。

为了能够客观地反映实际测量精度,通常用相对误差来表达边长观测值的精度。相对误差 K 是观测中误差 m 的绝对值与相应观测值 D 的比值,并将其化成分子为 1 的形式,即得式(11-7):

$$K = \frac{|m|}{D} = \frac{1}{D/|m|} \tag{11-7}$$

式中　K——相对误差;

　　　m——观测值中误差;

　　　D——边长观测值。

从式(11-7)可知用钢尺丈量100m 和50m 的距离,如果其中误差均为 0.01m,则它们的相对中误差分别为 1/10000 和 1/5000,很显然前者比后者的测量精度高。

第四节　测量误差的计算

测量误差的计算,实际上主要是对算术平均值和观测值的中误差的计算。这两种误差是测量中的主要参数。

一、测量算术平均值

设在相同的观测条件下,对某量等精度进行了 n 次观测,其观测值为 l_1、l_2、$\cdots$、l_n,则这个量的算术平均值可用式(11-8)计算:

$$L = \frac{l_1 + {}_2 + \cdots + l_n}{n} = \frac{[l]}{n} \tag{11-8}$$

设这个量的真值为 X,其等精度观测值为 l_1、l_2、$\cdots$、l_n,相应的真误差为 Δ_1、Δ_2、$\cdots$、Δ_n,根据真误差的定义,可得:

$$\Delta_1 = l_1 - X$$
$$\Delta_2 = l_2 - X$$
$$\vdots$$
$$\Delta_n = l_n - X$$

将上列等式两端相加得:

$$\Delta_1 + \Delta_2 + \cdots + \Delta_n = l_1 + l_2 + \cdots + l_n - nX$$

也可以写成:　　　　　　　$$[\Delta] = [l] - nX$$

将上式等号两端除以 n,得:

$$[\Delta]/n = [l]/n - X$$

将式(11-8)代入上式并移项得:

$$L = [\Delta]/n + X$$

根据偶然误差的第四个特性

$$\lim_{n \to \infty} \frac{[\Delta]}{n} = 0$$

则有

$$\lim_{n \to \infty} L = X$$

由此可知,当观测次数趋于无限时,算术平均值则趋近于这个量的真值。在实际测量工作中,观测次数总是有限的,而算术平均值不是最接近于真值,但比每一个观测值更接近于真值。因此,通常把有限次数观测值的算术平均值称为这个量的最可靠值,并且把算术平均值作为最终的观测结果。

当观测值的位数较多时,为了便于计算和检查校核,可以选定一个与观测值接近的数作为观测值的近似值,一般用 l_0 表示,其改正数用 δl_n 表示,则可得:

$$\left.\begin{aligned}
l_1 &= l_0 + \delta l_1 \\
l_2 &= l_0 + \delta l_2 \\
&\vdots \\
l_n &= l_0 + \delta l_n
\end{aligned}\right\} \tag{11-9}$$

将上列各式等号两端相加,得

$$[l] = n l_0 + [\delta l]$$

将上式等号两端除以 n,得

$$[l]/n = l_0 + [\delta l]/n$$

即可得

$$L = l_0 + [\delta l]/n \tag{11-10}$$

二、观测值的中误差

在实际测量工作中,由于未知量的真值往往是未知的,所以真误差也就无法求得,因此不能直接利用式(11-4)求得中误差。但未知量的算术平均值是可以求得的,可用算术平均值代替真值,将算术平均值与各次观测值之差作为改正数代替真误差,由此可推导出用改正数表示的中误差计算公式。

对某个量进行等精度观测,设其观测值为 l_1、l_2、$\cdots$、l_n,观测值的算术平均值为 L,V 表示改正数,则可得

$$\left.\begin{aligned}
V_1 &= l - l_1 \\
V_2 &= l - 1_2 \\
&\vdots \\
V_n &= l - l_n
\end{aligned}\right\} \tag{11-11}$$

将上列各式等号两端相加,得

$$[V] = nL - [l]$$

将式(11-8)代入得
$$[V] = 0 \tag{11-12}$$

由此可见,在相同的观测条件下,一组观测值的改正数之和恒等于零。这个结论常用于检查校核计算。

从改正数 V_i 和真误差 Δ_i 之间的关系,可以推导出用改正数 V_i 表示的观测值中误差的公式。由式(11-1)得

$$\left.\begin{aligned} \Delta_1 &= l_1 - x \\ \Delta_2 &= l_2 - x \\ &\vdots \\ \Delta_n &= l_n - x \end{aligned}\right\} \tag{11-13}$$

将式(11-11)和式(11-13)对应项相加,得

$$\Delta_i + V_i = L - X (i = 1, 2, \cdots, n)$$

设 $L = X - \delta$,代入上式并移项后得

$$\Delta_i = -V_i + \delta$$

再将上式的两端平方,求其和得

$$[\Delta\Delta] = [VV] = 2[V]\delta + n\delta^2$$

将式(11-12)代入上式得

$$[\Delta\Delta] = [VV] + n\delta^2 \tag{11-14}$$

又因为

$$\delta = L - X = [\Delta]/n$$

所以,可得

$$\delta^2 = (\Delta_1 + \Delta_2 + \cdots + \Delta_n + 2\Delta_1\Delta_2 + 2\Delta_2\Delta_3 + \cdots + 2\Delta_{n-1}\Delta_n)/n^2$$
$$= [\Delta\Delta]/n^2 + 2(\Delta_1\Delta_2 + \Delta_1\Delta_3 + \cdots + \Delta_{n-1}\Delta_n)/n^2$$

由于 $\Delta_1, \Delta_2, \cdots, \Delta_n$ 是彼此独立的偶然误差,所 $\Delta i \Delta j (i \neq j)$ 为两个偶然误差的乘积,具有偶然误差的特性,当观测次数无限增大时,有

$$\lim_{n \to \infty} \frac{2}{n^2}(\Delta_1\Delta_2 + \Delta_2\Delta_3 + \cdots + \Delta_{n-1}\Delta_n) = 0$$

所以
$$\delta^2 = [\Delta\Delta]/n^2$$

将上式代入式(11-14),得

$$[\Delta\Delta] = [VV] + n \cdot [\Delta\Delta]/n^2 = [VV] + [\Delta\Delta]/n$$

将上式两端除以 n 得

$$[\Delta\Delta]/n = [VV]/n + [\Delta\Delta]/n^2$$

根据中误差定义 $m^2 = [\Delta\Delta]/n$,得

$$m = \pm \sqrt{\frac{[VV]}{n-1}} \qquad\qquad (11\text{-}15)$$

式(11-15)就是利用观测值的改正数计算等精度观测值中误差的公式,也称为贝塞尔公式。m 代表每一次观测值的精度,所以称为观测值中误差。

三、测量误差的计算

在衡量观测结果的精度时,除了要求出观测值中误差之外,还要求出观测值的算术平均值的中误差,作为评定观测值最后结果的精度,由前面所述,算术平均值为

$$L = \frac{[l]}{n} = \frac{1}{n}l_1 + \frac{1}{n}l_2 + \cdots + \frac{1}{n}l_n \qquad\qquad (11\text{-}16)$$

由于测量是采用的等精度观测,各观测值的中误差是相同的,即 $m_1 = m_2 = \cdots = m_n = m$,则根据算术平均值和线性函数中误差的公式,得出算术平均值中误差计算公式:

$$M = \pm\sqrt{\frac{1}{n^2}m_1^2 + \frac{1}{n^2}m_2^2 + \cdots + \frac{1}{n^2}m_n^2} = \pm\sqrt{\frac{m^2}{n}} = \pm\frac{M}{\sqrt{n}} = \pm\sqrt{\frac{[VV]}{n(n-1)}} \qquad (11\text{-}17)$$

由上式可知,算术平均值的精度比观测值的精度提高了 $n^{1/2}$ 倍。

第十二章　测量施工方案实例

施工测量是工程正式进入实施的前奏,是确保工程快速、顺利、高质量进行的基础工作,对于工程质量、施工速度和工程造价等方面均有直接影响。因此,在工程正式开始之前,要根据所建工程的实际情况,制定切实可行的施工组织设计或专项施工测量方案,以保证工程施工达到预期的目标。

第一节　某建筑工程施工测量方案

一、建筑工程概况

(1)本工程位于某市某街道北边,建筑面积 10636.0m²,地下面积 1047.0mm²;地上十层,地下一层,东西长 88.40m,南北进深 12.6m,檐口高度 29.2m,层高 2.8m,墙厚 20cm。地下室设有消防水池、人防区和非人防区、风机房、四个集水坑。

(2)±0.000m 相当于绝对标高 46.10m,室内外高差为 0.60m;建筑楼面标高与结构楼面标高相差 0.07m,建筑做法为 70mm 厚。

(3)全现浇钢筋混凝土墙、板结构形式,外墙外侧粘贴 40mm 厚聚苯板保温;在一层至二层外墙外侧镶贴面砖,以上部位为装饰涂料。

二、工程施工部署

(一)工程施测基本程序

准备工作→测量作业→自检(合格)→报验(合格)→进入下道工序。

(二)施工测量组织工作

由项目技术部的专业测量人员成立测量小组,根据北京市测绘研究院给定的坐标点和高程控制点进行工程定位,建立轴线控制网。按规定程序检查验收,对施测组全体人员进行详细的图纸交底及方案交底,明确分工,所有施测的工作进度及逐日安排,由组长根据项目的总体进度计划进行。

三、施工测量基本要求

(一)施测原则

(1)严格执行现行的《工程测量规范》(GB 50026—2007)中的规定;遵守先整体、后局部的工作程序,先确定平面控制网,然后以控制网为依据,进行各局部轴线的定位放线。

(2)必须严格审核测量原始数据的准确性,坚持测量放线与计算工作同步校核的工作方法。决不允许出现随意改变测量原始数据的现象。

(3)高度重视建筑的测量定位工作,测量定位工作应严格执行自检、互检合格后再报验的工作制度。

(4)在满足测量精度要求的前提下,采用的测量方法要简捷,仪器使用要熟练,力争做到省工、省时、省费用。

（5）明确测量为工程服务、按图施工、质量第一的宗旨。紧密配合施工，发扬团结协作、实事求是、认真负责的工作作风。

（二）施工测量准备工作

1. 了解设计意图

全面了解设计意图，认真熟悉与审核图纸，这是测量人员进行测量工作的基础和依据。施测人员通过对总平面图和设计说明的学习，不仅要了解工程总体布局、工程特点、周围环境、建筑物的位置及坐标，而且要了解现场测量坐标与建筑物的关系、水准点的位置和高程以及首层(0.000 的绝对标高。

在了解总图后认真学习建筑施工图，及时校对建筑物的平面、立面、剖面的尺寸、形状、构造，它是整个工程测量放线的依据。在熟悉图纸时，着重掌握轴线的尺寸、层高，对比基础、楼层平面、建筑、结构几者之间轴线的尺寸，查看其相关之间的轴线及标高是否吻合，有无矛盾存在，以便发现问题，及早加以纠正。

2. 测量仪器的选用

测量中所用的仪器和钢尺等器具情况如何，是确保测量精度的重要条件。根据有关规定，在正式测量前，要把所用的测量仪器和工具送到具有仪器校验资质的检测厂家进行校验，检验合格后方可投入使用。本工程现场所用的仪器和工具，见表12-1。

表 12-1　现场所用的仪器和工具

序号	器具名称	型号	单位	数量	序号	器具名称	型号	单位	数量
1	经纬仪	J2	台	1	6	钢尺	30m	把	2
2	水准仪	DS3	台	2	7	盒尺	5m	把	2
3	激光经纬仪	DJJ2	台	1	8	对讲机	—	个	3
4	激光接受靶	—	个	1	9	墨斗	—	只	4
5	钢尺	50m	把	2	10	—			

（三）测量的基本要求

（1）测量记录必须原始真实、数字正确、内容完整、字体工整；测量精度必须满足规范要求。根据现行测量规范和有关规程进行精度控制。

（2）根据本工程的特点及《工程测量规范》（GB 50026—2007）中的规定，此工程设置精度等级为二级，测角中误差20″，边长相对误差1/5000。

（四）工程定位与控制网测定

1. 工程定位的原则

根据市测绘规划部门提供的定位桩、红线桩和水准点，按照所计算的建筑物主轴线坐标点进行轴线定位。

2. 平面控制网测设

（1）平面控制网布设原则

① 平面控制网的布设，应当从方便工程整体施工出发，遵循"先整体、后局部、高精度控制低精度"的原则。

② 平面控制网的坐标系统，应当与工程设计所采用的坐标系统相一致，一般情况下应

布设成矩形。

③ 在布设平面控制网时,首先要详细了解设计总平面图和现场施工平面布置图,不要使平面控制网的布设发生冲突。

④ 在进行平面控制网布设时,控制网各选点应在通视条件良好、使用方便、比较安全、易于保护的地方。

⑤ 为便于施工测量放样,测量中的桩位必须加以保护,需要时用钢管进行围护,并用红油漆作好标记。

(2)建筑平面控制网的布设

① 依据平面布置与定位原则,共设置 2 条横向主控轴和 4 条纵向主控轴,作为整个建筑工程的控制网格。

② 主控轴线定位时,均布置引线,横轴东侧以及纵轴北侧投测到围墙上,横轴西侧、纵轴南侧设置定位桩。墙上、地面引线均用红三角标出,清晰明了。施测完成后报监理、建设单位确认后,加以妥善保护。

③ 按照《工程测量规范》(GB 50026—2007)中的要求,定位桩的精度要符合表 12-2 要求:

表 12-2 定位桩的精度要求

等　　级	测角中误差(″)	边长丈量相对中误差
一级	±7	1/30000

④ 桩位必须用混凝土保护,砌砖维护,并用红油漆作好测量标记。

⑤ 控制线应随着结构施工高度的升高逐层弹在外墙上,用以检查复核楼层放线是否准确。

3. 高程控制网的布设

(1)高程控制网的布设原则

①为保证建筑物竖向施工的精度要求,在场区内建立高程控制网,以此作为保证施工竖向精度的首要条件。

②根据场区内规划局给定的路边高程点 $BM_4 = 45.03m$ 布设场区高程控制网。

③为保证建筑物竖向施工的精度要求,根据规划局给定的路边高程点 $BM_4 = 45.03m$,在场区内(包含 1# 、2# 楼)建立高程控制网。先用水准仪进行复测检查,校测合格后,测设一条闭合水准路线,联测场区高程竖向控制点,即场区半永久性水准点 $M_1 = 46.00m$,以此作为保证竖向施工精度控制的首要条件,该点也作为以后沉降观测的基准点。

(2)高程控制网等级要求

① 为确保建筑工程的竖向位置符合设计要求,要严格按要求的高程控制网的精度,一般不低于三等水准的精度。

② 高程控制测量设置的水准点,应当使其位于永久建筑物以外,并且一律按测量规程规定的半永久对待。

③ 高程控制桩要按规定的方式进行埋设,并要妥善加以保护,以保证使用方便、精度符合要求。

④ 对于引入测定的水准控制点,必须经复测合格后方可使用。

（3）高程控制网技术要求

高程控制网的等级拟布设三等附合水准,水准测量技术要求必须符合表12-3中的规定:

表12-3 高程控制网的水准测量技术要求

等级	高差全中误差（mm/km）	路线长度（km）	与已知点联测次数	附合或环线次数	平地闭合差（mm）
三等	6	50	往返各一次	往返各一次	$12\sqrt{L}$

（4）水准点的埋设及观测技术要求

① 水准点选取在土质坚硬、便于长期保存和使用方便的地方。墙水准点应选设在稳定的建筑物上,点位应位于便于寻找、保存和引测的地方。

② 水准观测的技术要求见表12-4:

表12-4 水准观测的技术要求

等级	水准仪型号	前后长度（m）	前后视距较差（m）	前后视距累计差（m）	视线离地面最低高度（m）	基辅分划读数差（mm）	基辅分划所测高差之差（mm）
三级	DS3	≤75	≤2	≤5	0.3	2.0	3.0

四、建筑工程基础测量

（一）基础平面轴线测定方法

（1）将DJ2经纬仪架设在基坑边上的轴线控制桩位上,经对中、整平后,后视同一方向桩（轴线标志）,将所需的轴线投测到施工的平面层上,在同一层上测定的纵线、横线均不得少于2条,以此作角度、距离的校核。经校核无误后,方可在该平面上放出其他相应的设计轴线及细部线。在各楼层的轴线投测定过程中,上下层的轴线竖向垂直偏移不得超过3mm。

（2）在垫层上进行基础定位放线前,以建筑物平面控制线为准,校测轴线控制桩无误后,再用经纬仪测定各主控线,测定允许误差±2mm。

（3）垫层上建筑物轮廓轴线投测定闭合,经校测合格后,用墨线详细弹出各细部轴线,暗柱、暗梁、洞口必须在相应边角,用红油漆以三角形式标注清楚。

（4）轴线允许偏差如下:当L＜30m时,允许偏差±5mm;当30＜L≤60m时,允许偏差±10mm;当60＜L≤90m时,允许偏差±15mm;当90＜L时,允许偏差±20mm。

（5）轴线的对角线尺寸,允许误差为边长误差的2倍,外廓轴线夹角的允许误差为1′。

（二）±0.000以下部分标高控制

（1）高程控制点的联测

在向基坑内引测标高时,首先联测高程控制网点,以判断场区内水准点是否被碰动,经联测确认无误后,方可向基坑内引入测量所需的标高。

（2）±0.000以下标高的传递

施工时用钢尺配合水准仪将标高传递到基坑内,以此标高为依据,进行基槽底部抄平,并作相互校核,校核后三点的较差不得超过3mm,取平均值作为该平面施工中标高的基准点,基准点应标在便于使用和保存的位置。根据基坑情况,在基坑内将其引入测量,测量至基槽外围砖模板的内侧壁,并标明绝对高程和相对标高,便于施工中使用。

(3)墙体和柱子拆除模板后,应在墙体和柱子的立面测出建筑一米线(一米线相对于每层设计标高而定)。

(三)标高校测与精度要求

每次测量的标高需要作自身闭合外,对于同一层分几次引入测量的标高,应该联测校核,测量偏差不应超过±3mm。

五、主体结构施工测量

(一)平面控制网的测设

(1) -1.5 ~ -0.07m 墙体混凝土浇筑完毕后,根据场地平面控制网,校测建筑物轴线控制桩后,使用经纬仪将轴线控制线弹到结构外立面上。一层墙拆模后,再引弹至墙顶,并弹出外墙大角10cm控制线。

(2)楼层上部结构轴线垂直控制,采用内控点传递法。根据流水段的划分,第一施工段内设置4个内控点,组成自成体系的矩形控制方格,其余3段各设置2个内控点(纵、横主控轴交叉点),控制点编号见内控点平面图。

(3)浇筑一层顶板混凝土过程中,按照控制点预埋100mm×100mm×3mm铁板。二层楼面放线,依据外墙及东、北侧围墙上可以通视的主轴控制线进行施测,铁板上用钢针画出纵、横轴交叉线,并将交叉点处钻出2mm小孔作为标志。

(4)上部楼层结构相同的部位留200mm×200mm的放线洞口以便进行竖向轴线投测。预留孔洞不得出现偏位,且不能被掩盖,要保证上下通视。

(5)对二层楼面的主轴线网必须认真进行校核,经复核检查验收合格后,方可再向上进行投测。

(6)在二层楼面基点铁件上不得堆放料物和工具,顶板排架要避开铁件,并确保可以架设仪器。

(7)主体结构的平面控制网,应根据结构的平面进行确定,要尽量避开墙肢,以确保可以架设测量仪,并保证通视。

(8)平面控制网布设原则:先定主要控制轴线,再进行主轴线网的加密。控制轴线应满足下列条件:建筑物外轮廓线、施工段分界轴线、楼梯间电梯间两侧轴线。

(二)激光经纬仪选型

(1)根据本工程对测量精度的要求,可选用北京光学仪器厂生产的 DJJ2 激光经纬仪。

(2)所用 DJJ2 激光经纬仪技术指标如下:竖向扫描精度20″;竖向激光束射出距离:白天500m、夜间3000m。

(3)要保证激光经纬仪的竖向扫描的精度,激光器射出的光束与仪器的视准轴同轴,激光束的光斑与望远镜同心,激光束射出至工作面的距离与望远镜调焦系统同焦(光斑最小),简称"三同"。

(三)基准线竖向测量方法及技术要求

1. 测量基本要求

(1)竖向测量精度取决于测量人员的技术素质和设备的技术状态。本工程从这两方面着手控制测量的精度。

（2）本工程对测量人员采取"先进行培训、后持证上岗"的措施，以确保测量人员技术过硬、素质良好。

（3）为确保基准线测设正确，项目部必须制定测量实施方案，具体测量人员在施测前，必须认真学习和理解方案。

（4）基准线竖向测量所用的仪器，必须按规定进行检修，应当有鉴定合格证；在正式测量前，应对仪器进行复检。

2. 竖向测量程序

（1）将激光经纬仪架设在二层楼面基准点，调平后，接通电源射出激光束。

（2）通过调焦，使激光束打在作业层激光靶上的激光点最小、最清晰。

（3）通过顺时针转动望远镜360°，检查激光束的误差轨迹。如轨迹在允许限差内，则轨迹圆心为所投轴线点。

（4）通过移动激光靶，使激光靶的圆心与轨迹圆心同心，后固定激光靶。在进行控制点传递时，用对讲机通信联络。

（5）轴线点投测到楼层后，用光学经纬仪进行放线。

（6）施工层放线时，应先在结构平面上校核测量的轴线，闭合后再细部放线。室内应把建筑物轮廓轴线和电梯井轴线的测量作为关键部位。为了有效控制各层轴线误差在允许范围内，轴线的放线应以达到在装修阶段仍能以结构控制线为依据进行测定。

（7）要求在施工层的放线中，弹出下列控制线：所有细部轴线、墙体的边线、门窗洞口的边线等。

3. 测量精度要求

距离测量精度：1/5000；测角允许偏差20″。

4. 垂直度的控制

在结构工程施工中，每层施工完毕应检测外墙偏差并记录，同时每层检查门窗洞口净空尺寸偏差、同一外立面同层窗洞口高低偏差及各层同一部位窗洞口水平位移，弹外墙窗口边线竖直通线。

5. 竖向测量允许误差

层间：±2.5mm；全高：$3H/10000$，且不应大于±10mm。

（四）标高竖向传递

1. 标高传递法

依据现场内两个永久标高控制点，每段在外墙设置3个标高控制点，一层控制点相对标高为+0.50m，以上各层均以此标高线直接用50m钢尺向上传递，每层误差小于3mm时，以其平均值向室内引入测设+50cm水平控制线。在进行抄平时，尽量将水准仪安置在测量范围内中心位置，并进行精密安平。

2. 标高传递技术要求

（1）为确保标高传递正确，精度符合规范要求，标高引至各楼层后，要进行闭合复测。

（2）标高传递中所用的钢尺，必须有相应单位鉴定合格证。在用钢尺测量后，要对钢尺读数进行温差修正。

3. 标高允许误差

层高：±2.0mm；全高：$3H/10000$，且不应大于±10mm。

4. 标高传递注意事项

(1)标高基准点的确定非常重要,标高传递前,必须进行复核。

(2)标高基准点需要妥善保护。

六、工程重点部位测量控制方法

(一)建筑物大角垂直度控制方法

首层墙体施工完成后,分别在距离大角两侧 30cm 处外墙上,各弹出一条竖直线,并涂上两个红色三角标记,作为上层墙安装模板的控制线。上层墙体支模板时,以此 30cm 线校准模板边缘位置,以保证墙角与下一层墙角在同一垂直线上。以此层层向上传递,从而保证建筑物大角的垂直度。

(二)墙、柱子施工精度测量控制方法

为了保证剪力墙、隔墙和柱子的位置正确,以及后续装饰施工的及时插入,放线时首先根据轴线放测出墙体和柱子的位置,弹出墙体和柱子的边线,然后放测出墙柱 30cm 的控制线,并和轴线一样标记上红三角,每个房间内每条轴线红三角的个数不少于 2 个。在该层墙、柱子施工完后,要及时将控制线投测到墙、柱面上,以便用于检查钢筋和墙体偏差情况,以及满足装饰施工测量的需要。

(三)门、窗洞口测量控制方法

结构工程施工中,每层墙体完成后,用经纬仪测定出洞口的竖向中心线及洞口两边线横向控制线,用钢尺传递,并弹在墙体上。室内门窗洞口的竖直控制线由轴线的关系弹出,门窗洞口水平控制线根据标高控制线由钢尺传递弹出。以此检查门、窗洞口的施工精度。

(四)电梯井施工测量控制方法

结构工程施工中,在电梯井底以控制轴线为准弹测出井筒 300cm 控制线和电梯井中心线,并用红三角标志。在后续的施工中,每层都要根据控制轴线放出电梯井中心线,并投测到侧面上用红三角标志。

七、测量质量保证措施

(1)在整个测量作业的过程中,各项操作都要按照《工程测量规范》(GB 50026—2007)和《建筑工程施工测量规程》中的规定进行。

(2)测量质量的优劣,最关键的是测量人员的素质高低。测量人员必须具有高度的责任心,必须经过技术培训,必须做到持证上岗。

(3)测量中所用的仪器设备,是决定测量质量的重要条件。一是要根据工程实际选择适宜的测量设备;二是进场的测量仪器设备,必须鉴定合格且在有效期内,标志保存完好。

(4)测量中所用的施工图、测量桩点,必须经过认真校核和校测,确定完全合格后才能作为测量依据。

(5)所有测量作业完成后,测量作业人员必须进行自检,自检合格后,上报质量总监和责任工程师核验,最后向监理报验。

(6)自检是确保测量质量的重要环节,必须高度重视和认真对待。为确保测量结果的精度,对作业成果要进行全数检查。

(7)在进行核验时,要重点检查轴线间距、纵横轴线交角以及工程重点部位,保证几何

关系正确。

（8）滞后施工单位的测量成果，应与超前施工单位的测量成果进行联测，并对联测结果进行记录。

（9）为使测量顺利进行，并保证各施工放样工作的准确，要加强现场内的测量桩点的保护和管理，所有桩点均明确标志，防止用错和破坏。

八、施测安全及仪器管理

（1）为保证测量人员的安全，所有的施测人员进入施工现场时，必须按规定戴好安全帽、穿上防滑鞋。

（2）在基坑边投放基础轴线时，确保架设的经纬仪的稳定性。在测量的过程中，要不断地观察基坑和经纬仪的变化。

（3）在二层楼面上架设激光经纬仪时，要有人进行监视，不得有东西从轴线孔洞中掉落打坏仪器，或击伤测量人员。

（4）在各个楼面上进行测量时，操作人员不得从轴线洞口处向上仰视，以免物体掉落伤人。

（5）在轴线测量完毕后，应将轴线洞口处的防护盖板复位，防止因轴线孔洞而出现安全事故。

（6）操作仪器进行测量时，同一垂直面上其他工作要注意尽量避开，不得在测量的上空再进行其他作业。

（7）施测人员在施测中应坚守岗位，雨天或强烈阳光下应打伞。仪器架设好，须有专人看护，不得只顾弹线或其他事情，忘记仪器不管。

（8）在施测过程中，要注意旁边的模板或钢管堆，以免仪器碰撞或倾倒。

（9）所用线坠不能置于不稳定处，以防止因碰撞掉落伤人。

（10）仪器使用完毕后，应当立即入箱上锁，由专人负责保管，存放在通风干燥的室内。

（11）使用钢尺测距须使尺带平坦，不得出现扭转折压，测量后应立即卷起。

（12）钢尺使用后表面有污垢应及时擦净，长期储存时尺带应涂防锈漆。

第二节 某大厦施工测量专项方案

一、某大厦工程的概况

本工程建筑总面积 $14604m^2$；框筒结构，主楼 13 层，裙房 3 层，地下室 1 层，建筑总高度为 49.55m；本工程为二类高层建筑，结构设计使用年限为 50 年；建筑物耐火等级为一级；建筑结构安全等级为二级；抗震设防烈度为 6 度，框架抗震等级为三级，筒体抗震等级为二级；桩基安全等级为一级，地基基础设计等级为乙级，地下车库人防等级为 6 级。屋面防水等级为 II 级，防水层耐用年限 15 年；±0.000 相当于黄海标高 5.900m，室内外高差 500mm。基础至 12.270m 混凝土强度等级为 C40，12.270m 以上为 C35，地下室混凝土抗渗等级为 0.8MPa。

工程的测量、定位在工程施工过程中，对控制整个工程的成果起着主要的作用，所以工程项目施工的关键是把好测量定位这一关，它是整个工程的重中之重，如果测量工作没有做好，其他事项的好坏就无从谈起。测量定位是各工种进行施工的主要依据，也是有关部门进行检查的有力依据。土建施工完工后,业主在使用过程中,还需对工程是否变位或变形进行检查。使用时对工程的维修也要借助测量的方法来完成,由此可见,测量工作的内容对工程施工起着重要作用。

由于该工程建筑物狭长布置、建筑落地面积较大,平面及立面组合复杂多变且层次错落大,特别是结构上部柱子与梁的结点较多且设计要求严格。为指导工程施工,确保工程质量,我们认为测量工作应采取从整体到局部,高精度控制低精度的程序进行。

二、测量定位的方法

(一)测量工具的准备

根据本工程的规模、工程量及测量精度的要求等,计划准备 JCR702 全站仪 1 台、J_6 经纬仪 2 台、DS3 水准仪 2~3 台、5m 标准塔尺 2 根、50m 钢卷尺 2 个、5m 钢卷尺、墨斗、红绿铅笔、线垂、建筑线、红油漆若干。

(二)水平标高控制

根据设计要求,本工程相当于黄海标高 8.550m,为保证工程的沉降观察和上部结构的控制,采用分支水准路线的方法,把水准点引至各号房旁的围墙上,具体布设如下:

在临时围墙设 3 个水平点,3 个水平点位置布局合理,观察比较方便,随时同道路基准点复核,确保水准基点的准确。

① 基础阶段用水准仪、标尺翻至施工用的各个需用区段,具体用来控制垫层面,待基础钢筋完工后,把水准点测至每个柱子、墙板等钢筋上,以控制基础面的标高,底板浇捣好后,待支模架搭设好立杆后,及时将水准点翻至支模架钢管立柱上,且投至各个使用点。

② 上部结构水准测至各层已完工的外墙柱子上,每层按设计层高控制水平并从柱子上引至各需用点,每层的标高标准必须清楚、正确、位置合理,每层的标高测量必须从 ±0.000 向上复核,把水平标高的误差控制在 ±1cm 之内。每个楼层从下层柱子引至每个钢筋上离露面 50cm 处,待楼板浇好后引至钢管支架上,再行至各需用点上。

(三)轴线的定位控制

本工程由测绘技术人员定 3 个控制点,且与测绘单位引至工程四周围墙,施工具体位置如图 12-1 所示:

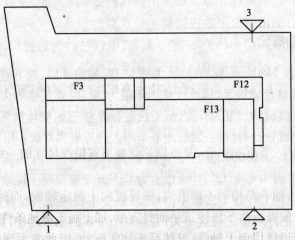

图 12-1 施工测量控制点布置示意图

这3个控制点要经甲方、监理、施工单位多次复核，符合要求后由测量施工员根据以上提供的4个点，用JCR全站仪分别引至设计单位出具的工程定位网络控制点上，再由经纬仪分别引至工程外龙门桩上和围墙及施工道路上，且用水泥钉钉住定位点，做好红三角标记，标记做法如图12-1所示。整个轴线放样用方格网控制，且在适当的需用时间时用全站仪复核，龙门桩的材料采用钢管打入，深度一般在1m左右，上口应用扣件扣住横钢管，龙门桩的横杆必须保持在同一个水平线上，龙门桩的位置必须适当，便于以后的复核。若引至围墙及道路上，必须观察道路与围墙是否有因挖土和车辆走动而造成位移的可能。

以上各个引点必须标注正确的轴线号，并经监理工程师复核认可后再进行下一道工序的施工。

（四）各阶段的轴线控制

1. 基础阶段控制

基坑内的标高由坑内临时水准点进行控制。临时水准点的标高由地面上的标高控制点按水准测量法进行传递，见图12-2。

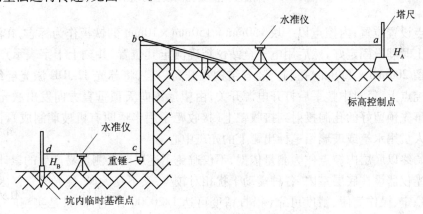

图12-2　基坑标高传递示意图

具体做法是：在坑边架设一吊杆，从杆顶向下挂一根钢尺（钢尺0点在下），在钢尺下端吊一重锤，重锤的重量与检定钢尺时所用的拉力相同。为了将地面标高控制点 A 的高程 H_A 传递到坑内的临时水准点，先在 A 点立尺测出后视读数 a，然后前视钢尺，测出前视读数 b。接着将仪器搬到坑内，测出钢尺上后视读数 c 和 B 点前视读数 d。则坑内临时水准点 B 的高程 H_B 按下式计算：$H_B = H_A + a - (b - c) - d$。式中 $(b - c)$ 为通过钢尺传递的高差。为确保标高传递精度，对 $(b - c)$ 的值应进行尺长改正及温度改正。

据第3点各轴线引出后开始基坑挖土，待土方挖出一个区段后把相对应区段的轴线点用经纬仪投至基坑底部，放出该区段的轴线，并及时用木桩打入土中，钉好水泥钉，同时引至施工区段的外侧或围护边坡上，待基础垫层浇捣好后，再用经纬仪返至垫层上，弹出各轴线。基坑的放样尽可能同Ⅰ、Ⅱ标相闭合，复核以达到地下室轴线尺寸的一致。

2. 主体阶段控制

基础工程完成后，随着结构的不断升高，要逐层向上测定轴线，而轴线测定的正确与否直接影响结构的竖向偏差。由于该建筑平面是方形，加上施工场地条件所限，若使用常规的测量方法从外控点测设楼层面上轴线，显然是不切实际的，因此考虑到能投至最大高度，轴线控制方法内外结合,外面在角部弹出轴线,用经纬仪分别引至每个楼层,内部在楼板上预留孔洞(避开柱梁),使能在上、下贯通且互相通视的位置设置内控点,作为楼层平面放线和测定竖向轴线的依据。如图 12-3 所示。

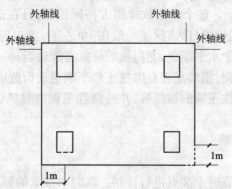

图 12-3　各层楼面测量孔洞设置示意图

内控点设置位置:内控点以一块 150mm × 150mm × 10mm 的铁板作为标志,在浇筑一层楼面混凝土时埋设固定好,然后用电子全站仪精确测定其位置,并刻上十字表示点位,以后各层面预留 200mm × 200mm 孔洞。随着结构每升高一层,将苏光 J2-JDE 激光经纬仪架设在底层内控点上,经对中整平后打开电源开关,由望远镜向天顶垂直方向发出激光,并通过在楼板上事先预留好的孔洞投射到接收靶上(接收靶子用半透明有机玻璃制成),由靶子旁边的操作人员用水笔或玻璃铅笔标出靶上的光斑中心。

由于始终以底层内控点作为测量依据,不仅避免了逐层向上测量易产生的累计误差,而且由于激光仪器设在底层室内,各种震动干扰相对较少,又不受大风、强光等气候因素影响,因此仪器稳定、操作简便、精度可靠(铅直精度可达 1/20000 以上)。只是实测时要采取必要的保护措施防止落物击伤仪器。

得到投测点位后,将全站仪搬至楼层投测点上,先个别设站检测其相应的边长及水平角。经检测控制点满足设计的精度要求后,据此投测点按极坐标完成所在层面上的定位放样。其他各层参照上述方法放样,测设完毕,各层楼面的预留孔洞用盖板盖上以保安全。

3. 楼层标高传递

在现场地质比较坚硬且安全可靠的地方,埋设 3 个标高基准点,具体埋设位置由现场施工人员会同建设、监理方踏勘选定,这 3 个基准点既可用来控制楼层标高,又可作为沉降观测水准点。现场标高基准点埋设后,使用精度不低于 S1 级水准仪,在建设方指定的水准点上,按国家 II 等水准测量精度要求,以闭合水准路线法将标高测至基准点上,其闭合差应小于 $\pm 0.5 n 1/2 mm$(n 为测站数)。

楼层的标高传递采用沿着结构外墙、边柱向上竖直进行,为便于各层使用和相互校核,至少由三处向上传递标高。先用水准仪根据统一的 ±0.000 水平线在各向上传递处准确测出相同的起始标高线,然后用钢尺沿竖直方向向上量到施工层,并画出要求的水平线,各层的标高线均由各处的起始标高线向上直接量取,高差超过一整钢尺时,在该层精确测定第二条起始标高线作为再向上传递的依据,最后将水准仪安置到施工层校测由下面传递上来的各水平线,误差控制在 ±3mm 以内。在各层抄平时以两条后视水平线作校核。

为保证高程传递的精度,采取以下基本措施:①仪器观测时尽量做到前后视线等;②所用钢尺经过计量检验且固定使用;③当从 ±0.000 以上向上量取时,要用规定的拉力且加上尺长和温度修正;④上、下钢尺测量人员事先要碰头交底,做到心中有数、配合默契。

三、建筑物的沉降观测

在浇筑墙板柱混凝土时,按设计确定的沉降观测点数与位置埋设临时观测点,如果设计中未明确,则根据沉降变形特征点处和大面积均匀布点相结合的原则,每隔 2 ~ 3 根柱基或平均距离 15m 布设 1 个沉降观测点。沉降观测点采用 ϕ20 钢筋,埋设高度在底板结构面以上 0.2 ~ 0.3m 处。如图 12-4 所示。

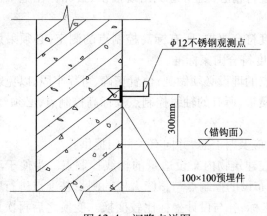

图 12-4 沉降点详图

混凝土浇筑后 3 天进行首次沉降观测,整个基础施工完毕,计划不得少于 3 次观测。到 ±0.000 时,再按设计要求埋设永久性沉降观测点,并将高程测设至新观测点上以保持沉降观测的连贯性。沉降观测使用 S1 型精密水准仪和铟钢尺,采用闭合水准路线观测,其闭合差应符合 $\pm 0.4n1/2mm$ 的要求(n 为测站数),上部工程观测次数按设计或国家有关技术规范执行(一般主体结构施工期间每增高一层观测一次,在封顶后每隔 1 ~ 2 个月观测 1 次)。每次观测后即计算沉降量和累计沉降量,以便及时掌握平均沉降量和各点间差异。

为了保证沉降观测成果的精确度和可靠性,打算采取以下技术措施:

(1)固定使用经过计量检定的水准仪和水准尺,并定期进行检验校正。

(2)使用固定的水准点并定期进行高程检测,对水准点采取必要的安全保护措施,防止高程变动造成差错。

(3)首次观测前到现场确定仪器安置位置和选定临时水准点(转点),并与永久性水准点一起绘制一张沉降观测路线图,以便每次观测时按规定的路线进行。

(4)首次观测值是计算沉降量的起始值,其高程正确与否至关重要,以连续观测 2 次取其平均值作为观测结果。

(5)作业时,观测员、记录员和立尺员应当三位一体,基本固定且做到密切配合。

(6)每次观测结束后,由测量工程师负责检查记录计算是否正确,精度是否合格并进行误差分配,然后将观测高程列入沉降观测成果表。

(7)沉降观测的各项技术指标必须符合表 12-5 中的规定。

表 12-5　沉降观测的各项技术指标

等　　级	水准仪	视线长度（m）	环线闭合差（mm）	同一观测点两次观测之差（mm）
二等	DS1	50	$\pm 0.4n1/2$	1

四、测量质量保证技术措施

（1）测量定位所用的全站仪、水准仪等测量仪器及工艺控制质量检测设备必须经过鉴定合格，要使用周期内的计量器具按二级计量标准进行检测控制。

（2）测量基准点要进行精心保护，避免出现撞击、毁坏。在施工期间，要定期复核基准点是否发生位移。

（3）为确保测量精度符合要求，所有标高控制点的测定，必须采用闭合测量方法，并保证测量所用高程点的精度符合国家标准。

（4）所有测量观察点的埋设必须做到：位置正确、可靠牢固，以免影响测量结果精度。

（5）为确保测量的质量，所有的轴线控制点及标高控制点，必须经监理人员书面认可方可使用。

（6）所有测量结果，应及时汇总，并向有关部门提供。

（7）运用极坐标法在建筑物内布设适量的轴线控制点。为便于测量放线点位，布设尽可能靠近墙面位置。所布设的控制点与整幢大楼的测量基准点进行联测，测量结果进行严密平差，计算出点位的坐标，并与设计坐标比较变换。变换之后再次进行检测，要求控制网的测距相对中误差小于 $L/20000$（L 为测距长度），测角中误差小于 $5''$。若不满足要求，应当再次变换，直至满足要求。一般情况下，这种变换只需进行两次。

（8）建筑测量的精度要求较高，为此，在基准点处预埋 $10cm \times 10cm$ 钢板，用钢针刻划十字线定点，线宽 0.2mm，并在交点上打眼，以便长期保存。所布设的平面控制网应定期进行复测、校核。

（9）提高外墙模板边线的放线精度，在钢尺丈量距离时要采用统一标准钢尺，并采取固定拉力以消除误差，钢尺严格按规范要求进行标定及距离调整。

（10）轴线基本放好后，用全站仪进行复核，确保外墙轴线尺寸万无一失。

（11）模板安装人员严格按尺寸对模板进行支设，每层对垂直度进行校核，以保证测量精度。

参 考 文 献

[1] GB 50026—2007 工程测量规范[S]

[2] 赵泽生. 建筑施工测量[M]. 郑州:黄河水利出版社,2005.

[3] 周建郑. 建筑施工测量[M]. 北京:化学工业出版社,2005.

[4] 刘基余. GPS 卫星导航定位原理与方法[M]. 北京:科学出版社,2003.

[5] 王云江,纪毓忠. 工程测量[M]. 杭州:浙江大学出版社,2000.

[6] 李生平. 建筑工程测量. 2 版[M]. 武汉:武汉理工大学出版社,2003.

[7] 钟孝顺,聂让. 测量学[M]. 北京:人民交通出版社,2004.

[8] 薛新强,李洪军. 建筑工程测量[M]. 北京:中国水利水电出版社,2008.

[9] 魏静. 建筑工程测量[M]. 北京:机械工业出版社,2008.

[10] GB/T 20257.1—2007 国家基本比例尺地图图式 第 1 部分[S]

[11] 覃辉. 土木工程测量[M]. 上海:同济大学出版社,2004.

[12] 周建郑. GPS 测量定位技术[M]. 北京:化学工业出版社,2004.

[13] GB/T 18314—2009 全球定位系统(GPS)测量规范[S]

[14] CJJ/T 73—2010 卫星定位城市测量技术规范[S]